...제집 공동주택관리실무

문제풀이 단과강의 ...% 할인쿠폰

2978E543CCE443B5

해커스 주택관리사 사이트(house.Hackers.com)에 접속 후 로그인
▶ [나의 강의실 – 결제관리 – 쿠폰 확인] ▶ 본 쿠폰에 기재된 쿠폰번호 입력

1. 본 쿠폰은 해커스 주택관리사 동영상강의 사이트 내 2024년도 문제풀이 단과강의 결제 시 사용 가능합니다.
2. 본 쿠폰은 1회에 한해 등록 가능하며, 다른 할인수단과 중복 사용 불가합니다.
3. 쿠폰사용기한 : **2024년 9월 30일** (등록 후 7일 동안 사용 가능)

무료 온라인 전국 실전모의고사 응시방법

해커스 주택관리사 사이트(house.Hackers.com)에 접속 후 로그인
▶ [수강신청 – 전국 실전모의고사] ▶ 무료 온라인 모의고사 신청

* 기타 쿠폰 사용과 관련된 문의는 해커스 주택관리사 동영상강의 고객센터(1588-2332)로 연락하여 주시기 바랍니다.

해커스 주택관리사

출제예상문제집

해커스 주택관리사

김혁 교수

약력

현 | 해커스 주택관리사학원 공동주택관리실무 대표강사
해커스 주택관리사 공동주택관리실무 동영상강의 대표강사

전 | 박문각 공동주택관리실무 강사 역임
무크랜드 공동주택관리실무 강사 역임

저서

공동주택관리실무(기본서 · 요약집 · 문제집), 한국법학원, 2004~2007
공동주택관리실무(기본서 · 요약집 · 문제집), 대한고시연구원, 2006~2015
공동주택관리실무(기본서 · 요약집 · 문제집), 박문각, 2016~2019
공동주택관리실무(기본서), 해커스패스, 2015~2024
공동주택관리실무(문제집), 해커스패스, 2015~2024
기초입문서(공동주택관리실무) 2차, 해커스패스, 2021~2024
핵심요약집(공동주택관리실무) 2차, 해커스패스, 2023~2024
기출문제집(공동주택관리실무) 2차, 해커스패스, 2022~2024

2024 해커스 주택관리사 출제예상문제집
2차 공동주택관리실무

개정8판 1쇄 발행 2024년 6월 20일

지은이 김혁, 해커스 주택관리사시험 연구소
펴낸곳 해커스패스
펴낸이 해커스 주택관리사 출판팀

주소 서울시 강남구 강남대로 428 해커스 주택관리사
고객센터 1588-2332
교재 관련 문의 house@pass.com
해커스 주택관리사 사이트(house.Hackers.com) 1:1 수강생상담

학원강의 house.Hackers.com/gangnam
동영상강의 house.Hackers.com

ISBN 979-11-7244-156-2(13590)
Serial Number 08-01-01

합격을 좌우하는
최종 마무리,

핵심 문제 풀이를
한 번에!

공동주택관리실무 시험에 대비하기 위해서는 이해 위주의 학습을 기본 토대로 하여 문제에 대한 응용력과 변별력을 키워 나가야 합니다. 기본서를 학습하며 정리한 내용을 바탕으로 문제집의 다양한 문제를 풀며 해설 내용을 이해 및 암기하여 제27회 시험에 철저히 대비하여야 할 것입니다.

『2024 해커스 주택관리사 출제예상문제집 2차 공동주택관리실무』는 다음과 같은 사항에 중점을 두고 집필하였습니다.

1 단원별로 문제에 대한 이해를 돕기 위하여 상세한 해설과 보충설명으로 학습에 도움이 되도록 정리하였습니다.

2 출제경향을 철저하게 분석하여 출제 가능성이 높은 포인트를 도출하고, 각 포인트별로 대표적인 유형의 문제를 수록하여 수험생이 꼭 알아야 하는 부분을 쉽게 학습할 수 있도록 하였습니다.

3 기출문제와 출제 가능성이 높은 예상문제를 최근 출제경향에 맞추어 박스형 · 종합형 등의 다양한 형태로 수록하여 문제해결능력을 기를 수 있도록 하였습니다.

4 '공동주택시설개론'과 '주택관리관계법규'의 기출문제를 수록하여 '공동주택관리실무'와 연계학습이 될 수 있도록 하였습니다.

더불어 주택관리사(보) 시험 전문 **해커스 주택관리사(house.Hackers.com)**에서 학원강의나 인터넷 동영상강의를 함께 이용하여 꾸준히 수강한다면 학습효과를 극대화할 수 있습니다.

합격에 이르는 길이 멀지 않았습니다. 새로운 꿈을 향해 한걸음 더 나아가 반드시 합격하시길 기원합니다.

2024년 6월
김혁, 해커스 주택관리사시험 연구소

이 책의 차례

제2편 | 기술실무

이 책의 특징

01 전략적인 문제풀이를 통하여 합격으로 가는 실전 문제집

2024년 주택관리사(보) 시험 합격을 위한 실전 문제집으로 꼭 필요한 문제만을 엄선하여 수록하였습니다. 매 단원마다 출제 가능성이 높은 예상문제를 풀어볼 수 있도록 구성함으로써 주요 문제를 전략적으로 학습하여 단기간에 합격에 이를 수 있도록 하였습니다.

02 실전 완벽 대비를 위한 다양한 문제와 상세한 해설 수록

최근 10개년 기출문제를 분석하여 출제포인트를 선정하고, 각 포인트별 자주 출제되는 핵심 유형을 대표예제로 엄선하였습니다. 그리고 출제가 예상되는 다양한 문제를 상세한 해설과 함께 수록하여 개념을 다시 한번 정리하고 실력을 향상시킬 수 있도록 하였습니다.

03 최신 개정법령 및 출제경향 반영

최신 개정법령 및 시험 출제경향을 철저하게 분석하여 문제에 모두 반영하였습니다. 또한 기출문제의 경향과 난이도가 충실히 반영된 고난도 · 종합 문제를 수록하여 다양한 문제 유형에 충분히 대비할 수 있도록 하였습니다. 추후 개정되는 내용들은 해커스 주택관리사(house.Hackers.com) '개정자료 게시판'에서 쉽고 빠르게 확인할 수 있습니다.

04 교재 강의 · 무료 학습자료 · 필수 합격정보 제공(house.Hackers.com)

해커스 주택관리사(house.Hackers.com)에서는 주택관리사 전문 교수진의 쉽고 명쾌한 온 · 오프라인 강의를 제공하고 있습니다. 또한 각종 무료 강의 및 무료 온라인 전국 실전모의고사 등 다양한 학습자료와 시험 안내자료, 합격가이드 등 필수 합격정보를 확인할 수 있도록 하였습니다.

이 책의 구성

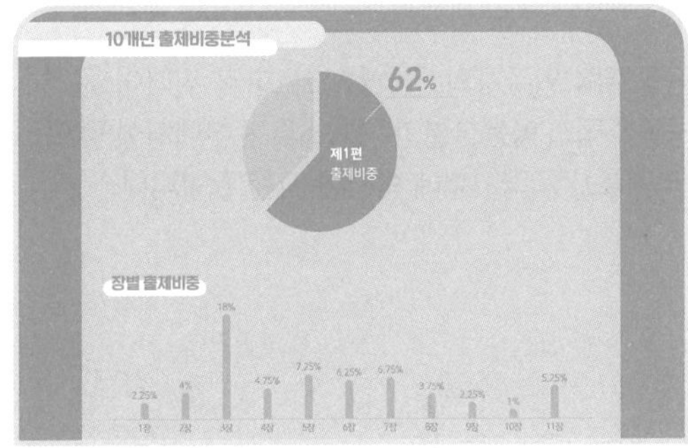

출제비중분석 그래프

최근 10개년 주택관리사(보) 시험을 심층적으로 분석한 편별·장별 출제비중을 각 편 시작 부분에 시각적으로 제시함으로써 단원별 출제경향을 한눈에 파악하고 학습전략을 수립할 수 있도록 하였습니다.

대표예제 04 **민법의 효력★**

민법의 효력에 관한 설명으로 옳지 않은 것은?

① 민법은 외국에 있는 대한민국 국민에게 그 효력이 미친다.
② 민법에서는 법률불소급의 원칙이 엄격하게 지켜지지 않는다.
③ 동일한 민사에 관하여 한국 민법과 외국의 법이 충돌하는 경우에 이를 규율하는 것이 섭외사법이다.
④ 우리 민법은 국내에 있는 국제법상의 치외법권자에게는 그 효력이 미치지 아니한다.
⑤ 민법은 한반도와 그 부속도서에는 예외 없이 효력이 미친다.

해설 | 속지주의의 원칙상 민법은 국내에 있는 국제법상의 치외법권자에게도 그 효력이 미친다. 속지주의란 국적에 관계없이 대한민국의 영토 내에 있는 모든 외국인에게도 적용된다는 원칙이다.

기본서 p.34~35 정답 ④

대표예제

주요 출제포인트에 해당하는 대표예제를 수록하여 출제 유형을 파악할 수 있도록 하였습니다. 또한 정확하고 꼼꼼한 해설 및 기본서 페이지를 수록하여 부족한 부분에 대하여 충분한 이론 학습을 할 수 있도록 하였습니다.

종합

03 민법상 무과실책임을 인정한 규정이 아닌 것을 모두 고른 것은?

㉠ 법인 이사의 불법행위에 대한 법인의 책임
㉡ 상대방에 대한 무권대리인의 책임
㉢ 법인의 불법행위에 대한 대표기관 개인의 책임
㉣ 공사수급인의 하자담보책임
㉤ 채무불이행에 의한 손해배상책임
㉥ 금전채무의 불이행에 대한 특칙
㉦ 민법 제750조 불법행위에 대한 손해배상책임
㉧ 선의·무과실의 매수인에 대한 매도인의 하자담보책임

① ㉠, ㉡, ㉢
② ㉢, ㉤, ㉦
③ ㉠, ㉡, ㉥, ㉦, ㉧
④ ㉢, ㉣, ㉤, ㉥, ㉧

다양한 유형의 문제

최신 출제경향을 반영하여 다양한 유형의 문제를 단원별로 수록하였습니다. 또한 고난도·종합 문제를 수록하여 더욱 깊이 있는 학습을 할 수 있도록 하였습니다.

주택관리사(보) 안내

주택관리사(보)의 정의

주택관리사(보)는 공동주택을 안전하고 효율적으로 관리하고 공동주택 입주자의 권익을 보호하기 위하여 운영 · 관리 · 유지 · 보수 등을 실시하고 이에 필요한 경비를 관리하며, 공동주택의 공용부분과 공동소유인 부대시설 및 복리시설의 유지 · 관리 및 안전관리 업무를 수행하기 위하여 주택관리사(보) 자격시험에 합격한 자를 말합니다.

주택관리사의 정의

주택관리사는 주택관리사(보) 자격시험에 합격한 자로서 다음의 어느 하나에 해당하는 경력을 갖춘 자로 합니다.

① 사업계획승인을 받아 건설한 50세대 이상 500세대 미만의 공동주택(「건축법」 제11조에 따른 건축허가를 받아 주택과 주택 외의 시설을 동일 건축물로 건축한 건축물 중 주택이 50세대 이상 300세대 미만인 건축물을 포함)의 관리사무소장으로 근무한 경력이 3년 이상인 자
② 사업계획승인을 받아 건설한 50세대 이상의 공동주택(「건축법」 제11조에 따른 건축허가를 받아 주택과 주택 외의 시설을 동일 건축물로 건축한 건축물 중 주택이 50세대 이상 300세대 미만인 건축물을 포함)의 관리사무소 직원(경비원, 청소원, 소독원은 제외) 또는 주택관리업자의 직원으로 주택관리 업무에 종사한 경력이 5년 이상인 자
③ 한국토지주택공사 또는 지방공사의 직원으로 주택관리 업무에 종사한 경력이 5년 이상인 자
④ 공무원으로 주택 관련 지도 · 감독 및 인 · 허가 업무 등에 종사한 경력이 5년 이상인 자
⑤ 공동주택관리와 관련된 단체의 임직원으로 주택 관련 업무에 종사한 경력이 5년 이상인 자
⑥ ①~⑤의 경력을 합산한 기간이 5년 이상인 자

주택관리사 전망과 진로

주택관리사는 공동주택의 관리 · 운영 · 행정을 담당하는 부동산 경영관리분야의 최고 책임자로서 계획적인 주택관리의 필요성이 높아지고, 주택의 형태 또한 공동주택이 증가하고 있는 추세로 볼 때 업무의 전문성이 높은 주택관리사 자격의 중요성이 높아지고 있습니다.
300세대 이상이거나 승강기 설치 또는 중앙난방방식의 150세대 이상 공동주택은 반드시 주택관리사 또는 주택관리사(보)를 채용하도록 의무화하는 제도가 생기면서 주택관리사(보)의 자격을 획득시 안정적으로 취업이 가능하며, 주택관리시장이 확대됨에 따라 공동주택관리업체 등을 설립 · 운영할 수도 있고, 주택관리법인에 참여하는 등 다양한 분야로의 진출이 가능합니다.
공무원이나 한국토지주택공사, SH공사 등에 근무하는 직원 및 각 주택건설업체에서 근무하는 직원의 경우 주택관리사(보) 자격증을 획득하게 되면 이에 상응하는 자격수당을 지급받게 되며, 승진에 있어서도 높은 고과점수를 받을 수 있습니다.
정부의 신주택정책으로 주택의 관리측면이 중요한 부분으로 부각되고 있는 실정이므로, 앞으로 주택관리사의 역할은 더욱 중요해질 것입니다.

① 공동주택, 아파트 관리소장으로 진출
② 아파트 단지 관리사무소의 행정관리자로 취업
③ 주택관리업 등록업체에 진출
④ 주택관리법인 참여
⑤ 주택건설업체의 관리부 또는 행정관리자로 참여
⑥ 한국토지주택공사, 지방공사의 중견 간부사원으로 취업
⑦ 주택관리 전문 공무원으로 진출

주택관리사의 업무

구분	분야	주요업무
행정관리업무	회계관리	예산편성 및 집행결산, 금전출납, 관리비 산정 및 징수, 공과금 납부, 회계상의 기록유지, 물품구입, 세무에 관한 업무
	사무관리	문서의 작성과 보관에 관한 업무
	인사관리	행정인력 및 기술인력의 채용 · 훈련 · 보상 · 통솔 · 감독에 관한 업무
	입주자관리	입주자들의 요구 · 희망사항의 파악 및 해결, 입주자의 실태파악, 입주자 간의 친목 및 유대강화에 관한 업무
	홍보관리	회보발간 등에 관한 업무
	복지시설관리	노인정 · 놀이터 관리 및 청소 · 경비 등에 관한 업무
	대외업무	관리 · 감독관청 및 관련 기관과의 업무협조 관련 업무
기술관리업무	환경관리	조경사업, 청소관리, 위생관리, 방역사업, 수질관리에 관한 업무
	건물관리	건물의 유지 · 보수 · 개선관리로 주택의 가치를 유지하여 입주자의 재산을 보호하는 업무
	안전관리	건축물설비 또는 작업에서의 재해방지조치 및 응급조치, 안전장치 및 보호구설비, 소화설비, 유해방지시설의 정기점검, 안전교육, 피난훈련, 소방 · 보안경비 등에 관한 업무
	설비관리	전기설비, 난방설비, 급 · 배수설비, 위생설비, 가스설비, 승강기설비 등의 관리에 관한 업무

주택관리사(보) 시험안내

2024년도 제27회 주택관리사(보) 선발예정인원 **1,600명**

응시자격

1. **응시자격**: 연령, 학력, 경력, 성별, 지역 등에 제한이 없습니다.
2. **결격사유**: 시험시행일 현재 다음 중 어느 하나에 해당하는 사람과 부정행위를 한 사람으로서 당해 시험시행일로부터 5년이 경과되지 아니한 사람은 응시 불가합니다.
   - 피성년후견인 또는 피한정후견인
   - 파산선고를 받은 사람으로서 복권되지 아니한 사람
   - 금고 이상의 실형을 선고받고 그 집행이 종료되거나(집행이 끝난 것으로 보는 경우 포함) 집행을 받지 아니하기로 확정된 후 2년이 지나지 아니한 사람
   - 금고 이상의 형의 집행유예를 선고받고 그 유예기간 중에 있는 사람
   - 주택관리사 등의 자격이 취소된 후 3년이 지나지 아니한 사람
3. 주택관리사(보) 자격시험에 있어서 부정한 행위를 한 응시자는 그 시험을 무효로 하고, 당해 시험시행일로부터 5년간 시험 응시자격을 정지합니다.

시험과목

구분	시험과목	시험범위
1차 (3과목)	회계원리	세부과목 구분 없이 출제
	공동주택시설개론	• 목구조 · 특수구조를 제외한 일반 건축구조와 철골구조, 장기수선계획 수립 등을 위한 건축적산 • 홈네트워크를 포함한 건축설비개론
	민법	• 총칙 • 물권, 채권 중 총칙 · 계약총칙 · 매매 · 임대차 · 도급 · 위임 · 부당이득 · 불법행위
2차 (2과목)	주택관리관계법규	다음의 법률 중 주택관리에 관련되는 규정 「주택법」, 「공동주택관리법」, 「민간임대주택에 관한 특별법」, 「공공주택 특별법」, 「건축법」, 「소방기본법」, 「소방시설 설치 및 관리에 관한 법률」, 「화재의 예방 및 안전관리에 관한 법률」, 「전기사업법」, 「시설물의 안전 및 유지관리에 관한 특별법」, 「도시 및 주거환경정비법」, 「도시재정비 촉진을 위한 특별법」, 「집합건물의 소유 및 관리에 관한 법률」
	공동주택관리실무	시설관리, 환경관리, 공동주택 회계관리, 입주자관리, 공동주거관리이론, 대외업무, 사무 · 인사관리, 안전 · 방재관리 및 리모델링, 공동주택 하자관리(보수공사 포함) 등

* 시험과 관련하여 법률 · 회계처리기준 등을 적용하여 정답을 구하여야 하는 문제는 시험시행일 현재 시행 중인 법령 등을 적용하여 그 정답을 구하여야 함
* 회계처리 등과 관련된 시험문제는 한국채택국제회계기준(K-IFRS)을 적용하여 출제됨

시험시간 및 시험방법

구분	시험과목 수		입실시간	시험시간	문제형식
1차 시험	1교시	2과목(과목당 40문제)	09:00까지	09:30~11:10(100분)	객관식 5지 택일형
	2교시	1과목(과목당 40문제)		11:40~12:30(50분)	
2차 시험	2과목(과목당 40문제)		09:00까지	09:30~11:10(100분)	객관식 5지 택일형 (과목당 24문제) 및 주관식 단답형 (과목당 16문제)

*주관식 문제 괄호당 부분점수제 도입
1문제당 2.5점 배점으로 괄호당 아래와 같이 부분점수로 산정함
- 3괄호: 3개 정답(2.5점), 2개 정답(1.5점), 1개 정답(0.5점)
- 2괄호: 2개 정답(2.5점), 1개 정답(1점)
- 1괄호: 1개 정답(2.5점)

원서접수방법

1. 한국산업인력공단 큐넷 주택관리사(보) 홈페이지(www.Q-Net.or.kr/site/housing)에 접속하여 소정의 절차를 거쳐 원서를 접수합니다.
2. 원서접수시 최근 6개월 이내에 촬영한 탈모 상반신 사진을 파일(JPG 파일, 150픽셀×200픽셀)로 첨부합니다.
3. 응시수수료는 1차 21,000원, 2차 14,000원(제26회 시험 기준)이며, 전자결제(신용카드, 계좌이체, 가상계좌) 방법을 이용하여 납부합니다.

합격자 결정방법

1. **제1차 시험**: 과목당 100점을 만점으로 하여 모든 과목 40점 이상이고, 전 과목 평균 60점 이상의 득점을 한 사람을 합격자로 합니다.
2. **제2차 시험**
   - 1차 시험과 동일하나, 모든 과목 40점 이상이고 전 과목 평균 60점 이상의 득점을 한 사람의 수가 선발예정인원에 미달하는 경우 모든 과목 40점 이상을 득점한 사람을 합격자로 합니다.
   - 2차 시험 합격자 결정시 동점자로 인하여 선발예정인원을 초과하는 경우 그 동점자 모두를 합격자로 결정하고, 동점자의 점수는 소수점 둘째 자리까지만 계산하며 반올림은 하지 않습니다.

최종 정답 및 합격자 발표

시험시행일로부터 1차 약 1달 후, 2차 약 2달 후 한국산업인력공단 큐넷 주택관리사(보) 홈페이지(www.Q-Net.or.kr/site/housing)에서 확인 가능합니다.

학습플랜

전 과목 8주 완성 학습플랜

일주일 동안 2과목을 번갈아 학습하여, 8주에 걸쳐 2차 전 과목을 1회독할 수 있는 학습플랜입니다.

구분	월 주택관리 관계법규	화 공동주택 관리실무	수 주택관리 관계법규	목 공동주택 관리실무	금 주택관리 관계법규	토 공동주택 관리실무	일 복습
1주차	1편 1장~ 2장 14	1편 1장 대표예제 01~ 1장 19	1편 2장 15~ 3장 17	1편 1장 대표예제 04~ 1장 36	1편 3장 대표예제 07~ 4장 12	1편 1장 대표예제 09~ 1장 57	
2주차	1편 4장 대표예제 13~ 4장 36	1편 1장 58~ 1장 주관식 문제 33	1편 주관식 문제	1편 1장 주관식 문제 34~2장 21	2편 1장~3장	1편 2장 대표예제 16~ 2장 37	
3주차	2편 4장~ 5장 12	1편 2장 주관식 문제~ 3장 08	2편 5장 대표예제 29~ 6장	1편 3장 대표예제 24~ 3장 29	2편 주관식 문제	1편 3장 대표예제 28~ 3장 54	
4주차	3편 대표예제 35~ 3편 33	1편 3장 주관식 문제	3편 대표예제 41~ 4편 15	1편 4장 대표예제 33~ 4장 21	4편 대표예제 44~ 4편 주관식 문제	1편 4장 주관식 문제~ 5장 대표예제 36	
5주차	5편 1장	1편 5장 주관식 문제~ 2편 1장 21	5편 2장~3장	2편 1장 대표예제 42~ 2장 05	5편 4장~6장	2편 2장 대표예제 44~ 2장 24	
6주차	5편 주관식 문제	2편 2장 대표예제 49~ 2장 주관식 문제	6편 객관식 문제	2편 3장 대표예제 51~ 3장 33	6편 주관식 문제~ 7편	2편 3장 대표예제 55~ 3장 58	
7주차	8편	2편 3장 대표예제 59~ 3장 86	9편	2편 3장 대표예제 62~ 3장 110	10편	2편 3장 대표예제 65~ 3장 130	
8주차	11편~12편 객관식 문제	2편 3장 주관식 문제	12편 주관식 문제~ 13편	2편 4장	14편	2편 5장	

* 이하 편/장 이외의 숫자는 본문 내의 문제번호입니다.

공동주택관리실무 3주 완성 학습플랜

한 과목씩 집중적으로 공부하고 싶은 수험생을 위한 학습플랜입니다.

구분	월	화	수	목	금	토	일
1주차	1편 1장 대표예제 01~ 1장 26	1편 1장 대표예제 07~ 1장 51	1편 1장 대표예제 12~ 1장 주관식 문제 33	1편 1장 주관식 문제 34~2장 21	1편 2장 대표예제 16~ 2장 주관식 문제	1편 3장 대표예제 21~ 3장 21	1주차 복습
2주차	1편 3장 대표예제 27~ 3장 53	1편 3장 대표예제 32~ 3장 주관식 문제	1편 4장	1편 5장 대표예제 35~ 2편 1장 12	2편 1장 대표예제 41~ 2편 2장 08	2편 2장 대표예제 45~ 2장 29	2주차 복습
3주차	2편 2장 주관식 문제~ 3장 18	2편 3장 대표예제 54~ 3장 58	2편 3장 대표예제 59~ 3장 98	2편 3장 대표예제 64~ 3장 130	2편 3장 주관식 문제	2편 4장~5장	3주차 복습

학습플랜 이용 Tip

- 본인의 학습 진도와 상황에 적합한 학습플랜을 선택한 후, 매일 · 매주 단위의 학습량을 확인합니다.
- 목표한 분량을 완료한 후에는 ☑과 같이 체크하며 학습 진도를 스스로 점검합니다.

[문제집 학습방법]

- '출제비중분석'을 통해 단원별 출제비중과 해당 단원의 출제경향을 파악하고, 포인트별로 문제를 풀어나가며 다양한 출제 유형을 익힙니다.
- 틀린 문제는 해설을 꼼꼼히 읽어보고 해당 포인트의 이론을 확인하여 확실히 이해하고 넘어가도록 합니다.
- 복습일에 문제집을 다시 풀어볼 때에는 전체 내용을 정리하고, 틀린 문제는 다시 한번 확인하여 완벽히 익히도록 합니다.

[기본서 연계형 학습방법]

- 하루 동안 학습한 내용 중 어려움을 느낀 부분은 기본서에서 관련 이론을 찾아서 확인하고, '핵심 콕! 콕!' 위주로 중요 내용을 확실히 정리하도록 합니다. 기본서 복습을 완료한 후에는 학습플랜에 학습 완료 여부를 체크합니다.
- 복습일에는 한 주 동안 학습한 기본서 이론 중 추가적으로 학습이 필요한 사항을 문제집에 정리하고, 틀린 문제와 관련된 이론을 위주로 학습합니다.

출제경향분석 및 수험대책

제26회(2023년) 시험 총평

이번 제26회 시험은 공동주택관리실무가 다소 어렵게 출제될 것으로 예상되었으나 실제 시험은 '중' 정도의 난도로 출제되어 지난해보다는 평균점수가 높아질 것으로 예상됩니다.
난이도 조절을 하기 위해 출제해 왔던 노무관리와 사회보험 문제도 지엽적인 2문제를 포함하여 7문제가 출제되었으며, 건축설비 부문도 계산문제 1문제를 포함하여 전체적으로 평이하게 출제되었습니다.
주관식 문제는 지엽적인 문제가 많았던 제25회 시험보다 어려움은 없었지만 4문제 정도가 까다롭게 출제되었습니다.

제26회(2023년) 출제경향분석

구분			제17회	제18회	제19회	제20회	제21회	제22회	제23회	제24회	제25회	제26회	계	비율(%)
행정실무	공동주택 관리의 개요	주택의 정의 및 분류	2		1			1		1	1		6	1.5
		공동주택관리기구 등	2	5	4	2		3	3	2	4	3	28	7
		공동주택관리방식 등	3	2	2	1	3	2	1	1			15	3.75
		민간임대주택의 관리				3	4	2	2	3	2	2	18	4.5
		주택관리사 제도		1	1	1		1		1	1	1	7	1.75
	입주자관리	입주자대표회의	1	2	1	3	3	1	1	1	1	2	16	4
		공동주택 관리규약						3		1	1		5	1.25
		층간소음							1	2			3	0.75
		공동주택관리 분쟁조정위원회	1	1			1	1			1	1	6	1.5
		공동주택 주거론	1	1	1	1	2						6	1.5
	사무관리	문서관리				1							1	0.25
		노무관리	4	3	3	3	3	4	5	3	4	4	36	9
		사회보험	2			1	4	3	2	4	4	3	23	5.75
	대외업무 및 리모델링	대외업무관리 개관												
		행위허가 등			1				2				3	0.75
		리모델링			1								1	0.25
	공동주택 회계관리	관리비 등	1		3	1				2	1	1	9	2.25
기술실무	건축물 및 시설물관리	건축물의 노후화 · 열화현상	1	1	1						1	1	5	1.25
		부대시설 및 복리시설의 관리		1	3		2	2	1	1	2	3	19	4.75

하자보수제도 및 장기수선계획 등	하자보수제도	2	2	1	1			2	1		2	11	2.75
	장기수선계획과 장기수선충당금	3	2		1	1		1		1	1	10	2.5
공동주택 설비관리	급수설비	4	5	3	5	3	5	5	3	2		35	8.75
	배수 · 통기설비	2	3	3	3	2	1	2	1		1	18	4.5
	오수정화설비						1					1	0.25
	난방 · 환기설비	2	3	2	2	5		2	2	1	3	22	5.5
	급탕설비	2		3	1		1		1		1	9	2.25
	전기설비	1		3	1	3	1	4	1	2	1	17	4.25
	가스설비				1	1	1	1	1			5	1.25
	소방설비	3	4	3	3	3	2	2	2	2	2	26	6.5
	승강기설비		1		1		1	1	1	1	2	8	2
	냉동설비								1			1	0.25
	건축물의 에너지절약 설계기준						2	1	1	2	1	7	1.75
환경관리	자연환경관리	1										1	0.25
	생활환경관리	1		2	1		2			3	3	12	3
	조경관리												
안전관리	안전관리계획과 안전점검		1	2	1		1	1	1	1	2	10	2.5
총계		40	40	40	40	40	40	40	40	40	40	400	100

제27회(2024년) 수험대책

제27회 시험을 대비하여 다음의 사항을 유념하여 수험준비를 하셔야 합니다.

❶ 공동주택관리실무의 단계별 과정을 빠짐없이 수강하고, 이해 위주의 학습이 되도록 해야 합니다.

❷ 이론 정리가 마무리되면 정리된 내용을 바탕으로 문제집, 모의고사를 통해 시험에 대한 변별력을 길러서 실제 시험에 대비하여야 합니다.

❸ 전 범위에 걸쳐 기출문제를 꼼꼼히 확인하여 이해력을 높임과 동시에 실제 시험 유형에 접근하는 데 필요한 응용력을 길러야 합니다.

❹ 주관식 단답형 부분점수 제도에 따라 펜을 들고 직접 써보는 연습을 많이 하여 시험장에서도 자연스럽게 답안을 작성할 수 있도록 대비합니다.

❺ 2024년 제27회 시험과 관련하여 개정되거나 신설되는 법령규정을 빠짐없이 정리함으로써 시험에 소홀함이 없도록 해야 합니다.

10개년 출제비중분석

45.75%

제1편
출제비중

장별 출제비중

제1편

행정실무

제1장 공동주택관리의 개요

대표예제 01 주택★★

주택법령상 용어의 정의로 옳지 않은 것은?

① 주택이란 세대(世帶)의 구성원이 장기간 독립된 주거생활을 할 수 있는 구조로 된 건축물의 전부 또는 일부 및 그 부속토지를 말하며, 이를 단독주택과 공동주택으로 구분한다.

② 에너지절약형 친환경주택이란 저에너지 건물 조성기술 등 대통령령으로 정하는 기술을 이용하여 에너지 사용량을 절감하거나 이산화탄소 배출량을 저감할 수 있도록 건설된 주택을 말한다.

③ 세대구분형 공동주택이란 공동주택의 주택 내부 공간의 일부를 세대별로 구분하여 생활이 가능한 구조로 하되, 그 구분된 공간의 일부를 구분소유할 수 있는 주택으로서 대통령령으로 정하는 건설기준, 설치기준, 면적기준 등에 적합한 주택을 말한다.

④ 도시형 생활주택이란 300세대 미만의 국민주택규모에 해당하는 주택으로서 대통령령으로 정하는 주택을 말한다.

⑤ 공동주택이란 건축물의 벽 · 복도 · 계단이나 그 밖의 설비 등의 전부 또는 일부를 공동으로 사용하는 각 세대가 하나의 건축물 안에서 각각 독립된 주거생활을 할 수 있는 구조로 된 주택을 말한다.

해설 | **세대구분형 공동주택은 구분된 공간 일부에 대하여 구분소유를 할 수 없는 주택을 말한다.**

보충 | **세대구분형 공동주택**

1. 의의: 세대구분형 공동주택이란 공동주택의 주택 내부 공간의 일부를 세대별로 구분하여 생활이 가능한 구조로 하되, 그 구분된 공간의 일부를 구분소유할 수 없는 주택으로서 대통령령으로 정하는 건설기준, 설치기준, 면적기준 등에 적합한 주택을 말한다.
2. 1.에서 '대통령령으로 정하는 건설기준, 설치기준, 면적기준 등에 적합한 주택'이란 다음의 구분에 따른 요건을 충족하는 공동주택을 말한다.
   ㉠ 주택법 제15조에 따른 사업계획의 승인을 받아 건설하는 공동주택의 경우 다음의 요건을 모두 충족할 것
      ⓐ 세대별로 구분된 각각의 공간마다 별도의 욕실, 부엌과 현관을 설치할 것
      ⓑ 하나의 세대가 통합하여 사용할 수 있도록 세대간에 연결문 또는 경량구조의 경계벽 등을 설치할 것
      ⓒ 세대구분형 공동주택의 세대수가 해당 주택단지 안의 공동주택 전체 세대수의 3분의 1을 넘지 않을 것
      ⓓ 세대별로 구분된 각각의 공간의 주거전용면적 합계가 해당 주택단지 전체 주거전용면적 합계의 3분의 1을 넘지 않는 등 국토교통부장관이 정하여 고시하는 주거전용면적의 비율에 관한 기준을 충족할 것

ⓛ 공동주택관리법 제35조에 따른 행위의 허가를 받거나 신고를 하고 설치하는 공동주택의 경우 다음의 요건을 모두 충족할 것
ⓐ 구분된 공간의 세대수는 기존 세대를 포함하여 2세대 이하일 것
ⓑ 세대별로 구분된 각각의 공간마다 별도의 욕실, 부엌과 구분 출입문을 설치할 것
ⓒ 세대구분형 공동주택의 세대수가 해당 주택단지 안의 공동주택 전체 세대수의 10분의 1과 해당 동의 전체 세대수의 3분의 1을 각각 넘지 않을 것. 다만, 시장 · 군수 · 구청장이 부대시설의 규모 등 해당 주택단지의 여건을 고려하여 인정하는 범위에서 세대수의 기준을 넘을 수 있다.
ⓓ 구조, 화재, 소방 및 피난안전 등 관계 법령에서 정하는 안전기준을 충족할 것

3. 2.의 ㉠과 ⓛ에 따라 건설 또는 설치되는 주택과 관련하여 주택건설기준 등을 적용하는 경우 세대구분형 공동주택의 세대수는 그 구분된 공간의 세대수에 관계없이 하나의 세대로 산정한다.

기본서 p.21~27

정답 ③

01 **민간임대주택에 관한 특별법령상 용어에 대한 설명으로 옳지 않은 것은?** 제21회

① '민간임대주택'이란 임대 목적으로 제공하는 주택으로서 임대사업자가 민간임대주택에 관한 특별법 제5조에 따라 등록한 주택을 말하며, 민간건설임대주택과 민간매입임대주택으로 구분한다.

② '장기일반민간임대주택'이란 임대사업자가 공공지원민간임대주택이 아닌 주택을 8년 이상 임대할 목적으로 취득하여 임대하는 민간임대주택[아파트(주택법의 도시형 생활주택이 아닌 것을 말한다)를 임대하는 민간매입임대주택은 제외한다]을 말한다.

③ '자기관리형 주택임대관리업'이란 주택의 소유자로부터 주택을 임차하여 자기책임으로 전대하는 형태의 업을 말한다.

④ '임대사업자'란 공공주택 특별법에 따른 공공주택사업자가 아닌 자로서 1호(戶) 이상의 민간임대주택을 취득하여 임대하는 사업을 할 목적으로 민간임대주택에 관한 특별법 제5조에 따라 등록한 자를 말한다.

⑤ 임대사업자가 임대를 목적으로 건설하여 임대하는 민간임대주택은 민간건설임대주택에 해당된다.

정답 및 해설

01 ② 장기일반민간임대주택이란 임대사업자가 공공지원민간임대주택이 아닌 주택을 10년 이상 임대할 목적으로 취득하여 임대하는 민간임대주택[아파트(주택법의 도시형 생활주택이 아닌 것을 말한다)를 임대하는 민간매입임대주택은 제외한다]을 말한다.

02 주택법령상 주택의 정의에 관한 설명으로 옳지 않은 것은?

① 단독주택이란 1세대가 하나의 건축물 안에서 독립된 주거생활을 할 수 있는 구조로 된 주택을 말한다.

② 준주택이란 주택 외의 건축물과 그 부속토지로서 주거시설로 이용 가능한 시설 등을 말한다.

③ 토지임대부 분양주택이란 토지의 소유권은 사업계획의 승인을 받아 토지임대부 분양주택 건설사업을 시행하는 자가 가지고, 건축물 및 복리시설 등에 대한 소유권은 주택을 분양받은 자가 가지는 주택을 말한다.

④ 장수명주택이란 구조적으로 오랫동안 유지 · 관리될 수 있는 내구성을 갖추고, 입주자의 필요에 따라 내부구조를 쉽게 변경할 수 있는 가변성과 수리 용이성 등이 우수한 주택을 말한다.

⑤ 건강친화형 주택이란 300세대 이상의 공동주택을 건설하는 경우에 쾌적한 실내환경의 조성을 위하여 실내공기의 오염물질 등을 최소화할 수 있도록 건설된 주택을 말한다.

03 주택법령상 준주택에 해당하는 것을 모두 고른 것은?

㉠ 노인복지주택	㉡ 다중주택
㉢ 다세대주택	㉣ 다중생활시설
㉤ 아파트	

① ㉠, ㉡　② ㉠, ㉣
③ ㉡, ㉢　④ ㉡, ㉣
⑤ ㉢, ㉤

04 건축법령상 주택의 종류에 대한 설명이다. 다음의 요건을 모두 충족하는 것은?

제11회 수정

1. 학생 또는 직장인 등 여러 사람이 장기간 거주할 수 있는 구조로 되어 있는 것
2. 독립된 주거의 형태를 갖추지 않은 것(각 실별로 욕실은 설치할 수 있으나, 취사시설은 설치하지 않은 것을 말한다)
3. 1개 동의 주택으로 쓰이는 바닥면적(부설주차장 면적은 제외한다)의 합계가 660m^2 이하이고 주택으로 쓰는 층수(지하층은 제외한다)가 3개 층 이하일 것. 다만, 1층의 전부 또는 일부를 필로티 구조로 하여 주차장으로 사용하고 나머지 부분을 주택(주거 목적으로 한정한다) 외의 용도로 쓰는 경우에는 해당 층을 주택의 층수에서 제외한다.
4. 적정한 주거환경을 조성하기 위하여 건축조례로 정하는 실별 최소 면적, 창문의 설치 및 크기 등의 기준에 적합할 것

① 기숙사
② 다중주택
③ 다세대주택
④ 연립주택
⑤ 다가구주택

정답 및 해설

02 ⑤ 건강친화형 주택이란 500세대 이상의 공동주택을 건설하는 경우에 쾌적한 실내환경의 조성을 위하여 실내 공기의 오염물질 등을 최소화할 수 있도록 건설된 주택을 말한다.

03 ② 준주택에는 다중생활시설, 노인복지주택, 오피스텔, 기숙사가 있다. 즉, ㉠㉣이 준주택에 해당한다.

04 ② 건축법 시행령상 단독주택의 종류인 다중주택에 관한 설명이다.

05 건축법령상 주택에 대한 설명으로 옳지 않은 것은?

① 다가구주택은 1층의 전부 또는 일부를 필로티 구조로 하여 주민공동시설로 사용하고, 나머지 부분을 주택(주거 목적으로 한정한다) 외의 용도로 쓰는 경우에는 해당 층을 주택의 층수에서 제외한다.

② 아파트는 주택으로 쓰는 층수가 5개 층 이상인 주택을 말한다.

③ 다세대주택은 주택으로 쓰는 1개 동의 바닥면적 합계가 660m² 이하이고, 층수가 4개 층 이하인 주택(2개 이상의 동을 지하주차장으로 연결하는 경우에는 각각의 동으로 본다)을 말한다.

④ 일반기숙사는 학교 또는 공장 등의 학생 또는 종업원 등을 위하여 사용하는 것으로서 해당 기숙사의 공동취사시설 이용 세대수가 전체 세대수(건축물의 일부를 기숙사로 사용하는 경우에는 기숙사로 사용하는 세대수로 한다)의 50% 이상인 것(교육기본법에 따른 학생복지주택을 포함한다)을 말한다.

⑤ 아파트, 연립주택, 다세대주택, 기숙사의 층수를 산정할 때에는 지하층을 주택의 층수에서 제외한다.

06 주택법령상 도시형 생활주택에 관한 설명으로 옳지 않은 것은?

① 300세대 미만의 국민주택규모에 해당하는 주택으로서 국토의 계획 및 이용에 관한 법률에 따른 도시지역에 건설하는 단지형 연립주택, 단지형 다세대주택, 소형 주택을 말한다.

② 단지형 연립주택이란 소형 주택이 아닌 연립주택을 말하며, 건축위원회의 심의를 받은 경우에는 주택으로 쓰는 층수를 5개 층까지 건축할 수 있다.

③ 소형 주택의 주거전용면적은 70m² 이하이어야 한다.

④ 하나의 건축물에는 도시형 생활주택과 그 밖의 주택을 함께 건축할 수 없으며, 단지형 연립주택 또는 단지형 다세대주택과 소형 주택을 함께 건축할 수 없다.

⑤ 국토의 계획 및 이용에 관한 법률 시행령에 따른 준주거지역 또는 상업지역에서 소형 주택과 도시형 생활주택 외의 주택을 건축하는 경우에는 함께 건축할 수 있다.

07 주택법령상 사업계획의 승인을 받아 건설하는 세대구분형 공동주택에 관한 설명으로 옳지 않은 것을 모두 고른 것은?

제17회 수정

> ㉠ 세대구분형 공동주택의 건설과 관련하여 주택건설기준 등을 적용하는 경우 세대구분형 공동주택의 세대수는 2세대로 산정한다.
> ㉡ 세대수가 해당 주택단지 안의 공동주택 전체 세대수의 3분의 1을 넘지 않아야 한다.
> ㉢ 세대구분형 공동주택의 세대별로 구분된 각각의 공간마다 별도의 욕실, 부엌과 현관을 설치하여야 한다.
> ㉣ 하나의 세대가 통합하여 사용할 수 있도록 세대간에 연결문 또는 경량구조의 경계벽 등을 설치하여야 한다.
> ㉤ 세대구분형 공동주택의 세대별로 구분된 각각의 공간의 주거전용면적 합계가 주택단지 전체 주거전용면적 합계의 3분의 1을 넘는 등 국토교통부장관이 정하는 주거전용면적의 비율에 관한 기준을 충족하여야 한다.

① ㉠, ㉡
② ㉠, ㉤
③ ㉡, ㉢
④ ㉢, ㉣
⑤ ㉣, ㉤

정답 및 해설

05 ① 다가구주택은 1층의 전부 또는 일부를 필로티 구조로 하여 주차장으로 사용하고, 나머지 부분을 주택(주거 목적으로 한정한다) 외의 용도로 쓰는 경우에는 해당 층을 주택의 층수에서 제외한다.

06 ③ 소형 주택의 주거전용면적은 $60m^2$ 이하이어야 한다.

07 ② ㉠ 세대구분형 공동주택의 건설과 관련하여 주택건설기준 등을 적용하는 경우 세대구분형 공동주택의 세대수는 그 구분된 공간의 세대수에 관계없이 하나의 세대로 산정한다.
㉤ 세대구분형 공동주택의 세대별로 구분된 각각의 공간의 주거전용면적 합계가 주택단지 전체 주거전용면적 합계의 3분의 1을 넘지 아니하는 등 국토교통부장관이 정하는 주거전용면적의 비율에 관한 기준을 충족하여야 한다.

08 **주택법령상 행위의 허가를 받거나 신고를 하고 설치하는 세대구분형 공동주택에 관한 설명으로 옳지 않은 것은?**

① 구분된 공간의 세대수는 기존 세대를 포함하여 2세대 이하일 것
② 세대별로 구분된 각각의 공간마다 별도의 욕실, 부엌과 구분 출입문을 설치할 것
③ 세대구분형 공동주택의 세대수가 해당 주택단지 안의 공동주택 전체 세대수의 3분의 1과 해당 동의 전체 세대수의 3분의 1을 각각 넘지 않을 것. 다만, 시장 · 군수 · 구청장이 부대시설의 규모 등 해당 주택단지의 여건을 고려하여 인정하는 범위에서 세대수의 기준을 넘을 수 있다.
④ 구조, 화재, 소방 및 피난안전 등 관계 법령에서 정하는 안전기준을 충족할 것
⑤ 주택건설기준 등을 적용하는 경우 세대구분형 공동주택의 세대수는 그 구분된 공간의 세대수에 관계없이 하나의 세대로 산정한다.

대표예제 02 **의무관리대상 공동주택** ★★★

공동주택관리법령상 의무관리대상 공동주택으로 옳지 않은 것은? 제12회 수정

① 승강기가 설치된 290세대 연립주택
② 중앙집중식 난방방식인 300세대 다세대주택
③ 지역난방방식인 290세대 아파트
④ 승강기가 설치되어 있지 않고 지역난방방식을 포함하여 중앙집중식 난방방식이 아닌 150세대 아파트
⑤ 건축법에 따른 건축허가를 받아 주택 이외의 시설과 주택을 동일 건축물로 건축한 건축물로서 주택이 290세대인 건축물

해설 | **의무관리대상 공동주택의 범위**

1. 300세대 이상의 공동주택
2. 150세대 이상으로서 승강기가 설치된 공동주택
3. 150세대 이상으로서 중앙집중식 난방방식(지역난방방식을 포함한다)의 공동주택
4. 건축법 제11조에 따른 건축허가를 받아 주택 외의 시설과 주택을 동일 건축물로 건축한 건축물로서 주택이 150세대 이상인 건축물
5. 1.부터 4.까지에 해당하지 아니하는 공동주택 중 전체 입주자 등의 3분의 2 이상이 서면으로 동의하여 정하는 공동주택

기본서 p.23~24

정답 ④

09 공동주택관리법령상 의무관리대상 공동주택에 해당하는 것을 모두 고른 것은?

제14회 수정

㉠ 승강기가 설치되어 있지 않고 중앙집중식 난방방식이 아닌 400세대인 공동주택
㉡ 승강기가 설치된 120세대인 공동주택
㉢ 중앙집중식 난방방식의 120세대인 공동주택
㉣ 건축법상 건축허가를 받아 주택 외의 시설과 주택을 동일 건축물로 건축한 건축물로서 주택이 200세대인 건축물

① ㉠, ㉡
② ㉠, ㉢
③ ㉠, ㉣
④ ㉡, ㉢
⑤ ㉡, ㉣

정답 및 해설

08 ③ 세대구분형 공동주택의 세대수가 해당 주택단지 안의 공동주택 전체 세대수의 10분의 1을 넘지 않아야 한다.

09 ③ ㉠㉣이 의무관리대상 공동주택에 해당한다.
㉡ 승강기가 설치된 150세대 이상인 공동주택
㉢ 중앙집중식 난방방식의 150세대 이상인 공동주택

대표예제 03 관리사무소장 ★★

공동주택관리법령상 관리사무소장의 업무에 대한 부당간섭 배제 등에 관한 설명으로 옳은 것은?

① 입주자대표회의(구성원을 제외한다) 및 입주자 등은 관리사무소장의 업무에 대하여 폭행, 협박 등 위력을 사용하여 정당한 업무를 방해하는 행위를 하여서는 아니 된다.

② 관리사무소장은 입주자대표회의 또는 입주자 등이 ①을 위반한 경우 입주자대표회의 또는 입주자 등에게 그 위반사실을 설명하고 해당 행위를 중단할 것을 요청하거나 부당한 지시 또는 명령의 이행을 거부할 수 있으며, 시 · 도지사에게 이를 보고하고, 사실 조사를 의뢰할 수 있다.

③ 시 · 도지사는 ②에 따라 사실 조사를 의뢰받은 때에는 지체 없이 조사를 마치고, ①을 위반한 사실이 있다고 인정하는 경우 입주자대표회의 및 입주자 등에게 필요한 명령 등의 조치를 하여야 한다. 이 경우 범죄혐의가 있다고 인정될 만한 상당한 이유가 있을 때에는 수사기관에 고발할 수 있다.

④ 시 · 도지사는 사실 조사 결과 또는 필요한 명령 등의 조치 결과를 지체 없이 입주자대표회의, 해당 입주자 등, 주택관리업자 및 관리사무소장에게 통보하여야 한다.

⑤ 입주자대표회의는 ②에 따른 보고나 사실 조사 의뢰 또는 ③에 따른 명령 등을 이유로 관리사무소장을 해임하거나 해임하도록 주택관리업자에게 요구하여서는 아니 된다.

오답체크 | ① 입주자대표회의(구성원을 포함한다) 및 입주자 등은 관리사무소장의 업무에 대하여 폭행, 협박 등 위력을 사용하여 정당한 업무를 방해하는 행위를 하여서는 아니 된다.

② 관리사무소장은 입주자대표회의 또는 입주자 등이 ①을 위반한 경우 입주자대표회의 또는 입주자 등에게 그 위반사실을 설명하고 해당 행위를 중단할 것을 요청하거나 부당한 지시 또는 명령의 이행을 거부할 수 있으며, 시장 · 군수 · 구청장에게 이를 보고하고, 사실 조사를 의뢰할 수 있다.

③ 시장 · 군수 · 구청장은 ②에 따라 사실 조사를 의뢰받은 때에는 지체 없이 조사를 마치고, ①을 위반한 사실이 있다고 인정하는 경우 입주자대표회의 및 입주자 등에게 필요한 명령 등의 조치를 하여야 한다. 이 경우 범죄혐의가 있다고 인정될 만한 상당한 이유가 있을 때에는 수사기관에 고발할 수 있다.

④ 시장 · 군수 · 구청장은 사실 조사 결과 또는 필요한 명령 등의 조치 결과를 지체 없이 입주자대표회의, 해당 입주자 등, 주택관리업자 및 관리사무소장에게 통보하여야 한다.

기본서 p.45~52

정답 ⑤

종합

10 공동주택관리법령상 관리사무소장에 관한 설명으로 옳지 않은 것은?

① 관리사무소장은 공동주택을 안전하고 효율적으로 관리하여 공동주택의 입주자 등의 권익을 보호하기 위하여 관리사무소 업무의 지휘 · 총괄 업무를 집행한다.
② 관리사무소장의 손해배상책임을 보장하기 위한 보증보험 또는 공제에 가입하거나 공탁을 한 조치를 이행한 주택관리사 등이 그 보증설정을 다른 보증설정으로 변경하려는 경우에는 해당 보증설정의 효력이 있는 기간 중에 다른 보증설정을 하여야 한다.
③ 안전관리계획을 관리여건상 필요하여 당해 공동주택의 관리사무소장이 입주자대표회의 구성원 과반수 서면동의를 얻은 경우에는 3년이 지나기 전에 조정할 수 있다.
④ 관리사무소장은 선량한 관리자의 주의로 그 직무를 수행하여야 한다.
⑤ 관리사무소장은 그 배치내용과 업무의 집행에 사용할 직인을 국토교통부령으로 정하는 바에 따라 주택관리사단체에 신고하여야 한다.

11 공동주택관리법령상 관리사무소장의 교육에 관한 설명으로 옳지 않은 것은?

① 관리사무소장은 배치된 날부터 3개월 이내에 시 · 도지사로부터 공동주택관리에 관한 교육과 윤리교육을 받아야 한다.
② 관리사무소장으로 배치받으려는 주택관리사 등이 배치예정일부터 직전 5년 이내에 관리사무소장 · 공동주택관리기구의 직원 또는 주택관리업자의 임직원으로서 종사한 경력이 없는 경우에는 시 · 도지사가 실시하는 공동주택관리에 관한 교육과 윤리교육을 이수하여야 관리사무소장으로 배치받을 수 있다.
③ 공동주택의 관리사무소장으로 배치받아 근무 중인 주택관리사 등은 ① 또는 ②에 따른 교육을 받은 후 2년마다 공동주택관리에 관한 교육과 윤리교육을 받아야 한다.
④ 공동주택관리에 관한 교육과 윤리교육에는 공동주택의 관리책임자로서 필요한 관계법령, 소양 및 윤리에 관한 사항이 포함되어야 한다.
⑤ ①부터 ③까지의 규정에 따른 교육기간은 3일로 한다.

정답 및 해설

10 ⑤ 관리사무소장은 그 배치내용과 업무의 집행에 사용할 직인을 국토교통부령으로 정하는 바에 따라 시장 · 군수 · 구청장에게 신고하여야 한다.

11 ③ 3년마다 공동주택관리에 관한 교육과 윤리교육을 받아야 한다.

12 **공동주택관리법령상 공동주택의 관리사무소장 배치신고 및 변경신고에 관한 설명으로 옳지 않은 것은?**

① 관리사무소장은 배치내용과 업무의 집행에 사용할 직인을 시장 · 군수 · 구청장에게 신고하여야 한다.

② 배치내용과 업무의 집행에 사용할 직인을 신고하려는 공동주택의 관리사무소장은 배치된 날부터 15일 이내에 관리사무소장 배치 및 직인신고서를 주택관리사단체에 제출하여야 한다.

③ 신고한 배치내용과 업무의 집행에 사용하는 직인을 변경하려는 관리사무소장은 변경사유(관리사무소장의 배치가 종료된 경우를 포함한다)가 발생한 날부터 15일 이내에 관리사무소장 배치 및 직인변경신고서에 변경내용을 증명하는 서류를 첨부하여 주택관리사단체에 제출하여야 한다.

④ 신고 또는 변경신고를 접수한 주택관리사단체는 관리사무소장의 배치내용 및 직인신고(변경신고하는 경우를 포함한다) 접수현황을 월별로 시장 · 군수 · 구청장에게 보고하여야 한다.

⑤ 주택관리사단체는 관리사무소장이 배치신고 또는 변경신고에 대한 증명서 발급을 요청하면 즉시 관리사무소장의 배치 및 직인신고증명서(변경신고증명서)를 발급하여야 한다.

13 **공동주택관리법령상 공동주택의 관리주체 및 관리사무소장의 업무에 관한 설명으로 옳지 않은 것은?**

제24회

① 의무관리대상 공동주택의 관리주체는 관리비 등의 징수 · 보관 · 예치 · 집행 등 모든 거래행위에 관하여 장부를 월별로 작성하여 그 증빙서류와 함께 해당 회계연도 종료일부터 5년간 보관하여야 한다.

② 관리주체는 장기수선충당금을 해당 주택의 소유자로부터 징수하여 적립하여야 한다.

③ 관리사무소장은 입주자대표회의에서 의결하는 공동주택의 운영 · 관리업무와 관련하여 입주자대표회의를 대리하여 재판상 행위를 할 수 있다.

④ 관리사무소장은 배치내용과 업무의 집행에 사용할 직인을 시장 · 군수 · 구청장에게 신고하여야 하며, 배치된 날부터 30일 이내에 '관리사무소장 배치 및 직인신고서'를 시장 · 군수 · 구청장에게 제출하여야 한다.

⑤ 의무관리대상 공동주택에 취업한 주택관리사 등이 다른 공동주택 및 상가 · 오피스텔 등 주택 외의 시설에 취업한 경우, 주택관리사 등의 자격취소 사유에 해당한다.

14 공동주택관리법령상 관리사무소장의 업무 등에 관한 설명으로 옳지 않은 것은?

① 관리사무소 업무의 지휘 · 총괄업무
② 입주자대표회의에서 의결하는 공동주택의 운영 · 관리 · 유지 · 보수 · 교체 · 개량업무
③ 장기수선계획의 조정, 시설물 안전관리계획의 수립 및 건축물의 안전점검에 관한 업무
④ 선거관리위원회의 운영에 필요한 업무지원 및 사무처리업무
⑤ 안전관리계획은 3년마다 조정하되, 전체 입주자 과반수의 서면동의를 얻은 경우에는 3년이 지나기 전에 조정하는 업무

15 공동주택관리법령상 공동주택 관리사무소장에 관한 설명으로 옳지 않은 것은?

제18회 수정

① 500세대 미만의 공동주택에는 주택관리사를 갈음하여 주택관리사보를 해당 공동주택의 관리사무소장으로 배치할 수 있다.
② 관리사무소장은 공동주택의 운영 · 관리 · 유지 · 보수 · 교체 · 개량 및 리모델링에 관한 업무와 관련하여 입주자대표회의를 대리하여 재판상 또는 재판 외의 행위를 할 수 없다.
③ 주택관리사 등은 관리사무소장의 업무를 집행하면서 고의 또는 과실로 입주자에게 재산상의 손해를 입힌 경우에는 그 손해를 배상할 책임이 있다.
④ 관리사무소장은 선량한 관리자의 주의로 그 직무를 수행하여야 한다.
⑤ 손해배상책임을 보장하기 위하여 공탁한 공탁금은 주택관리사 등이 해당 공동주택의 관리사무소장의 직책을 사임하거나 그 직에서 해임된 날 또는 사망한 날부터 3년 이내에는 회수할 수 없다.

정답 및 해설

12 ④ 신고 또는 변경신고를 접수한 주택관리사단체는 관리사무소장의 배치내용 및 직인신고(변경신고하는 경우를 포함한다) 접수현황을 분기별로 시장 · 군수 · 구청장에게 보고하여야 한다.

13 ④ 관리사무소장은 배치내용과 업무의 집행에 사용할 직인을 시장 · 군수 · 구청장에게 신고하여야 하며, 배치된 날부터 15일 이내에 '관리사무소장 배치 및 직인신고서'를 주택관리사단체에 제출하여야 한다.

14 ⑤ 안전관리계획은 3년마다 조정하되, 관리여건상 필요하여 해당 공동주택의 관리사무소장이 입주자대표회의의 구성원 과반수의 서면동의를 얻은 경우에는 3년이 지나기 전에 조정할 수 있다.

15 ② 관리사무소장은 공동주택의 운영 · 관리 · 유지 · 보수 · 교체 · 개량 및 리모델링에 관한 업무와 관련하여 입주자대표회의를 대리하여 재판상 또는 재판 외의 행위를 할 수 있다.

종합

16 공동주택관리법령상 관리사무소장의 업무에 관한 설명으로 옳지 않은 것은?

① 장기수선계획의 조정, 시설물의 안전관리계획의 수립 및 건축물의 안전점검에 관한 업무를 수행하여야 하며, 비용지출을 수반하는 사항에 대하여는 입주자대표회의의 의결을 거친다.

② 입주자대표회의에서 의결하는 공동주택의 운영 · 관리 · 유지 · 보수 · 개량 및 리모델링에 관한 업무를 수행하여야 한다.

③ 공동주택의 운영 · 관리 · 유지 · 보수 · 개량 및 리모델링에 관한 업무를 집행하기 위한 관리비 · 장기수선충당금, 그 밖의 경비의 청구 · 수령 · 지출업무를 수행하여야 한다.

④ 관리주체의 업무를 지휘 · 총괄할 수 있다.

⑤ 300세대 이상의 공동주택의 공용부분 중 주요 시설에 대하여 장기수선계획을 수립할 수 있다.

17 공동주택관리법령상 의무관리대상 공동주택의 관리사무소장의 업무 등에 관한 설명으로 옳지 않은 것은?

제25회

① 관리사무소장은 업무의 집행에 사용하기 위해 신고한 직인을 변경한 경우 변경신고를 하여야 한다.

② 관리사무소장은 비용지출을 수반하는 건축물의 안전점검에 관한 업무에 대하여는 입주자대표회의의 의결을 거쳐 집행하여야 한다.

③ 관리사무소장은 입주자대표회의에서 의결하는 공동주택의 유지 업무와 관련하여 입주자대표회의를 대리하여 재판상의 행위를 할 수 없다.

④ 300세대의 공동주택에는 주택관리사를 갈음하여 주택관리사보를 해당 공동주택의 관리사무소장으로 배치할 수 있다.

⑤ 주택관리사는 관리사무소장의 업무를 집행하면서 고의 또는 과실로 입주자 등에게 재산상의 손해를 입힌 경우에는 그 손해를 배상할 책임이 있다.

18 **공동주택관리법령상 공동주택의 관리사무소장으로 배치된 자가 관리사무소장 배치 및 직인신고서를 주택관리사단체에 제출할 때 반드시 첨부하여야 할 서류가 아닌 것은?**

① 임명장 등 사본 1부
② 경력을 입증하는 사본 1부
③ 공동주택의 관리방법이 위탁관리인 경우 위 · 수탁계약서 사본 1부
④ 관리사무소장 교육 또는 주택관리사 등의 교육 이수현황 1부
⑤ 주택관리사 등의 손해배상책임을 보장하기 위한 보증설정을 입증하는 서류 1부

정답 및 해설

16 ⑤ 사업주체 또는 리모델링을 하는 자는 그 공동주택의 공용부분에 대한 장기수선계획을 수립하여 사용검사를 신청할 때에 사용검사권자에게 제출하고, 사용검사권자는 이를 그 공동주택의 관리주체에게 인계하여야 한다.

17 ③ 관리사무소장은 입주자대표회의에서 의결하는 공동주택의 유지 업무와 관련하여 입주자대표회의를 대리하여 재판상의 행위를 할 수 있다.

18 ② 배치내용과 업무의 집행에 사용할 직인을 신고하려는 관리사무소장은 배치된 날부터 15일 이내에 신고서에 다음의 서류를 첨부하여 주택관리사단체에 제출하여야 한다.

1. 관리사무소장 교육 또는 주택관리사 등의 교육 이수현황(주택관리사단체가 해당 교육 이수현황을 발급하는 경우에는 제출하지 아니할 수 있다) 1부
2. 임명장 사본 1부. 다만, 배치된 공동주택의 전임(前任) 관리사무소장이 배치종료 신고를 하지 아니한 경우에는 배치를 증명하는 다음의 구분에 따른 서류를 함께 제출하여야 한다.
   - 공동주택의 관리방법이 자치관리인 경우: 근로계약서 사본 1부
   - 공동주택의 관리방법이 위탁관리인 경우: 위 · 수탁계약서 사본 1부
3. 주택관리사보 자격시험 합격증서 또는 주택관리사 자격증 사본 1부
4. 주택관리사 등의 손해배상책임을 보장하기 위한 보증설정을 입증하는 서류 1부

19 공동주택관리법령상 관리사무소장 및 경비원의 업무에 관한 설명으로 옳지 않은 것은?

제26회

① 관리사무소장이 집행하는 업무에는 공동주택단지 안에서 발생한 도난사고에 대한 대응조치의 지휘 · 총괄이 포함된다.

② 관리사무소장의 업무에 대하여 입주자 등이 관계 법령에 위반되는 지시를 하는 등 부당하게 간섭하는 행위를 한 경우 관리사무소장은 시장 · 군수 · 구청장에게 이를 보고하고, 사실 조사를 의뢰할 수 있다.

③ 경비원은 입주자 등에게 수준 높은 근로 서비스를 제공하여야 한다.

④ 주택관리사 등이 관리사무소장의 업무를 집행하면서 입주자 등에게 재산상의 손해를 입힌 경우에 그 손해를 배상할 책임을 지는 것은 고의 또는 중대한 과실이 있는 경우에 한한다.

⑤ 공동주택에 경비원을 배치한 경비업자는 청소와 이에 준하는 미화의 보조 업무에 경비원을 종사하게 할 수 있다.

대표예제 04 관리사무소장의 손해배상책임 ★★★

공동주택관리법령에 따를 때 1,000세대의 공동주택에 관리사무소장으로 배치된 주택관리사가 관리사무소장의 업무를 집행하면서 고의 또는 과실로 입주자 등에게 재산상 손해를 입히는 경우의 손해배상책임을 보장하기 위하여 얼마의 금액을 보장하는 보증보험 또는 공제에 가입하거나 공탁하여야 하는가?

제20회

해설 | 관리사무소장으로 배치된 주택관리사 등은 손해배상책임을 보장하기 위하여 다음의 구분에 따른 금액을 보장하는 보증보험 또는 공제에 가입하거나 공탁을 하여야 한다.

1. 500세대 미만의 공동주택: 3천만원
2. 500세대 이상의 공동주택: 5천만원

기본서 p.53~54

정답 5천만원

20 **공동주택관리법령상 관리사무소장으로 배치된 주택관리사 등의 손해배상책임에 대한 설명 중 옳지 않은 것은?**

① 보증보험 또는 공제에 가입한 주택관리사 등으로서 보증기간이 만료되어 다시 보증설정을 하려는 자는 그 보증기간이 만료되기 전에 다시 보증설정을 하여야 한다.

② 손해배상책임을 보장하기 위하여 공탁한 공탁금은 주택관리사 등이 해당 공동주택의 관리사무소장의 직을 사임하거나 그 직에서 해임된 날 또는 사망한 날부터 3년 이내에는 회수할 수 없다.

③ 500세대 이상의 공동주택에 배치된 경우 5천만원을 보장하는 보증보험 또는 공제에 가입하거나 공탁을 하여야 한다.

④ 손해배상책임을 보장하기 위한 보증보험 또는 공제에 가입하거나 공탁을 한 후 배치된 날부터 15일 이내에 입주자대표회의의 회장에게 보증보험 등에 가입한 사실을 입증하는 서류를 제출하여야 한다.

⑤ 주택관리사 등은 보증보험금·공제금 또는 공탁금으로 손해배상을 한 때에는 15일 이내에 보증보험 또는 공제에 다시 가입하거나 공탁금 중 부족하게 된 금액을 보전하여야 한다.

정답 및 해설

19 ④ 주택관리사 등은 관리사무소장의 업무를 집행하면서 <u>고의 또는 과실로</u> 입주자 등에게 재산상의 손해를 입힌 경우에는 그 손해를 배상할 책임이 있다.

20 ④ 손해배상책임을 보장하기 위한 보증보험 또는 공제에 가입하거나 공탁을 한 후 <u>배치된 날에</u> 입주자대표회의의 회장에게 보증보험 등에 가입한 사실을 입증하는 서류를 제출하여야 한다.

21 **공동주택관리법령상 관리사무소장의 손해배상책임에 관한 설명으로 옳은 것을 모두 고른 것은?**

제22회

㉠ 주택관리사 등은 관리사무소장의 업무를 집행하면서 고의 또는 과실로 입주자 등에게 재산상의 손해를 입힌 경우에는 그 손해를 배상할 책임이 있다.
㉡ 임대주택의 경우 주택관리사 등은 손해배상책임을 보장하기 위한 보증보험 또는 공제에 가입하거나 공탁을 한 후 해당 공동주택의 관리사무소장으로 배치된 날에 임대사업자에게 보증보험 등에 가입한 사실을 입증하는 서류를 제출하여야 한다.
㉢ 주택관리사 등이 손해배상책임 보장을 위하여 공탁한 공탁금은 주택관리사 등이 해당 공동주택의 관리사무소장의 직을 사임하거나 그 직에서 해임된 날 또는 사망한 날부터 3년 이내에는 회수할 수 없다.
㉣ 주택관리사 등은 보증보험금 · 공제금 또는 공탁금으로 손해배상을 한 때에는 지체 없이 보증보험 또는 공제에 다시 가입하거나 공탁금 중 부족하게 된 금액을 보전하여야 한다.

① ㉠
② ㉠, ㉡
③ ㉠, ㉡, ㉢
④ ㉡, ㉢, ㉣
⑤ ㉠, ㉡, ㉢, ㉣

22 **공동주택관리법령상 관리사무소장의 업무와 손해배상책임에 관한 설명으로 옳지 않은 것은?**

제23회

① 관리사무소장은 하자의 발견 및 하자보수의 청구, 장기수선계획의 조정, 시설물 안전관리계획의 수립 및 안전점검업무가 비용지출을 수반하는 경우 입주자대표회의의 의결 없이 이를 집행할 수 있다.
② 관리사무소장은 안전관리계획의 조정을 3년마다 하되, 관리여건상 필요하여 입주자대표회의의 구성원 과반수의 서면동의를 받은 경우에는 3년이 지나가기 전에 조정할 수 있다.
③ 주택관리사 등은 관리사무소장의 업무를 집행하면서 고의 또는 과실로 입주자 등에게 재산상의 손해를 입힌 경우에는 그 손해를 배상할 책임이 있다.
④ 관리사무소장은 관리비, 장기수선충당금의 관리업무에 관하여 입주자대표회의를 대리하여 재판상 또는 재판 외의 행위를 할 수 있다.
⑤ 관리사무소장은 입주자대표회의에서 의결하는 공동주택의 운영 · 관리 · 유지 · 보수 · 교체 · 개량에 대한 업무를 집행한다.

대표예제 05 협회의 공제사업★

공동주택관리법령상 공제사업에 관한 설명으로 옳은 것은? 제15회 수정

① 협회는 공제사업을 하려면 공제규정을 제정하여 시·도지사의 승인을 받아야 한다.
② 협회는 공제사업을 다른 회계와 구분하지 않고 동일한 회계로 관리하여야 한다.
③ 금융위원회의 설치 등에 관한 법률에 따른 금융감독원 원장은 시장·군수 또는 구청장이 요청한 경우에는 협회의 공제사업에 관하여 검사를 할 수 있다.
④ 공제규정에는 공제사고 발생률 및 공제금 지급액 등을 종합적으로 고려하여 정한 공제료 수입액의 100분의 5에 해당하는 책임준비금의 적립비율을 포함하여야 한다.
⑤ 공제규정에는 공제사업을 손해배상기금과 복지기금으로 구분하여 각 기금별 목적 및 회계원칙에 부합되는 세부기준을 마련한 회계기준을 포함하여야 한다.

오답체크
① 협회는 공제사업을 하려면 공제규정을 제정하여 국토교통부장관의 승인을 받아야 한다.
② 협회는 공제사업을 다른 회계와 구분하여 별도의 회계로 관리하여야 한다.
③ 금융위원회의 설치 등에 관한 법률에 따른 금융감독원 원장은 국토교통부장관이 요청한 경우에는 협회의 공제사업에 관하여 검사를 할 수 있다.
④ 책임준비금의 적립비율은 공제료 수입액의 100분의 10 이상이다. 이 경우 공제사고 발생률 및 공제금 지급액 등을 종합적으로 고려하여 정한다.

기본서 p.58~59

정답 ⑤

정답 및 해설

21 ③ ㉣ 주택관리사 등은 보증보험금·공제금 또는 공탁금으로 손해배상을 한 때에는 15일 이내에 보증보험 또는 공제에 다시 가입하거나 공탁금 중 부족하게 된 금액을 보전하여야 한다.

22 ① 관리사무소장은 하자의 발견 및 하자보수의 청구, 장기수선계획의 조정, 시설물 안전관리계획의 수립 및 건축물의 안전점검업무가 비용지출을 수반하는 사항에 대하여는 입주자대표회의의 의결을 거쳐야 한다.

23 **공동주택관리법령상 협회의 설립 등에 관한 설명으로 옳지 않은 것은?**

① 주택관리사 등은 주택관리에 관한 기술 · 행정 및 법률문제에 관한 연구와 그 업무를 효율적으로 수행하기 위하여 주택관리사단체를 설립할 수 있고, 이때 협회는 법인으로 한다.

② 협회는 그 주된 사무소의 소재지에서 설립등기를 함으로써 성립한다.

③ 시 · 도지사로부터 자격정지처분을 받은 협회 회원의 권리 · 의무는 자격의 정지기간 중에는 정지되며, 주택관리사 등의 자격이 취소된 때에는 협회의 회원자격을 상실한다.

④ 단체가 협회를 설립하려면 공동주택의 관리사무소장으로 배치된 자의 3분의 2 이상의 인원수를 발기인으로 하여 정관을 마련한 후 창립총회의 의결을 거쳐 국토교통부장관의 인가를 받아야 한다.

⑤ 협회에 관하여 공동주택관리법에서 규정한 것 외에는 민법 중 사단법인에 관한 규정을 준용한다.

대표예제 06 **공동주택의 관리★★**

공동주택관리법령상 자치관리에 관한 설명으로 옳지 않은 것은?

① 자치관리기구는 입주자대표회의의 감독을 받는다.

② 자치관리기구 관리사무소장은 입주자대표회의가 입주자대표회의 구성원(관리규약으로 정한 정원을 말하며, 해당 입주자대표회의 구성원의 3분의 2 이상이 선출되었을 때에는 그 선출된 인원을 말한다) 과반수의 찬성으로 선임한다.

③ 입주자대표회의는 ②에 따라 선임된 관리사무소장이 해임되거나 그 밖의 사유로 결원이 되었을 때에는 그 사유가 발생한 날부터 15일 이내에 새로운 관리사무소장을 선임하여야 한다.

④ 입주자대표회의 구성원은 자치관리기구의 직원을 겸할 수 없다.

⑤ 주택관리업자에게 위탁관리하다가 자치관리로 관리방법을 변경하는 경우, 입주자대표회의는 그 위탁관리의 종료일까지 자치관리기구를 구성하여야 한다.

해설 | 입주자대표회의는 선임된 관리사무소장이 해임되거나 그 밖의 사유로 결원이 되었을 때에는 그 사유가 발생한 날부터 30일 이내에 새로운 관리사무소장을 선임하여야 한다.

기본서 p.61~80

정답 ③

24 공동주택관리법령상 공동주택의 관리에 관한 설명으로 옳지 않은 것은?

① 입주자 등은 기존 주택관리업자의 관리서비스가 만족스럽지 못한 경우에는 대통령령으로 정하는 바에 따라 새로운 주택관리업자 선정을 위한 입찰에서 기존 주택관리업자의 참가를 제한하도록 입주자대표회의에 요구할 수 있다. 이 경우 입주자대표회의는 그 요구에 따라야 한다.

② 사업주체 또는 관리주체는 공동주택 공용부분의 유지 · 보수 및 관리 등을 위하여 공동주택관리기구를 구성하여야 한다.

③ 입주자 등은 의무관리대상 공동주택을 자치관리하거나 주택관리업자에게 위탁하여 관리하여야 한다.

④ 사업주체는 입주자대표회의가 자치관리기구를 구성하지 아니하는 경우에는 주택관리업자를 선정하여야 한다.

⑤ 입주자대표회의의 회장은 공동주택 관리방법의 결정(위탁관리하는 방법을 선택한 경우에는 그 주택관리업자의 선정을 포함한다) 또는 변경결정에 관한 신고를 하려는 경우에는 그 결정일 또는 변경결정일부터 30일 이내에 신고서를 시장 · 군수 · 구청장에게 제출해야 한다.

정답 및 해설

23 ④ 단체가 협회를 설립하려면 공동주택의 관리사무소장으로 배치된 자의 5분의 1 이상의 인원수를 발기인으로 하여 정관을 마련한 후 창립총회의 의결을 거쳐 국토교통부장관의 인가를 받아야 한다.

24 ② 입주자대표회의 또는 관리주체는 공동주택 공용부분의 유지 · 보수 및 관리 등을 위하여 공동주택관리기구를 구성하여야 한다.

종합

25 공동주택관리법령상 공동주택관리에 관한 설명으로 옳지 않은 것은?

① 관리주체는 관리규약으로 정한 사항의 집행업무를 행한다.

② 입주자대표회의는 그 구성원 3분의 2 이상의 찬성으로 공용시설물의 사용료 부과기준의 결정사항을 의결한다.

③ 입주자 등이 공동주택의 발코니 난간 또는 외벽에 돌출물을 설치하는 행위를 하려는 경우에는 관리주체의 동의를 받아야 한다.

④ 주택관리업자를 선정하는 경우에 그 계약기간은 장기수선계획의 조정주기를 고려하여야 한다.

⑤ 의무관리대상 공동주택의 관리주체는 입주자 등이 주택관리업자 및 사업자 선정 관련 증빙서류의 열람을 요구하거나 자기의 비용으로 복사를 요구하는 때에는 관리규약으로 정하는 바에 따라 이에 응하여야 한다.

종합

26 공동주택관리법령상 의무관리대상 공동주택의 관리에 관한 설명으로 옳지 않은 것은?

제19회 수정

① 공동주택의 입주자 및 사용자는 그 공동주택의 유지관리를 위하여 필요한 관리비를 관리주체에게 내야 한다.

② 관리주체는 공동주택의 소유권을 상실한 소유자가 관리비 · 사용료 및 장기수선충당금 등을 미납한 때에는 관리비예치금에서 정산한 후 그 잔액을 반환할 수 있다.

③ 300세대 이상인 공동주택의 관리주체는 해당 공동주택 입주자 등의 3분의 1 이상이 서면으로 회계감사를 받지 아니하는 데 동의한 연도에는 회계감사를 받지 아니할 수 있다.

④ 관리주체는 다음 회계연도에 관한 관리비 등의 사업계획 및 예산안을 매 회계연도 개시 1개월 전까지 입주자대표회의에 제출하여 승인을 받아야 한다.

⑤ 관리주체는 관리비 등을 입주자대표회의가 지정하는 금융기관에 예치하여 관리하되, 장기수선충당금은 별도의 계좌로 예치 · 관리하여야 한다.

대표예제 07 관리주체 ★★★

공동주택관리법령상 관리주체에 관한 설명으로 옳지 않은 것은? 제15회 수정

① 장기수선충당금을 사용하는 공사는 관리주체가 사업자를 선정하고 집행하여야 한다.

② 관리주체는 매 회계연도마다 사업실적서 및 결산서를 작성하여 회계연도 종료 후 2개월 이내에 입주자대표회의에 제출하여야 한다.

③ 관리주체는 공동주택의 공용부분의 유지ㆍ보수 및 안전관리업무를 행한다.

④ 관리주체는 공동시설을 입주자 등의 이용을 방해하지 아니하는 한도에서 관리주체가 아닌 자에게 위탁하여 운영할 수 있다.

⑤ 자치관리기구의 대표자인 공동주택의 관리사무소장은 관리주체에 해당한다.

해설 | 장기수선충당금을 사용하는 공사는 입주자대표회의가 사업자를 선정하고 관리주체가 집행한다.

보충 | 관리비 등의 집행을 위한 사업자 선정

1. 관리주체가 사업자를 선정하고 집행하는 사항
   - 청소, 경비, 소독, 승강기 유지, 지능형 홈네트워크, 수선ㆍ유지(냉방ㆍ난방시설의 청소를 포함한다)를 위한 용역 및 공사
   - 주민공동시설의 위탁, 물품의 구입과 매각, 잡수입의 취득(어린이집, 다함께돌봄센터, 공동육아나눔터 임대에 따른 잡수입의 취득은 제외한다), 보험계약 등 국토교통부장관이 정하여 고시하는 사항
2. 입주자대표회의가 사업자를 선정하고 집행하는 사항
   - 하자보수보증금을 사용하여 보수하는 공사
   - 사업주체로부터 지급받은 공동주택 공용부분의 하자보수비용을 사용하여 보수하는 공사
3. 입주자대표회의가 사업자를 선정하고 관리주체가 집행하는 사항
   - 장기수선충당금을 사용하는 공사
   - 전기안전관리(전기안전관리법에 따라 전기설비의 안전관리에 관한 업무를 위탁 또는 대행하게 하는 경우를 말한다)를 위한 용역

기본서 p.32~45

정답 ①

정답 및 해설

25 ② 입주자대표회의는 그 구성원 과반수의 찬성으로 공용시설물의 사용료 부과기준의 결정사항을 의결한다.

26 ③ 의무관리대상 공동주택의 관리주체는 대통령령으로 정하는 바에 따라 주식회사 등의 외부감사에 관한 법률 제2조 제7호에 따른 감사인의 회계감사를 매년 1회 이상 받아야 한다. 다만, 다음의 구분에 따른 연도에는 그러하지 아니하다.
- 300세대 이상인 공동주택: 해당 연도에 회계감사를 받지 아니하기로 입주자 등의 3분의 2 이상의 서면동의를 받은 경우 그 연도
- 300세대 미만인 공동주택: 해당 연도에 회계감사를 받지 아니하기로 입주자 등의 과반수의 서면동의를 받은 경우 그 연도

27 **공동주택관리법령상 관리비 등의 집행을 위한 사업자 선정과 사업계획 및 예산안 수립에 관한 설명으로 옳은 것은?** 제23회

① 의무관리대상 공동주택의 관리주체는 회계연도마다 사업실적서 및 결산서를 작성하여 회계연도 종료 후 3개월 이내에 입주자대표회의에 제출하여야 한다.

② 의무관리대상 공동주택의 관리주체는 다음 회계연도에 관한 관리비 등의 사업계획 및 예산안을 매 회계연도 개시 2개월 전까지 입주자대표회의에 제출하여 승인을 받아야 하며, 승인사항에 변경이 있는 때에는 변경승인을 받아야 한다.

③ 의무관리대상 공동주택의 관리주체는 관리비, 장기수선충당금을 은행, 상호저축은행, 보험회사 중 입주자대표회의가 지정하는 동일한 계좌로 예치·관리하여야 한다.

④ 입주자대표회의는 주민공동시설의 위탁, 물품의 구입과 매각, 잡수입의 취득에 대한 사업자를 선정하고, 관리주체가 이를 집행하여야 한다.

⑤ 입주자대표회의는 하자보수보증금을 사용하여 보수하는 공사에 대한 사업자를 선정하고 집행하여야 한다.

28 **공동주택관리법령상 관리주체의 업무에 속하지 않는 것은?** 제18회 수정

① 관리비 및 사용료의 징수와 공과금 등의 납부대행

② 관리규약으로 정한 사항의 집행

③ 관리비 등의 집행을 위한 사업계획 및 예산의 승인

④ 공동주택단지 안에서 발생한 안전사고 및 도난사고 등에 대한 대응조치

⑤ 입주자 등의 공동사용에 제공되고 있는 공동주택단지 안의 토지·부대시설 및 복리시설에 대한 무단점유행위의 방지 및 위반행위시의 조치

29 **공동주택관리법령상 입주자 등이 관리주체의 동의를 얻어 할 수 있는 행위는 몇 개인가?**

> ㉠ 공동주택의 대수선행위
> ㉡ 환경친화적 자동차의 개발 및 보급 촉진에 관한 법률에 따른 전기자동차의 이동형 충전기를 이용하기 위한 차량무선인식장치[전자태그(RFID tag)를 말한다]를 콘센트 주위에 부착하는 행위
> ㉢ 장기수선계획에 따른 공동주택의 공용부분의 보수 · 교체 및 개량행위
> ㉣ 가축(장애인 보조견을 제외한다)을 사육하거나 방송시설 등을 사용함으로써 공동주거생활에 피해를 미치는 행위
> ㉤ 소방시설 설치 및 관리에 관한 법률 제16조 제1항에 위배되지 아니하는 범위에서 공용부분에 물건을 적재하여 통행 · 피난 및 소방을 방해하는 행위

① 1개
② 2개
③ 3개
④ 4개
⑤ 5개

정답 및 해설

27 ⑤ ① 의무관리대상 공동주택의 관리주체는 회계연도마다 사업실적서 및 결산서를 작성하여 회계연도 종료 후 2개월 이내에 입주자대표회의에 제출하여야 한다.
② 의무관리대상 공동주택의 관리주체는 다음 회계연도에 관한 관리비 등의 사업계획 및 예산안을 매 회계연도 개시 1개월 전까지 입주자대표회의에 제출하여 승인을 받아야 하며, 승인사항에 변경이 있는 때에는 변경승인을 받아야 한다.
③ 의무관리대상 공동주택의 관리주체는 관리비, 장기수선충당금을 은행, 상호저축은행, 보험회사 중 입주자대표회의가 지정하는 금융기관에 예치하여 관리하되, 장기수선충당금은 별도의 계좌로 예치 · 관리하여야 한다.
④ 관리주체는 주민공동시설의 위탁, 물품의 구입과 매각, 잡수입의 취득에 대한 사업자를 선정하고 집행하여야 한다.

28 ③ 관리비 등의 집행을 위한 사업계획 및 예산의 승인(변경승인을 포함한다)은 입주자대표회의 구성원 과반수의 찬성으로 의결한다.

29 ③ ㉠ 공동주택의 대수선행위는 시장 · 군수 · 구청장의 허가를 받아야 한다.
㉢ 장기수선계획에 따른 공동주택의 공용부분의 보수 · 교체 및 개량행위는 입주자대표회의의 의결사항이다.

30 **공동주택관리법령상 공동주택의 입주자 등이 관리주체의 동의를 받아 할 수 있는 행위에 해당하지 않는 것은?** 제25회 수정

① 소방시설 설치 및 관리에 관한 법률 제16조 제1항에 위배되지 아니하는 범위에서 공용부분에 물건을 적재하여 통행 · 피난 및 소방을 방해하는 행위
② 주택건설기준 등에 관한 규정에 따라 세대 안에 냉방설비의 배기장치를 설치할 수 있는 공간이 마련된 공동주택에서 입주자 등이 냉방설비의 배기장치를 설치하기 위하여 공동주택의 발코니 난간에 돌출물을 설치하는 행위
③ 환경친화적 자동차의 개발 및 보급 촉진에 관한 법률 제2조 제3호에 따른 전기자동차의 이동형 충전기를 이용하기 위한 차량무선인식장치[전자태그(RFID tag)를 말한다]를 콘센트 주위에 부착하는 행위
④ 공동주택에 표지를 부착하는 행위
⑤ 전기실 · 기계실 · 정화조시설 등에 출입하는 행위

31 **공동주택관리법령상 관리주체의 업무에 관한 설명으로 옳지 않은 것은?**

① 관리주체는 입주자대표회의에서 의결한 사항의 집행 등의 업무를 행한다.
② 관리주체는 필요한 범위 안에서 공동주택의 공용부분을 사용할 수 있다.
③ 관리주체는 다음 회계연도에 관한 관리비 등의 사업계획 및 예산안을 매 회계연도 개시 2개월 전까지 입주자대표회의에 제출하여 승인을 받아야 한다.
④ ③의 경우에 따른 승인사항에 변경이 있는 때에는 변경승인을 받아야 한다.
⑤ 관리주체는 매 회계연도마다 사업실적서 및 결산서를 작성하여 회계연도 종료 후 2개월 이내에 입주자대표회의에 제출하여야 한다.

32 **공동주택관리법령상 입주자대표회의가 사업자를 선정하고 집행하는 사항은?** 제19회 수정

> ㉠ 청소, 경비, 소독, 승강기 유지, 지능형 홈네트워크 등을 위한 용역 및 공사
> ㉡ 주민공동시설의 위탁, 물품의 구입과 매각
> ㉢ 하자보수보증금을 사용하여 직접 보수하는 공사
> ㉣ 장기수선충당금을 사용하는 공사

① ㉠ ② ㉢
③ ㉣ ④ ㉠, ㉡
⑤ ㉢, ㉣

33 **공동주택관리법 시행령 제27조에 따른 회계감사를 받아야 하는 경우 그 감사의 대상이 되는 재무제표를 모두 고른 것은?** 제20회

㉠ 재무상태표
㉡ 운영성과표
㉢ 이익잉여금처분계산서
㉣ 주석(註釋)
㉤ 현금흐름표

① ㉠, ㉡
② ㉢, ㉤
③ ㉡, ㉢, ㉣
④ ㉠, ㉡, ㉢, ㉣
⑤ ㉠, ㉡, ㉢, ㉣, ㉤

정답 및 해설

30 ② 주택건설기준 등에 관한 규정에 따라 세대 안에 냉방설비의 배기장치를 설치할 수 있는 공간이 마련된 공동주택에서 입주자 등이 냉방설비의 배기장치를 설치하기 위하여 공동주택의 발코니 난간에 돌출물을 설치하는 행위를 해서는 안 된다.

31 ③ 관리주체는 다음 회계연도에 관한 관리비 등의 사업계획 및 예산안을 매 회계연도 개시 1개월 전까지 입주자대표회의에 제출하여 승인을 받아야 한다.

32 ② ㉢ 하자보수보증금을 사용하여 직접 보수하는 공사는 입주자대표회의가 사업자를 선정하고 집행한다.
㉠㉡ 관리주체가 사업주체를 선정하고 집행한다.
㉣ 입주자대표회의가 사업자를 선정하고 관리주체가 집행한다.

33 ④ 공동주택의 관리주체는 매 회계연도 종료 후 9개월 이내에 다음의 재무제표에 대하여 회계감사를 받아야 한다.
- 재무상태표
- 운영성과표
- 이익잉여금처분계산서(또는 결손금처리계산서)
- 주석(註釋)

34 **공동주택관리법령상 공동주택의 관리주체에 대한 회계감사 등에 관한 설명으로 옳은 것을 모두 고른 것은?** 제25회

ㄱ 재무제표를 작성하는 회계처리기준은 기획재정부장관이 정하여 고시한다.
ㄴ 회계감사는 공동주택 회계의 특수성을 고려하여 제정된 회계감사기준에 따라 실시되어야 한다.
ㄷ 감사인은 관리주체가 회계감사를 받은 날부터 3개월 이내에 관리주체에게 감사보고서를 제출하여야 한다.
ㄹ 회계감사를 받아야 하는 공동주택의 관리주체는 매 회계연도 종료 후 6개월 이내에 회계감사를 받아야 한다.

① ㄴ
② ㄱ, ㄴ
③ ㄷ, ㄹ
④ ㄱ, ㄴ, ㄹ
⑤ ㄱ, ㄷ, ㄹ

대표예제 08 주택관리사 실무경력 ★★★

공동주택관리법령상 주택관리사 자격증의 교부 등에 관한 내용이다. ( ) 안에 들어갈 숫자를 순서대로 각각 쓰시오. 제18회 수정

공동주택관리법 시행령 제73조 제1항에 따라 특별시장 · 광역시장 · 특별자치시장 · 도지사 또는 특별자치도지사는 주택관리사보 자격시험에 합격하기 전이나 합격한 후 다음 중 어느 하나에 해당하는 경력을 갖춘 자에 대하여 주택관리사 자격증을 발급한다.
- 공동주택관리법에 따른 주택관리업자의 임직원으로서 주택관리업무에의 종사경력 ( )년 이상
- 공무원으로서 주택관련 지도 · 감독 및 인 · 허가 업무 등에의 종사경력 ( )년 이상

해설 | 공동주택관리법에 따른 주택관리업자의 임직원으로서 주택관리업무에의 종사경력 5년 이상, 공무원으로서 주택관련 지도 · 감독 및 인 · 허가 업무 등에의 종사경력 5년 이상을 갖춘 자에게는 주택관리사 자격증이 교부된다.

보충 | **주택관리사 자격증의 교부**

시 · 도지사는 주택관리사보 자격시험에 합격하기 전이나 합격한 후 다음의 어느 하나에 해당하는 경력을 갖춘 자에 대하여 주택관리사 자격증을 발급한다.

1. 사업계획승인을 받아 건설한 50세대 이상 500세대 미만의 공동주택(건축법 제11조에 따른 건축허가를 받아 주택과 주택 외의 시설을 동일 건축물로 건축한 건축물 중 주택이 50세대 이상 300세대 미만인 건축물을 포함한다)의 관리사무소장으로의 근무경력 3년 이상
2. 사업계획승인을 받아 건설한 50세대 이상의 공동주택(건축법 제11조에 따른 건축허가를 받아 주택과 주택 외의 시설을 동일 건축물로 건축한 건축물 중 주택이 50세대 이상 300세대 미만인 건축물을 포함한다)의 관리사무소의 직원(경비원 · 청소원 · 소독원은 제외한다) 또는 주택관리업자의 임직원으로서 주택관리업무에의 종사경력 5년 이상
3. 한국토지주택공사 또는 지방공사의 직원으로서 주택관리업무에의 종사경력 5년 이상
4. 공무원으로서 주택관련 지도 · 감독 및 인 · 허가 업무 등에의 종사경력 5년 이상
5. 주택관리사단체와 국토교통부장관이 정하여 고시하는 공동주택관리와 관련된 단체의 임직원으로서 주택관련 업무에 종사한 경력 5년 이상
6. 1.부터 5.까지의 경력을 합산한 기간이 5년 이상

기본서 p.94~95

정답 5, 5

정답 및 해설

34 ① ㉠ 재무제표를 작성하는 회계처리기준은 국토교통부장관이 정하여 고시한다.
㉢ 감사인은 관리주체가 회계감사를 받은 날부터 1개월 이내에 관리주체에게 감사보고서를 제출하여야 한다.
㉣ 회계감사를 받아야 하는 공동주택의 관리주체는 매 회계연도 종료 후 9개월 이내에 회계감사를 받아야 한다.

35 **공동주택관리법령상 다음의 경력을 갖춘 주택관리사보 중 주택관리사 자격증을 교부받을 수 있는 경우를 모두 고른 것은? (단, 아래의 경력은 주택관리사보 자격시험에 합격하기 전이나 합격한 후의 경력을 말함)** 제15회 수정

㉠ 공동주택 관리사무소의 소독원으로 5년간 종사한 자
㉡ 공동주택관리법령에 따라 등록한 주택관리업자의 직원으로서 주택관리업무에 5년간 종사한 자
㉢ 지방공사의 직원으로서 주택관리업무에 3년간 종사한 자
㉣ 국토교통부장관이 정하여 고시하는 공동주택관리와 관련된 단체의 임직원으로서 주택관련 업무에 3년간 종사한 자
㉤ 공동주택관리법령에 따라 등록한 주택관리업자의 임직원으로서 주택관리업무에 3년간 종사한 후 지방공사의 직원으로서 주택관리업무에 2년간 종사한 자

① ㉠, ㉢
② ㉠, ㉤
③ ㉡, ㉣
④ ㉡, ㉤
⑤ ㉢, ㉣

36 **공동주택관리법령상 주택관리사 자격증을 발급받을 수 있는 주택관련 실무경력 기준을 충족시키지 못하는 자는?** 제22회

① 주택관리사보 시험에 합격하기 전에 한국토지주택공사의 직원으로 주택관리업무에 종사한 경력이 5년인 자
② 주택관리사보 시험에 합격하기 전에 공무원으로 주택관련 인 · 허가 업무 등에 종사한 경력이 3년인 자
③ 주택관리사보 시험에 합격하기 전에 공동주택관리법에 따른 주택관리사단체의 직원으로 주택관련 업무에 종사한 경력이 2년이고, 주택관리사보 시험에 합격한 후에 지방공사의 직원으로 주택관리업무에 종사한 경력이 3년인 자
④ 주택관리사보 시험에 합격한 후에 주택법에 따른 사업계획승인을 받아 건설한 100세대인 공동주택의 관리사무소장으로 근무한 경력이 3년인 자
⑤ 주택관리사보 시험에 합격한 후에 공동주택관리법에 따른 주택관리사단체 직원으로 주택관련 업무에 종사한 경력이 5년인 자

대표예제 09 주택관리업자 ★★★

공동주택관리법령상 시장 · 군수 · 구청장이 주택관리업자의 등록을 반드시 말소하여야 하는 경우로만 짝지어진 것은?

㉠ 영업정지기간 중에 주택관리업을 영위한 경우
㉡ 공동주택의 관리방법 및 업무내용 등을 위반하여 공동주택을 관리한 경우
㉢ 부정하게 재물 또는 재산상의 이익을 취득하거나 제공한 경우
㉣ 관리비 · 사용료와 장기수선충당금을 공동주택관리법에 따른 용도 외의 목적으로 사용한 경우
㉤ 최근 3년간 2회 이상의 영업정지처분을 받은 자로서 그 정지처분을 받은 기간이 통산하여 12개월을 초과한 경우

① ㉠, ㉡　② ㉠, ㉤　③ ㉡, ㉣
④ ㉢, ㉣　⑤ ㉢, ㉤

해설 | 시장 · 군수 · 구청장은 주택관리업자가 다음의 어느 하나에 해당하면 그 등록을 말소하거나 1년 이내의 기간을 정하여 영업의 전부 또는 일부의 정지를 명할 수 있다. 다만, 1.과 2. 또는 9.에 해당하는 경우에는 그 등록을 말소하여야 하고, 7. 또는 8.에 해당하는 경우에는 1년 이내의 기간을 정하여 영업의 전부 또는 일부의 정지를 명하여야 한다.

1. 거짓이나 그 밖의 부정한 방법으로 등록을 한 경우
2. 영업정지기간 중에 주택관리업을 영위한 경우 또는 최근 3년간 2회 이상의 영업정지처분을 받은 자로서 그 정지처분을 받은 기간이 합산하여 12개월을 초과한 경우
3. 고의 또는 과실로 공동주택을 잘못 관리하여 소유자 및 사용자에게 재산상의 손해를 입힌 경우
4. 공동주택 관리실적이 대통령령으로 정하는 기준에 미달한 경우
5. 등록요건에 미달하게 된 경우
6. 관리방법 및 업무내용 등을 위반하여 공동주택을 관리한 경우
7. 부정하게 재물 또는 재산상의 이익을 취득하거나 제공한 경우
8. 관리비 · 사용료와 장기수선충당금을 이 법에 따른 용도 외의 목적으로 사용한 경우
9. 다른 자에게 자기의 성명 또는 상호를 사용하여 공동주택관리법에서 정한 사업이나 업무를 행하게 하거나 그 등록증을 대여한 경우
10. 자료의 제출, 조사 또는 검사를 거부 · 방해 또는 기피하거나 거짓으로 보고를 한 경우
11. 감사를 거부 · 방해 또는 기피한 경우

기본서 p.70~77　정답 ②

정답 및 해설

35 ④ ㉡㉤이 주택관리사 자격증을 교부받을 수 있는 경우에 해당한다(대표예제 08 '보충' 참조).

36 ② 주택관리사보 시험에 합격하기 전에 공무원으로 주택관련 인 · 허가 업무 등에 종사한 경력이 5년인 자에 대하여 주택관리사 자격증을 발급한다.

고난도

37 **공동주택관리법령상 주택관리업 등록의 말소 또는 영업의 정지절차에 관한 설명으로 옳지 않은 것은?**

① 시장 · 군수 또는 구청장은 주택관리업 등록의 말소 또는 영업의 정지를 하고자 하는 때에는 처분일 1개월 전까지 해당 주택관리업자가 관리하는 공동주택의 입주자대표회의에 그 사실을 통보하여야 한다.

② 과징금은 영업정지기간 1일당 3만원을 부과하되, 영업정지 1개월은 30일을 기준으로 한다. 이 경우 과징금은 2천만원을 초과할 수 없다.

③ 시장 · 군수 · 구청장은 과징금을 부과하려는 때에는 그 위반행위의 종류와 과징금의 금액을 명시하여 이를 납부할 것을 서면으로 통지하여야 한다.

④ 과징금의 통지를 받은 자는 통지를 받은 날부터 15일 이내에 과징금을 시장 · 군수 또는 구청장이 정하는 수납기관에 납부하여야 한다.

⑤ 시장 · 군수 · 구청장은 주택관리업자가 과징금을 기한까지 내지 아니하면 지방행정제재 · 부과금의 징수 등에 관한 법률에 따라 징수한다.

고난도

38 **공동주택관리법령상 주택관리업자가 행정처분기준에 따라 다음 사항을 위반하였을 경우에 따른 행정처분기준을 고르면?**

부정하게 재물 또는 재산상의 이익을 취득하거나 제공한 경우

	1차	2차	3차
①	영업정지 1개월	영업정지 1개월	영업정지 2개월
②	영업정지 2개월	영업정지 2개월	영업정지 6개월
③	영업정지 2개월	영업정지 3개월	영업정지 6개월
④	영업정지 1개월	영업정지 3개월	영업정지 6개월
⑤	영업정지 3개월	영업정지 6개월	영업정지 1년

39 **공동주택관리법령상 주택관리업자에 대한 행정처분의 일반기준에 관한 설명으로 옳지 않은 것은?**

① 위반행위의 횟수에 따른 행정처분의 기준은 최근 1년간 같은 위반행위로 처분을 받은 경우에 적용한다. 이 경우 기준 적용일은 위반행위에 대한 행정처분일과 그 처분 후에 한 위반행위가 다시 적발된 날을 기준으로 한다.

② ①에 따라 가중된 처분을 하는 경우 가중처분의 적용 차수는 그 위반행위 전 처분 차수(①에 따른 기간 내에 처분이 둘 이상 있었던 경우에는 높은 차수를 말한다)의 다음 차수로 한다.

③ 같은 주택관리업자가 둘 이상의 위반행위를 한 경우로서 각 위반행위에 대한 처분기준이 영업정지인 경우에는 가장 중한 처분의 2분의 1까지 가중할 수 있다.

④ 행정처분의 감경사유나 가중사유를 고려하여 과실로 공동주택을 잘못 관리하여 소유자 및 사용자에게 재산상의 손해를 입힌 경우로서 영업정지인 경우에는 그 처분기준의 2분의 1의 범위에서 가중하거나 감경할 수 있다.

⑤ 행정처분의 감경사유를 고려하여 다른 자에게 자기의 성명 또는 상호를 사용하여 공동주택관리법에서 정한 사업이나 업무를 수행하게 하거나 그 등록증을 대여한 경우로서 등록말소인 경우에는 6개월 이상의 영업정지처분으로 감경할 수 있다.

정답 및 해설

37 ④ 과징금의 통지를 받은 날부터 30일 이내에 과징금을 시장 · 군수 또는 구청장이 정하는 수납기관에 납부해야 한다.

38 ⑤ 주택관리업자가 부정하게 재물 또는 재산상의 이익을 취득하거나 제공한 경우 '1차: 영업정지 3개월 ⇨ 2차: 영업정지 6개월 ⇨ 3차: 영업정지 1년'의 행정처분을 받는다.

39 ⑤ 시장 · 군수 · 구청장은 위반행위의 동기 · 내용 · 횟수 및 위반의 정도 등에 따라 행정처분을 가중하거나 감경할 수 있다. 이 경우 그 처분이 등록말소인 경우(필요적 등록말소는 제외한다)에는 6개월 이상의 영업정지처분으로 감경할 수 있다. 다른 자에게 자기의 성명 또는 상호를 사용하여 공동주택관리법에서 정한 사업이나 업무를 수행하게 하거나 그 등록증을 대여한 경우는 필요적 등록말소 사유이기 때문에 그 등록을 말소하여야 한다.

40 **공동주택관리법령상 주택관리업자에 관한 설명이다. 다음 (　　) 안에 들어갈 내용을 순서대로 고르면?**

- 공동주택의 관리를 업으로 하려는 자는 (　　)에게 등록하여야 한다. 등록을 하지 아니하고 주택관리업을 운영한 자 또는 거짓이나 그 밖의 부정한 방법으로 등록한 자에 대하여는 (　　) 이하의 징역 또는 (　　) 이하의 벌금에 처한다.
- (　　)은(는) 주택관리업자에 대한 교육을 주택관리에 관한 전문기관 또는 단체를 지정하여 위탁한다.

① 시장 · 군수 · 구청장 − 1년 − 2천만원 − 시 · 도지사
② 시장 · 군수 · 구청장 − 2년 − 2천만원 − 시 · 도지사
③ 시장 · 군수 · 구청장 − 1년 − 2천만원 − 시장 · 군수 · 구청장
④ 시 · 도지사 − 2년 − 2천만원 − 시장 · 군수 · 구청장
⑤ 시 · 도지사 − 2년 − 1천만원 − 시 · 도지사

41 **공동주택관리법령상 의무관리대상 공동주택의 입주자 등이 공동주택을 위탁관리할 것을 정한 경우 입주자대표회의가 주택관리업자를 선정하는 기준 및 방식에 관한 설명으로 옳은 것을 모두 고른 것은?** 제24회

㉠ 입주자 등은 기존 주택관리사업자의 관리 서비스가 만족스럽지 못한 경우에는 대통령령으로 정하는 바에 따라 새로운 주택관리업자 선정을 위한 입찰에서 기존 주택관리업자의 참가를 제한하도록 입주자대표회의에 요구할 수 있다.
㉡ 입주자대표회의는 입주자대표회의의 감사가 입찰과정 참관을 원하는 경우에는 참관할 수 있도록 하여야 한다.
㉢ 입주자 등이 새로운 주택관리업자 선정을 위한 입찰에서 기존 주택관리업자의 참가를 제한하도록 입주자대표회의에 요구하려면 전체 입주자 등 3분의 2 이상의 서면동의가 있어야 한다.

① ㉠
② ㉢
③ ㉠, ㉡
④ ㉡, ㉢
⑤ ㉠, ㉡, ㉢

대표예제 10 주택관리사 제도 ★★★

공동주택관리법령상 주택관리사 등의 자격을 반드시 취소하여야 하는 사유에 해당하지 않는 것은? 제19회 수정

① 거짓이나 그 밖의 부정한 방법으로 자격을 취득한 경우
② 의무관리대상 공동주택에 취업한 주택관리사 등이 다른 공동주택 및 상가 · 오피스텔 등 주택 외의 시설에 취업한 경우
③ 주택관리사 등이 자격정지기간에 공동주택관리업무를 수행한 경우
④ 공동주택의 관리업무와 관련하여 금고 이상의 형을 선고받은 경우
⑤ 주택관리사 등이 업무와 관련하여 금품수수 등 부당이득을 취한 경우

해설 | 주택관리사 등이 업무와 관련하여 금품수수 등 부당이득을 취한 경우에는 그 자격을 취소하거나 1년 이내의 기간을 정하여 그 자격을 정지시킬 수 있다.

보충 | 필요적 자격취소
1. 거짓이나 그 밖의 부정한 방법으로 자격을 취득한 경우
2. 공동주택의 관리업무와 관련하여 금고 이상의 형을 선고받은 경우
3. 의무관리대상 공동주택에 취업한 주택관리사 등이 다른 공동주택 및 상가 · 오피스텔 등 주택 외의 시설에 취업한 경우
4. 주택관리사 등이 자격정지기간에 공동주택관리업무를 수행한 경우
5. 다른 사람에게 자기의 명의를 사용하여 공동주택관리법에서 정한 업무를 수행하게 하거나 자격증을 대여한 경우

기본서 p.93~97 정답 ⑤

정답 및 해설

40 ② • 공동주택의 관리를 업으로 하려는 자는 시장 · 군수 · 구청장에게 등록하여야 한다. 등록을 하지 아니하고 주택관리업을 운영한 자 또는 거짓이나 그 밖의 부정한 방법으로 등록한 자에 대하여는 2년 이하의 징역 또는 2천만원 이하의 벌금에 처한다.
• 시 · 도지사는 주택관리업자에 대한 교육을 주택관리에 관한 전문기관 또는 단체를 지정하여 위탁한다.

41 ③ ⓒ 입주자 등이 새로운 주택관리업자 선정을 위한 입찰에서 기존 주택관리업자의 참가를 제한하도록 입주자대표회의에 요구하려면 전체 입주자 등 과반수 이상의 서면동의가 있어야 한다.

42 **공동주택관리법령상 주택관리사 등에 대한 행정처분기준 중 반드시 자격을 취소하여야 하는 행위로만 짝지어진 것은?** 제12회 수정

> ㉠ 중대한 과실로 주택을 잘못 관리하여 소유자 및 사용자에게 재산상의 손해를 입힌 경우
> ㉡ 주택관리사 등이 자격정지기간에 공동주택관리업무를 수행한 경우
> ㉢ 주택관리사 등이 업무와 관련하여 금품수수 등 부당이득을 취한 경우
> ㉣ 의무관리대상 공동주택에 취업한 주택관리사 등이 다른 공동주택에 취업한 경우
> ㉤ 고의로 주택을 잘못 관리하여 소유자 및 사용자에게 재산상의 손해를 입힌 경우

① ㉠, ㉡
② ㉢, ㉣
③ ㉢, ㉤
④ ㉡, ㉣
⑤ ㉠, ㉤

고난도

43 **공동주택관리법령상 행정처분기준 중 주택관리사 등이 1차 위반할 경우 자격정지 6개월에 해당하는 사유로만 짝지어진 것은?**

> ㉠ 조사 또는 검사를 거부 · 방해 또는 기피하거나 거짓으로 보고를 한 경우
> ㉡ 주택관리사 등이 업무와 관련하여 금품수수 등 부당이득을 취한 경우
> ㉢ 공동주택의 관리업무와 관련하여 금고 이상의 형을 선고받은 경우
> ㉣ 의무관리대상 공동주택에 취업한 주택관리사 등이 다른 공동주택 및 상가 · 오피스텔 등 주택 외의 시설에 취업한 경우
> ㉤ 고의로 공동주택을 잘못 관리하여 입주자 및 사용자에게 재산상의 손해를 입힌 경우

① ㉠, ㉡
② ㉡, ㉢
③ ㉡, ㉤
④ ㉢, ㉣
⑤ ㉢, ㉤

44 **공동주택관리법령상 주택관리사 등에 대한 행정처분기준 중 개별기준에 관한 규정의 일부이다. ㉠~㉢에 들어갈 내용으로 옳은 것은?** 제20회

위반행위	행정처분기준		
중대한 과실로 공동주택을 잘못 관리하여 소유자 및 사용자에게 재산상의 손해를 입힌 경우	1차 위반	2차 위반	3차 위반
	㉠	㉡	㉢

① ㉠ 자격정지 3개월, ㉡ 자격정지 3개월, ㉢ 자격정지 6개월
② ㉠ 자격정지 3개월, ㉡ 자격정지 3개월, ㉢ 자격취소
③ ㉠ 자격정지 3개월, ㉡ 자격정지 6개월, ㉢ 자격정지 6개월
④ ㉠ 자격정지 3개월, ㉡ 자격정지 6개월, ㉢ 자격취소
⑤ ㉠ 자격정지 6개월, ㉡ 자격정지 6개월, ㉢ 자격취소

제1편 행정실무 제1장

정답 및 해설

42 ④ 시 · 도지사는 ㉡㉣의 경우 그 자격을 취소하여야 하고, ㉠㉢㉤의 경우 그 자격을 취소하거나 1년 이내의 기간을 정하여 그 자격을 정지시킬 수 있다.

43 ③ ㉡㉤의 경우 1차 위반시 자격정지 6개월, 2차 위반시 자격정지 1년에 처한다.
㉠의 경우 1차 위반시 경고, 2차 위반시 자격정지 2개월, 3차 이상 위반시 자격정지 3개월에 처한다.
㉢㉣의 경우 1차 위반시 자격취소에 처한다.

44 ③ 시 · 도지사는 주택관리사 등이 중대한 과실로 공동주택을 잘못 관리하여 소유자 및 사용자에게 재산상의 손해를 입힌 경우에 1차 위반시 자격정지 3개월, 2차 위반시 자격정지 6개월, 3차 위반시 자격정지 6개월의 행정처분을 한다.

45 공동주택관리법령상 주택관리사 등에 대한 행정처분기준 중 개별기준의 일부이다. (   ) 안에 들어갈 내용을 옳게 나열한 것은?

제25회

위반행위	근거 법조문	행정처분기준		
		1차 위반	2차 위반	3차 위반
고의로 공동주택을 잘못 관리하여 소유자 및 사용자에게 재산상의 손해를 입힌 경우	법 제69조 제1항 제5호	(㉠)	(㉡)	

① ㉠: 자격정지 2개월, ㉡: 자격정지 3개월
② ㉠: 자격정지 3개월, ㉡: 자격정지 6개월
③ ㉠: 자격정지 6개월, ㉡: 자격정지 1년
④ ㉠: 자격정지 6개월, ㉡: 자격취소
⑤ ㉠: 자격정지 1년, ㉡: 자격취소

46 공동주택관리법령상 주택관리사 등의 결격사유에 관한 설명으로 옳지 않은 것은?

① 금고 이상의 형의 집행유예를 선고받고 그 유예기간 중에 있는 사람
② 파산선고를 받은 사람으로서 복권되지 아니한 사람
③ 금고 이상의 실형을 선고받고 그 집행이 끝나거나(집행이 끝난 것으로 보는 경우를 포함한다) 집행이 면제된 날부터 2년이 지난 사람
④ 피성년후견인 또는 피한정후견인
⑤ 주택관리사 등의 자격이 취소된 후 3년이 지나지 아니한 사람(② 및 ④에 해당하여 주택관리사 등의 자격이 취소된 경우는 제외한다)

47 공동주택관리법령상 주택관리사 등에 관한 설명으로 옳은 것은? 제26회

① 400세대의 의무관리대상 공동주택에는 주택관리사보를 해당 공동주택의 관리사무소장으로 배치할 수 없다.

② 주택관리사보가 공무원으로 주택관련 인·허가 업무에 3년 9개월 종사한 경력이 있다면 주택관리사 자격을 취득할 수 있다.

③ 금고 이상의 형의 집행유예를 선고받고 그 유예기간이 끝난 날부터 1년 6개월이 지난 사람은 주택관리사가 될 수 없다.

④ 주택관리사로서 공동주택의 관리사무소장으로 12년 근무한 사람은 하자분쟁조정위원회의 위원으로 위촉될 수 없다.

⑤ 임원 또는 사원의 3분의 1 이상이 주택관리사인 상사법인은 주택관리업의 등록을 신청할 수 있다.

정답 및 해설

45 ③ 주택관리사 등이 고의로 공동주택을 잘못 관리하여 소유자 및 사용자에게 재산상의 손해를 입힌 경우에 1차 위반시 자격정지 6개월, 2차 위반시 자격정지 1년의 행정처분을 한다.

46 ③ 금고 이상의 실형을 선고받고 그 집행이 끝나거나(집행이 끝난 것으로 보는 경우를 포함한다) 집행이 면제된 날부터 2년이 지나지 아니한 사람이 결격사유에 해당된다.

47 ⑤ ① 400세대의 의무관리대상 공동주택에는 주택관리사보를 해당 공동주택의 관리사무소장으로 배치할 수 있다.

② 주택관리사보가 공무원으로 주택관련 인·허가 업무 등에 5년 이상 종사한 경력이 있다면 주택관리사 자격을 취득할 수 있다.

③ 금고 이상의 형의 집행유예를 선고받고 그 유예기간 중에 있는 사람은 주택관리사가 될 수 없다.

④ 주택관리사로서 공동주택의 관리사무소장으로 10년 이상 근무한 사람은 하자분쟁조정위원회의 위원으로 위촉될 수 있다.

대표예제 11 벌칙 및 과태료★

공동주택관리법령상 1년 이하의 징역 또는 1천만원 이하의 벌금에 해당하는 규정이 아닌 것은?

① 회계감사를 받지 아니하거나 부정한 방법으로 받은 자

② 회계장부 및 증빙서류를 작성 또는 보관하지 아니하거나 거짓으로 작성한 자

③ 주택관리업 영업정지기간에 영업을 한 자나 주택관리업의 등록이 말소된 후 영업을 한 자

④ 주택관리사 등의 자격을 취득하지 아니하고 관리사무소장의 업무를 수행한 자 또는 해당 자격이 없는 자에게 이를 수행하게 한 자

⑤ 장기수선충당금을 적립하지 아니한 자

해설 | 장기수선충당금을 적립하지 아니한 자에게는 500만원 이하의 과태료를 부과한다.

기본서 p.97~101 정답 ⑤

48 **공동주택관리법령상 과태료 부과금액이 가장 높은 경우는? (단, 가중 · 감경사유는 고려하지 않음)** 제19회 수정

① 입주자대표회의의 대표자가 장기수선계획에 따라 주요 시설을 교체하거나 보수하지 않은 경우

② 입주자대표회의 등이 하자보수보증금을 법원의 재판결과에 따른 하자보수비용 외의 목적으로 사용한 경우

③ 관리주체가 장기수선계획에 따라 장기수선충당금을 적립하지 않은 경우

④ 관리사무소장으로 배치받은 주택관리사가 시 · 도지사로부터 주택관리의 교육을 받지 않은 경우

⑤ 의무관리대상 공동주택의 관리주체 또는 입주자대표회의가 선정한 주택관리업자 또는 공사, 용역 등을 수행하는 사업자와 계약을 체결한 후 1개월 이내에 그 계약서를 공개하지 아니하거나 거짓으로 공개한 경우

49 **공동주택관리법령상 1년 이하의 징역 또는 1천만원 이하의 벌금에 해당하는 사유는?**

① 전자입찰방식을 위반하여 주택관리업자 또는 사업자를 선정한 자
② 수립되거나 조정된 장기수선계획에 따라 주요 시설을 교체하거나 보수하지 아니한 자
③ 관리비 · 사용료와 장기수선충당금을 공동주택관리법에 따른 용도 외의 목적으로 사용한 자
④ 관리주체가 정당한 사유 없이 감사인의 자료열람 · 등사 · 제출 요구 또는 조사를 거부 · 방해 · 기피하는 행위와 감사인에게 거짓자료를 제출하는 등 부정한 방법으로 회계감사를 방해하는 행위를 한 경우
⑤ 하자로 판정받은 시설물에 대한 하자를 보수하지 아니한 자

50 **공동주택관리법령상 1천만원 이하의 벌금에 해당하는 사항으로 옳게 짝지어진 것은?**

㉠ 관리기구가 갖추어야 할 기술인력 또는 장비를 갖추지 아니하고 관리행위를 한 자
㉡ 의무관리대상 공동주택에 주택관리사 등을 배치하지 아니한 자
㉢ 수립되거나 조정된 장기수선계획에 따라 주요 시설을 교체하거나 보수하지 아니한 자
㉣ 주택관리업의 등록사항 변경신고를 하지 아니하거나 거짓으로 신고한 자

① ㉠, ㉡
② ㉡, ㉢
③ ㉡, ㉣
④ ㉠, ㉡, ㉣
⑤ ㉡, ㉢, ㉣

정답 및 해설

48 ② ② 2천만원 이하의 과태료를 부과한다.
① 1천만원 이하의 과태료를 부과한다.
③④⑤ 500만원 이하의 과태료를 부과한다.

49 ④ ① 500만원 이하의 과태료를 부과한다.
②③⑤ 1천만원 이하의 과태료를 부과한다.

50 ① ㉢은 1천만원 이하의 과태료, ㉣은 500만원 이하의 과태료를 부과한다.

51 공동주택관리법령상 1천만원 이하의 과태료 부과대상에 해당하는 내용으로 짝지어진 것은?

㉠ 관리사무소장의 업무에 대한 부당간섭 배제 규정을 위반하여 관리사무소장을 해임하거나 해임하도록 주택관리업자에게 요구한 자
㉡ 관리비·사용료와 장기수선충당금을 공동주택관리법에 따른 용도 외의 목적으로 사용한 자
㉢ 공동주택관리법 제13조를 위반하여 공동주택의 관리업무를 인계하지 아니한 자
㉣ 공동주택관리법 제43조 제3항에 따라 판정받은 하자를 보수하지 아니한 자
㉤ 하자보수보증금을 공동주택관리법에 따른 용도 외의 용도에 사용한 자
㉥ 주택관리사 등의 자격을 취득하지 아니하고 관리사무소장의 업무를 수행한 자 또는 해당 자격이 없는 자에게 이를 수행하게 한 자

① ㉠, ㉡, ㉢, ㉣
② ㉡, ㉢, ㉣, ㉤
③ ㉢, ㉣, ㉤, ㉥
④ ㉠, ㉡, ㉣, ㉥
⑤ ㉡, ㉢, ㉤, ㉥

대표예제 12 임대관리 ★★

민간임대주택에 관한 특별법령상 주택임대관리업의 등록을 반드시 말소하여야 하는 경우는?

제17회 수정

① 다른 자에게 자기의 명의 또는 상호를 사용하여 민간임대주택에 관한 특별법에서 정한 사업이나 업무를 수행하게 하거나 그 등록증을 대여한 경우
② 정당한 사유 없이 최종 위탁계약 종료일의 다음 날부터 1년 이상 위탁계약 실적이 없는 경우
③ 보고 또는 자료 제출을 거부·방해 또는 기피한 경우
④ 중대한 과실로 임대를 목적으로 하는 주택을 잘못 관리하여 임대인 및 임차인에게 재산상의 손해를 입힌 경우
⑤ 검사를 거부·방해 또는 기피한 경우

해설 | 거짓이나 그 밖의 부정한 방법으로 등록을 한 경우, 영업정지기간 중에 주택임대관리업을 영위한 경우 또는 최근 3년간 2회 이상의 영업정지처분을 받은 자로서 그 정지처분을 받은 기간이 합산하여 12개월을 초과한 경우, 다른 자에게 자기의 명의 또는 상호를 사용하여 민간임대주택에 관한 특별법에서 정한 사업이나 업무를 수행하게 하거나 그 등록증을 대여한 경우에는 그 등록을 말소하여야 한다.

보충 | **행정처분사유**

시장 · 군수 · 구청장은 주택임대관리업자가 다음의 어느 하나에 해당하면 그 등록을 말소하거나 1년 이내의 기간을 정하여 영업의 전부 또는 일부의 정지를 명할 수 있다. 다만, 1.과 2. 또는 6.에 해당하는 경우에는 그 등록을 말소하여야 한다.

1. 거짓이나 그 밖의 부정한 방법으로 등록을 한 경우
2. 영업정지기간 중에 주택임대관리업을 영위한 경우 또는 최근 3년간 2회 이상의 영업정지처분을 받은 자로서 그 정지처분을 받은 기간이 합산하여 12개월을 초과한 경우
3. 고의 또는 중대한 과실로 임대를 목적으로 하는 주택을 잘못 관리하여 임대인 및 임차인에게 재산상의 손해를 입힌 경우
4. 정당한 사유 없이 최종 위탁계약 종료일의 다음 날부터 1년 이상 위탁계약 실적이 없는 경우
5. 등록기준을 갖추지 못한 경우. 다만, 일시적으로 등록기준에 미달하는 등 대통령령으로 정하는 경우에는 그러하지 아니하다.
6. 다른 자에게 자기의 명의 또는 상호를 사용하여 민간임대주택에 관한 특별법에서 정한 사업이나 업무를 수행하게 하거나 그 등록증을 대여한 경우
7. 보고, 자료의 제출 또는 검사를 거부 · 방해 또는 기피하거나 거짓으로 보고한 경우

기본서 p.81~93

정답 ①

정답 및 해설

51 ① ㉤은 2천만원 이하의 과태료, ㉥은 1년 이하의 징역 또는 1천만원 이하의 벌금에 처한다.

52 **민간임대주택에 관한 특별법령상 임대주택의 관리에 대한 설명으로 옳은 것은?**

제18회 수정

① 임대사업자가 민간임대주택을 양도하는 경우에는 특별수선충당금을 공동주택관리법에 따라 최초로 구성되는 입주자대표회의에 넘겨주어야 한다.

② 임차인대표회의는 필수적으로 회장 1명, 부회장 1명, 이사 1명 및 감사 1명을 동별 대표자 중에서 선출하여야 한다.

③ 임대사업자가 임대주택을 자체관리하려면 대통령령으로 정하는 기술인력 및 장비를 갖추고 국토교통부장관에게 신고하여야 한다.

④ 임차인대표회의를 소집하려는 경우에는 소집일 3일 전까지 회의의 목적 · 일시 및 장소 등을 임차인에게 알리거나 공시하여야 한다.

⑤ 임대사업자는 임차인으로부터 임대주택을 관리하는 데에 필요한 경비를 받을 수 없다.

53 **민간임대주택에 관한 특별법령상 주택임대관리업자의 현황신고에 대한 설명으로 옳지 않은 것은?**

① 주택임대관리업자는 매년 말일까지 대통령령으로 정하는 정보를 시장 · 군수 · 구청장에게 신고하여야 한다.

② ①의 대통령령으로 정하는 정보에는 자본금, 전문인력, 사무실 소재지, 위탁받아 관리하는 주택의 호수 · 세대수 및 소재지도 포함된다.

③ 보증보험 가입사항(자기관리형 주택임대관리업자만 해당한다) 및 계약기간, 관리수수료 등 위 · 수탁계약조건에 관한 정보도 위 ①의 대통령령으로 정하는 정보에 해당한다.

④ 주택임대관리업자로부터 신고받은 시장 · 군수 · 구청장은 신고받은 날부터 30일 이내에 국토교통부장관에게 보고하여야 한다.

⑤ 국토교통부장관은 시장 · 군수 · 구청장으로부터 보고받은 정보를 임대주택정보체계에 게시 또는 건축법에 따른 전자정보처리시스템에 게시하는 방법으로 공개할 수 있다.

54 **민간임대주택에 관한 특별법령에 대한 설명으로 옳지 않은 것은?**

① 민간임대주택의 최초 임대료(임대보증금과 월 임대료를 포함한다)는 임대사업자가 정한다.

② 임대사업자가 민간임대주택을 자체관리하려면 기술인력 및 장비를 갖추고 국토교통부령으로 정하는 바에 따라 시장 · 군수 · 구청장의 허가를 받아야 한다.

③ 임대사업자는 민간임대주택이 300세대 이상의 공동주택 등 대통령령으로 정하는 규모 이상에 해당하면 공동주택관리법에 따른 주택관리업자에게 관리를 위탁하거나 자체관리하여야 한다.

④ 임대사업자는 임차인으로부터 민간임대주택을 관리하는 데 필요한 경비를 받을 수 있다.

⑤ 임대사업자(둘 이상의 임대사업자를 포함한다)가 동일한 시(특별시 · 광역시 · 특별자치시 · 특별자치도를 포함한다) · 군 지역에서 민간임대주택을 관리하는 경우에는 공동으로 관리할 수 있다.

정답 및 해설

52 ① ② 임차인대표회의는 필수적으로 회장 1명, 부회장 1명 및 감사 1명을 동별 대표자 중에서 선출하여야 한다.
③ 임대사업자가 임대주택을 자체관리하려면 대통령령으로 정하는 기술인력 및 장비를 갖추고 관할 시장 · 군수 · 구청장의 인가를 받아야 한다.
④ 임차인대표회의를 소집하려는 경우에는 소집일 5일 전까지 회의의 목적 · 일시 및 장소 등을 임차인에게 알리거나 공시하여야 한다.
⑤ 임대사업자는 임차인으로부터 임대주택을 관리하는 데에 필요한 경비를 받을 수 있다.

53 ① 주택임대관리업자는 분기마다 그 분기가 끝나는 달의 다음 달 말일까지 시장 · 군수 · 구청장에게 신고하여야 한다.

54 ② 임대사업자가 민간임대주택을 자체관리하려면 기술인력 및 장비를 갖추고 국토교통부령으로 정하는 바에 따라 시장 · 군수 · 구청장의 인가를 받아야 한다.

55 **민간임대주택에 관한 특별법령상 주택임대관리업의 결격사유에 해당하지 않는 것은?**

제21회

① 피성년후견인
② 파산선고를 받고 복권되지 아니한 자
③ 민간임대주택에 관한 특별법을 위반하여 형의 집행유예를 선고받고 그 유예기간 중에 있는 사람
④ 민간임대주택에 관한 특별법 제10조에 따라 주택임대관리업의 등록이 말소된 후 2년이 지나지 아니한 자. 이 경우 등록이 말소된 자가 법인인 경우에는 말소 당시의 원인이 된 행위를 한 사람과 대표자를 포함한다.
⑤ 민간임대주택에 관한 특별법을 위반하여 금고 이상의 실형을 선고받고 집행이 종료(집행이 종료된 것으로 보는 경우를 포함한다)되거나 그 집행이 면제된 날부터 3년이 지난 사람

56 **민간임대주택에 관한 특별법령상 주택임대관리업에 관한 설명으로 옳지 않은 것은?**

제23회

① 민간임대주택에 관한 특별법을 위반하여 금고 이상의 실형을 선고받고 그 집행이 종료된 날부터 3년이 지나지 아니한 사람은 주택임대관리업을 등록할 수 없다.
② 주택임대관리업의 등록이 말소된 후 3년이 지난 자는 주택임대관리업을 등록할 수 있다.
③ 주택임대관리업자는 임대를 목적으로 하는 주택에 대하여 임대차계약의 체결에 관한 업무를 수행한다.
④ 위탁관리형 주택임대관리업자는 보증보험 가입사항을 시장 · 군수 · 구청장에게 신고하여야 한다.
⑤ 자기관리형 주택임대관리업자는 전대료 및 전대보증금을 포함한 위 · 수탁계약서를 작성하여 주택의 소유자에게 교부하여야 한다.

종합

57 **민간임대주택에 관한 특별법령상 주택임대관리업에 대한 설명으로 옳지 않은 것은?**

제22회

① 주택임대관리업을 하려는 자가 자기관리형 주택임대관리업을 등록한 경우에는 위탁관리형 주택임대관리업도 등록한 것으로 본다.

② 주택임대관리업에 등록한 자는 자본금이 증가된 경우 이를 시장 · 군수 · 구청장에게 신고하여야 한다.

③ 공동주택관리법을 위반하여 형의 집행유예를 선고받고 그 유예기간 중에 있는 사람은 주택임대관리업의 등록을 할 수 없다.

④ 시장 · 군수 · 구청장은 주택임대관리업자가 정당한 사유 없이 최종 위탁계약 종료일의 다음 날부터 1년 이상 위탁계약 실적이 없어 영업정지처분을 하여야 할 경우에는 이에 갈음하여 1천만원 이하의 과징금을 부과할 수 있다.

⑤ 시장 · 군수 · 구청장은 주택임대관리업자가 거짓이나 그 밖의 부정한 방법으로 주택임대관리업 등록을 한 경우에는 그 등록을 말소하여야 한다.

정답 및 해설

55 ⑤ 민간임대주택에 관한 특별법을 위반하여 금고 이상의 실형을 선고받고 집행이 종료(집행이 종료된 것으로 보는 경우를 포함한다)되거나 그 집행이 면제된 날부터 3년이 지나지 아니한 사람이 주택임대관리업의 결격사유에 해당된다.

56 ④ 보증보험 가입사항을 시장 · 군수 · 구청장에게 신고하는 규정은 자기관리형 주택임대관리업자만 해당된다.

57 ② 주택임대관리업 등록을 한 자가 등록한 사항을 변경하거나 말소하고자 할 경우 시장 · 군수 · 구청장에게 신고하여야 한다. 다만, 자본금 또는 전문인력의 수가 증가한 경우 등의 경미한 사항은 신고하지 아니하여도 된다.

58 **민간임대주택에 관한 특별법령상 주택임대관리업자가 납부하는 과징금에 대한 내용으로 옳지 않은 것은?**

① 시장 · 군수 · 구청장은 주택임대관리업 등록의 말소 또는 영업정지처분을 하려면 처분예정일 2개월 전까지 해당 주택임대관리업자가 관리하는 주택의 임대인 및 임차인에게 그 사실을 통보하여야 한다.

② 과징금은 영업정지기간 1일당 3만원을 부과하되, 영업정지 1개월은 30일을 기준으로 한다. 이 경우 과징금은 2천만원을 초과할 수 없다.

③ 과징금 통지를 받은 자는 통지를 받은 날부터 30일 이내에 시장 · 군수 또는 구청장이 정하는 수납기관에 납부하여야 한다.

④ 시장 · 군수 · 구청장은 주택임대관리업자가 부과받은 과징금을 기한까지 내지 아니하면 지방행정제재 · 부과금의 징수 등에 관한 법률에 따라 징수한다.

⑤ 과징금 수납기관은 과징금을 수납한 때에는 지체 없이 그 사실을 시장 · 군수 · 구청장에게 통보하여야 한다.

59 **민간임대주택에 관한 특별법령상 주택임대관리업에 대한 설명으로 옳지 않은 것은?**

① 자기관리형 주택임대관리업은 주택의 소유자로부터 주택을 임차하여 자기책임으로 전대(轉貸)하는 형태의 업을 말한다.

② 주택임대관리업을 폐업하려면 폐업일 30일 이전에 시장 · 군수 · 구청장에게 말소신고를 하여야 한다.

③ 임대료는 위탁관리형 주택임대관리업자가 업무를 위탁받은 경우 작성하는 위수탁계약서에 포함되어야 하는 사항이다.

④ 주택임대관리업자는 업무를 위탁받은 경우, 위 · 수탁계약서를 작성하여 주택의 소유자에게 교부하고 그 사본을 보관하여야 한다.

⑤ 시장 · 군수 · 구청장은 주택임대관리업자가 영업정지기간 중에 주택임대관리업을 영위한 경우 또는 최근 3년간 2회 이상의 영업정지처분을 받은 자로서 그 정지처분을 받은 기간이 합산하여 12개월을 초과한 경우에는 그 등록을 말소하여야 한다.

종합

60 **민간임대주택에 관한 특별법령상 민간임대주택의 관리 및 주택임대관리업 등에 대한 설명으로 옳은 것은?** 제20회

① 임대사업자는 민간임대주택이 300세대 이상의 공동주택의 경우에는 공동주택관리법에 따른 주택관리업자에게 관리를 위탁하여야 하며, 자체관리할 수 없다.

② 주택임대관리업은 주택의 소유자로부터 주택을 임차하여 자기책임으로 전대하는 형태의 위탁관리형 주택임대관리업과 주택의 소유자로부터 수수료를 받고 임대료 부과 · 징수 및 시설물 유지 · 관리 등을 대행하는 형태의 자기관리형 주택임대관리업으로 구분한다.

③ 지방공기업법에 따라 설립된 지방공사가 주택임대관리업을 하려는 경우 신청서에 대통령령으로 정하는 서류를 첨부하여 시장 · 군수 · 구청장에게 제출하여야 한다.

④ 민간임대주택에 관한 특별법에 위반하여 주택임대관리업의 등록이 말소된 후 2년이 지나지 아니한 자는 주택임대관리업의 등록을 할 수 없다.

⑤ 주택임대관리업자는 주택임대관리업자의 현황 중 전문인력의 경우 1개월마다 시장 · 군수 · 구청장에게 신고하여야 한다.

정답 및 해설

58 ① 시장 · 군수 · 구청장은 주택임대관리업 등록의 말소 또는 영업정지처분을 하려면 처분예정일 1개월 전까지 해당 주택임대관리업자가 관리하는 주택의 임대인 및 임차인에게 그 사실을 통보하여야 한다.

59 ③ 임대료는 자기관리형 주택임대관리업자가 업무를 위탁받은 경우 작성하는 위수탁계약서에 포함되어야 하는 사항이다.

60 ④ ① 임대사업자는 민간임대주택이 300세대 이상의 공동주택의 경우에는 공동주택관리법에 따른 주택관리업자에게 관리를 위탁하거나 자체관리할 수 있다.

② 주택임대관리업은 주택의 소유자로부터 주택을 임차하여 자기책임으로 전대하는 형태의 자기관리형 주택임대관리업과 주택의 소유자로부터 수수료를 받고 임대료 부과 · 징수 및 시설물 유지 · 관리 등을 대행하는 형태의 위탁관리형 주택임대관리업으로 구분한다.

③ 국가, 지방자치단체, 공공기관의 운영에 관한 법률에 따른 공공기관, 지방공기업법에 따라 설립된 지방공사는 주택임대관리업 등록규정에 제외된다.

⑤ 주택임대관리업자는 주택임대관리업자의 현황 중 전문인력의 경우 분기마다 그 분기가 끝나는 달의 다음달 말일까지 시장 · 군수 · 구청장에게 신고하여야 한다.

61 **민간임대주택에 관한 특별법령상 주택임대관리업의 등록에 관한 설명으로 옳지 않은 것은?** 제25회

① 자기관리형 주택임대관리업을 등록한 경우에는 위탁관리형 주택임대관리업도 등록한 것으로 본다.

② 위탁관리형 주택임대관리업의 등록기준 중에서 자본금은 1억원 이상이어야 한다.

③ 주택임대관리업 등록을 한 자는 등록한 사항 중 자본금이 증가한 경우 시장 · 군수 · 구청장에게 변경신고를 하여야 한다.

④ 공동주택관리법을 위반하여 형의 집행유예를 선고받고 그 유예기간 중에 있는 사람은 주택임대관리업의 등록을 할 수 없다.

⑤ 시장 · 군수 · 구청장은 주택임대관리업자가 거짓이나 그 밖의 부정한 방법으로 등록을 한 경우에는 그 등록을 말소하여야 한다.

62 **민간임대주택에 관한 특별법령상 주택임대관리업 및 주택임대관리업자에 대한 설명으로 옳지 않은 것은?**

① 주택임대관리업은 주택의 소유자로부터 임대관리를 위탁받아 관리하는 업(業)을 말한다.

② 주택임대관리업을 하려는 자는 시장 · 군수 · 구청장에게 등록할 수 있다. 다만, 100호 이상의 범위에서 대통령령으로 정하는 규모 이상으로 주택임대관리업을 하려는 자(국가, 지방자치단체, 공공기관, 지방공사는 제외한다)는 등록하여야 한다.

③ 주택임대관리업을 등록하는 경우에는 자기관리형 주택임대관리업과 위탁관리형 주택임대관리업을 구분하여 등록하여야 한다. 이 경우 자기관리형 주택임대관리업을 등록한 경우에는 위탁관리형 주택임대관리업도 등록한 것으로 본다.

④ 자기관리형 주택임대관리업은 주택의 소유자로부터 주택을 임차하여 자기책임으로 전대(轉貸)하는 형태의 업을 말한다.

⑤ 주택임대관리업자는 등록한 사항이 변경된 경우에는 변경사유가 발생한 날부터 30일 이내에 시장 · 군수 · 구청장에게 신고하여야 하며, 주택임대관리업을 폐업하려면 폐업일 15일 이전에 시장 · 군수 · 구청장에게 말소신고를 하여야 한다.

63 민간임대주택에 관한 특별법령상 임대를 목적으로 하는 주택에 대한 주택임대관리업자의 업무(부수적인 업무 포함)범위에 해당하는 것을 모두 고른 것은? 제24회

> ㉠ 시설물 유지 · 보수 · 개량
> ㉡ 임대차계약의 체결 · 해제 · 해지 · 갱신
> ㉢ 임대료의 부과 · 징수
> ㉣ 공인중개사법에 따른 중개업
> ㉤ 임차인의 안전 확보에 필요한 업무

① ㉠, ㉡, ㉣
② ㉠, ㉣, ㉤
③ ㉠, ㉡, ㉢, ㉤
④ ㉡, ㉢, ㉣, ㉤
⑤ ㉠, ㉡, ㉢, ㉣, ㉤

정답 및 해설

61 ③ 주택임대관리업 등록을 한 자가 등록한 사항을 변경하거나 말소하고자 할 경우 시장 · 군수 · 구청장에게 신고하여야 한다. 다만, 자본금 또는 전문인력의 수가 증가한 경우에 따른 경미한 사항은 신고하지 아니하여도 된다.

62 ⑤ 주택임대관리업자는 등록한 사항이 변경된 경우에는 변경사유가 발생한 날부터 15일 이내에 시장 · 군수 · 구청장에게 신고하여야 하며, 주택임대관리업을 폐업하려면 폐업일 30일 이전에 시장 · 군수 · 구청장에게 말소신고를 하여야 한다.

63 ③ 주택임대관리업자의 업무(부수적인 업무 포함)범위

1. 주택임대관리업자는 임대를 목적으로 하는 주택에 대하여 다음의 업무를 수행한다.
   - 임대차계약의 체결 · 해제 · 해지 · 갱신 및 갱신거절 등
   - 임대료의 부과 · 징수 등
   - 임차인의 입주 및 명도 · 퇴거 등(공인중개사법에 따른 중개업은 제외한다)
2. 주택임대관리업자는 임대를 목적으로 하는 주택에 대하여 부수적으로 다음의 업무를 수행할 수 있다.
   - 시설물 유지 · 보수 · 개량 및 그 밖의 주택관리 업무
   - 임차인이 거주하는 주거공간의 관리
   - 임차인의 안전 확보에 필요한 업무
   - 임차인의 입주에 필요한 지원 업무

64 **민간임대주택에 관한 특별법령상 임대를 목적으로 하는 주택에 대하여 자기관리형 주택임대관리업자가 업무를 위탁받은 경우 작성하는 위 · 수탁계약서에 포함되어야 하는 사항이 아닌 것은?** 제26회

① 임대료

② 계약기간

③ 관리수수료

④ 전대료(轉貸料) 및 전대보증금

⑤ 주택임대관리업자 및 임대인의 권리·의무에 관한 사항

정답 및 해설

64 ③ 위 · 수탁계약서에는 계약기간, 주택임대관리업자의 의무 등 다음의 사항이 포함되어야 한다.

1. 관리수수료(위탁관리형 주택임대관리업자만 해당한다)
2. 임대료(자기관리형 주택임대관리업자만 해당한다)
3. 전대료(轉貸料) 및 전대보증금(자기관리형 주택임대관리업자만 해당한다)
4. 계약기간
5. 주택임대관리업자 및 임대인의 권리 · 의무에 관한 사항
6. 그 밖에 주택임대관리업자의 업무 외에 임대인 · 임차인의 편의를 위하여 추가적으로 제공하는 업무의 내용

제1장 주관식 기입형 문제

01 주택법령상 건강친화형 주택에 관한 설명이다. ( ) 안에 들어갈 숫자를 쓰시오.

( )세대 이상의 공동주택을 건설하는 경우에는 세대 내의 실내공기 오염물질을 최소화할 수 있는 건강친화형 주택으로 건설하여야 한다.

02 민간임대주택에 관한 특별법상 용어정의에 대한 내용이다. ( ) 안에 들어갈 숫자를 쓰시오. 제22회

장기일반민간임대주택이란 임대사업자가 공공지원민간임대주택이 아닌 주택을 ( )년 이상 임대할 목적으로 취득하여 임대하는 민간임대주택[아파트(주택법의 도시형 생활주택이 아닌 것을 말한다)를 임대하는 민간매입임대주택은 제외한다]을 말한다.

03 민간임대주택에 관한 특별법상 민간임대주택에 관한 내용이다. ( ) 안에 들어갈 용어와 아라비아 숫자를 쓰시오. 제24회

- 민간임대주택이란 임대 목적으로 제공하는 주택[토지를 임차하여 건설된 주택 및 오피스텔 등 대통령령으로 정하는 (㉠) 및 대통령령으로 정하는 일부만을 임대하는 주택을 포함한다]으로서 임대사업자가 제5조에 따라 등록한 주택을 말하며, 민간(㉡)임대주택과 민간매입임대주택으로 구분한다.
- 장기일반민간임대주택이란 임대사업자가 공공지원민간임대주택이 아닌 주택을 (㉢)년 이상 임대할 목적으로 취득하여 임대하는 민간임대주택[아파트(주택법 제2조 제20호의 도시형 생활주택이 아닌 것을 말한다)를 임대하는 민간매입임대주택은 제외한다]을 말한다.

정답 및 해설

01 500

02 10

03 ㉠ 준주택, ㉡ 건설, ㉢ 10

04 주택법령상 사업계획승인을 받아 건설되는 세대구분형 공동주택에 관한 설명이다. (　　) 안에 들어갈 숫자를 쓰시오.

세대구분형 공동주택의 세대별로 구분된 각각의 공간의 주거전용면적 합계가 주택단지 전체 주거전용면적 합계의 (　　)분의 1을 넘지 아니하는 등 국토교통부장관이 정하는 주거전용면적의 비율에 관한 기준을 충족할 것

05 주택법령상 세대구분형 공동주택에 관한 설명이다. (　　) 안에 들어갈 숫자와 용어를 순서대로 각각 쓰시오

공동주택관리법에 따른 행위의 허가를 받거나 신고를 하고 설치하는 공동주택의 경우: 다음의 요건을 모두 충족할 것

- 구분된 공간의 세대수는 기존 세대를 포함하여 2세대 이하일 것
- 세대별로 구분된 각각의 공간마다 별도의 욕실, 부엌과 구분 출입문을 설치할 것
- 세대구분형 공동주택의 세대수가 해당 주택단지 안의 공동주택 전체 세대수의 (　　)분의 1과 해당 동의 전체 세대수의 3분의 1을 각각 넘지 않을 것. 다만, (　　)이(가) 부대시설의 규모 등 해당 주택단지의 여건을 고려하여 인정하는 범위에서 세대수의 기준을 넘을 수 있다.
- 구조, 화재, 소방 및 피난안전 등 관계 법령에서 정하는 안전기준을 충족할 것

06 주택법령상 도시형 생활주택에 관한 설명이다. (　　) 안에 들어갈 숫자와 용어를 순서대로 각각 쓰시오.

소형 주택과 주거전용면적이 (　　)m^2를 초과하는 주택 1세대를 함께 건축하는 경우와 국토의 계획 및 이용에 관한 법률 시행령 제30조에 따른 (　　)지역 또는 상업지역에서 소형 주택과 도시형 생활주택 외의 주택을 함께 건축할 수 있다.

07 주택법령상 소형 주택에 관한 설명이다. (　　) 안에 들어갈 숫자를 쓰시오.

> 소형 주택은 다음의 요건을 모두 갖춘 공동주택을 말한다.
> - 세대별 주거전용면적은 (　　)m^2 이하일 것
> - 세대별로 독립된 주거가 가능하도록 욕실 및 부엌을 설치할 것
> - 지하층에는 세대를 설치하지 않을 것

08 공동주택관리법령상 관리비 등의 보관에 관한 설명이다. (　　) 안에 들어갈 숫자와 용어를 순서대로 각각 쓰시오.

> 의무관리대상 공동주택의 관리주체는 관리비 등의 징수 · 보관 · 예치 · 집행 등 모든 거래행위에 관하여 장부를 월별로 작성하여 그 증빙서류와 함께 해당 회계연도 종료일부터 (　　)년간 보관하여야 한다.

09 공동주택관리법령상 관리비 등의 사업계획 및 예산안 수립 등에 관한 내용이다. (　　) 안에 들어갈 숫자를 순서대로 각각 쓰시오. 제17회 수정

> 관리주체는 다음 회계연도에 관한 관리비 등의 사업계획 및 예산안을 매 회계연도 개시 (　　)개월 전까지 입주자대표회의에 제출하여 승인을 받아야 하며, 매 회계연도마다 사업실적서 및 결산서를 작성하여 회계연도 종료 후 (　　)개월 이내에 입주자대표회의에 제출하여야 한다.

정답 및 해설

04 3
05 10, 특별자치시장 · 특별자치도지사 · 시장 · 군수 · 구청장 또는 시장 · 군수 · 구청장
06 85, 준주거
07 60
08 5
09 1, 2

10 공동주택관리법령상 관리비 등의 사업계획 및 예산안 수립 등에 관한 설명이다. (   ) 안에 들어갈 용어와 숫자를 순서대로 각각 쓰시오.

사업주체로부터 공동주택의 관리업무를 인계받은 관리주체는 지체 없이 다음 (   )이(가) 시작되기 전까지의 기간에 대한 사업계획 및 예산안을 수립하여 입주자대표회의의 승인을 받아야 한다. 다만, 다음 회계연도가 시작되기 전까지의 기간이 (   )개월 미만인 경우로서 입주자대표회의 의결이 있는 경우에는 생략할 수 있다.

11 공동주택관리법령상 관리사무소장의 교육에 관한 설명이다. (   ) 안에 들어갈 숫자를 순서대로 각각 쓰시오.

관리사무소장으로 배치받으려는 주택관리사 등이 배치예정일부터 직전 (   )년 이내에 관리사무소장·공동주택관리기구의 직원 또는 주택관리업자의 임직원으로서 종사한 경력이 없는 경우에는 국토교통부령으로 정하는 바에 따라 시·도지사가 실시하는 공동주택관리에 관한 교육과 윤리교육을 이수하여야 관리사무소장으로 배치받을 수 있다.

12 공동주택관리법상 주택관리업자 등의 교육 및 벌칙에 관한 내용이다. (   ) 안에 들어갈 아라비아 숫자를 쓰시오.

제24회

공동주택의 관리사무소장으로 배치받아 근무 중인 주택관리사는 공동주택관리법 제70조 제1항 또는 제2항에 따른 교육을 받은 후 (㉠)년마다 국토교통부령으로 정하는 바에 따라 공동주택관리에 관한 교육과 윤리교육을 받아야 하며, 이 교육을 받지 아니한 자에게는 (㉡)만원 이하의 과태료를 부과한다.

13 공동주택관리법령상 관리사무소장으로 배치받은 주택관리사 등의 교육에 관한 내용이다. (   ) 안에 들어갈 용어를 쓰시오.

제26회

관리사무소장으로 배치받은 주택관리사 등은 국토교통부령으로 정하는 바에 따라 관리사무소장으로 배치된 날부터 3개월 이내에 공동주택관리에 관한 교육과 (   )교육을 받아야 한다.

고난도

14 공동주택관리법령상 주택관리사단체에 관한 설명이다. (   ) 안에 들어갈 용어를 순서대로 각각 쓰시오.

> 주택관리사 등은 주택관리에 관한 기술·행정 및 법률 문제에 관한 연구와 그 업무를 효율적으로 수행하기 위하여 공동주택의 관리사무소장으로 배치된 자의 5분의 1 이상의 인원수를 발기인으로 하여 정관을 마련한 후 창립총회의 의결을 거쳐 (   )의 인가를 받아 (   )을(를) 설립할 수 있다.

15 공동주택관리법령상 주택관리업자의 관리상 의무에 관한 내용이다. (   ) 안에 들어갈 숫자를 쓰시오. 제22회

> 주택관리업자는 관리하는 공동주택에 배치된 주택관리사 등이 해임 그 밖의 사유로 결원이 된 때에는 그 사유가 발생한 날로부터 (   )일 이내에 새로운 주택관리사 등을 배치하여야 한다.

16 공동주택관리법령상 회계감사에 관한 설명이다. (   ) 안에 들어갈 숫자와 용어를 순서대로 각각 쓰시오.

> 관리주체는 회계감사를 받은 경우에는 감사보고서 등 회계감사의 결과를 제출받은 날부터 (   )개월 이내에 입주자대표회의에 보고하고 해당 공동주택단지의 인터넷 홈페이지 및 (   )에 공개하여야 한다.

정답 및 해설

10 회계연도, 3
11 5
12 ㉠ 3, ㉡ 500
13 윤리
14 국토교통부장관, 주택관리사단체
15 15
16 1, 동별 게시판

17 공동주택관리법령상 관리주체에 대한 회계감사에 관한 내용이다. ( ) 안에 들어갈 숫자와 용어를 순서대로 쓰시오. 제22회

> 회계감사를 받아야 하는 공동주택의 관리주체는 매 회계연도 종료 후 ( )개월 이내에 다음 각 호의 ( )에 대하여 회계감사를 받아야 한다.
> 1. 재무상태표
> 2. 운영성과표
> 3. 이익잉여금처분계산서(또는 결손금처리계산서)
> 4. 주석(注釋)

18 공동주택관리법령상 관리주체에 대한 회계감사에 관한 내용이다. ( ) 안에 들어갈 용어를 쓰시오. 제24회

> 공동주택관리법에 따라 회계감사를 받아야 하는 공동주택의 관리주체는 매 회계연도 종료 후 9개월 이내에 다음의 재무제표에 대하여 회계감사를 받아야 한다.
> • 재무상태표
> • 운영성과표
> • 이익잉여금처분계산서(또는 결손금처리계산서)
> • ( )

19 공동주택관리법령상 주택관리업에 관한 규정이다. ( ) 안에 들어갈 용어와 숫자를 순서대로 각각 쓰시오. 제16회 수정

> 시장·군수 또는 구청장이 주택관리업 등록의 말소 또는 영업의 정지를 하고자 하는 때에는 처분일 1개월 전까지 해당 주택관리업자가 관리하는 공동주택의 ( )에 그 사실을 통보하여야 하고, 영업정지에 갈음하여 과징금을 부과하고자 하는 경우에는 영업정지기간 1일당 ( )만원을 부과한다.

20 공동주택관리법령상 주택관리업자의 과징금에 관한 설명이다. (   ) 안에 들어갈 숫자를 순서대로 각각 쓰시오.

> 과징금은 영업정지기간 1일당 (   )만원을 부과하되, 영업정지 1개월은 (   )일을 기준으로 한다. 이 경우 과징금은 2천만원을 초과할 수 없고, 과징금의 통지를 받은 자는 통지를 받은 날부터 (   )일 이내에 과징금을 시장 · 군수 또는 구청장이 정하는 수납기관에 납부하여야 한다.

21 공동주택관리법령상 (   ) 안에 들어갈 내용을 순서대로 각각 쓰시오.

> 공동주택관리법 시행령 [별표 6]에 의거한 주택관리업자의 공동주택관리법령 위반행위에 대한 행정처분기준은 다음과 같다.
> - 부정하게 재물 또는 재산상의 이익을 취득하거나 제공한 경우의 1차 행정처분기준: 영업정지 3개월, 2차 행정처분기준: 영업정지 6개월, 3차 이상 행정처분기준: (   )
> - 관리비 · 사용료와 장기수선충당금을 공동주택관리법에 따른 용도 외의 목적으로 사용한 경우의 1차 행정처분기준: 영업정지 3개월, 2차 행정처분기준: 영업정지 6개월, 3차 이상 행정처분기준: (   )

정답 및 해설

17 9, 재무제표
18 주석
19 입주자대표회의, 3
20 3, 30, 30
21 영업정지 1년, 영업정지 6개월

22 **공동주택관리법 시행령상 주택관리업자에 대한 행정처분기준에 관한 설명이다. ( ) 안에 들어갈 내용을 순서대로 각각 쓰시오.**

공동주택관리법 시행령 [별표 6]에 따라 주택관리업자에 대한 공동주택관리법령 위반행위에 대한 행정처분기준은 다음과 같다.
- 고의로 공동주택을 잘못 관리하여 소유자 및 사용자에게 재산상 손해를 입힌 경우의 1차 행정처분기준: ( ), 2차 행정처분기준: 영업정지 1년
- 중대한 과실로 공동주택을 잘못 관리하여 소유자 및 사용자에게 재산상의 손해를 입힌 경우의 1차 행정처분기준: 영업정지 2개월, 2차 행정처분기준: ( ), 3차 행정처분기준: 영업정지 3개월

23 **공동주택관리법령상 ( ) 안에 들어갈 내용을 쓰시오.**

공동주택관리법 시행령 [별표 6]에 의거한 주택관리업자의 공동주택관리법령 위반행위에 대한 행정처분기준은 다음과 같다.
공동주택관리법 제93조 제3항 · 제4항에 따른 감사를 거부 · 방해 또는 기피한 경우의 1차 행정처분기준: 경고, 2차 행정처분기준: ( ), 3차 이상 행정처분기준: 영업정지 3개월

24 **공동주택관리법령상 ( ) 안에 들어갈 내용을 쓰시오.**

공동주택관리법 시행령 [별표 8]에 의거한 주택관리사 등의 공동주택관리법령 위반행위에 대한 행정처분기준은 다음과 같다.
공동주택관리법 제93조 제3항 · 제4항에 따른 감사를 거부 · 방해 또는 기피한 경우의 1차 행정처분기준: 경고, 2차 행정처분기준: 자격정지 2개월, 3차 행정처분기준: ( )

25 **공동주택관리법령상 주택관리업자의 입찰참가 제한에 관한 설명이다. ( ) 안에 들어갈 용어를 쓰시오.**

입주자 등이 새로운 주택관리업자 선정을 위한 입찰에서 기존 주택관리업자의 참가를 제한하도록 입주자대표회의에 요구하려면 전체 입주자 등 ( )의 서면동의가 있어야 한다.

26 공동주택관리법령상 관리비 등의 집행을 위한 사업자 선정에 관한 사항이다. (　　) 안에 들어갈 용어를 순서대로 각각 쓰시오.

> (　　)을(를) 사용하는 공사와 전기안전관리(전기안전관리법에 따라 전기설비의 안전관리에 관한 업무를 위탁 또는 대행하게 하는 경우를 말한다)를 위한 용역은 (　　)이(가) 사업자를 선정하고 관리주체가 집행하는 사항이다.

27 민간임대주택에 관한 특별법령상 주택임대관리업의 등록에 대한 설명이다. (　　) 안에 들어갈 용어를 순서대로 각각 쓰시오.

> 자기관리형 주택임대관리업과 위탁관리형 주택임대관리업을 구분하여 등록하여야 한다. 이 경우 (　　) 주택임대관리업을 등록한 경우에는 (　　) 주택임대관리업도 등록한 것으로 본다.

정답 및 해설

22 영업정지 6개월, 영업정지 3개월
23 영업정지 2개월
24 자격정지 3개월
25 과반수
26 장기수선충당금, 입주자대표회의
27 자기관리형, 위탁관리형

28 **민간임대주택에 관한 특별법령상 주택임대관리업의 등록에 관한 내용이다. (   ) 안에 들어갈 아라비아 숫자를 쓰시오.** 제26회

다음 각 호의 구분에 따른 규모 이상으로 주택임대관리업을 하려는 자는 시장·군수·구청장에게 등록하여야 한다.
1. 자기관리형 주택임대관리업의 경우
   가. 단독주택: (㉠)호
   나. 공동주택: (㉠)세대
2. 위탁관리형 주택임대관리업의 경우
   가. 단독주택: (㉡)호
   나. 공동주택: (㉡)세대

29 **주택임대관리업자에 관한 설명이다. (㉠), (㉡)에 들어갈 용어를 쓰시오.** 제21회

민간임대주택에 관한 특별법은 주택임대관리업자의 현황신고에 관하여 주택임대관리업자는 (㉠)마다 그 (㉠)(이)가 끝나는 달의 다음 달 말일까지 자본금, 전문인력, 관리 호수 등 대통령령으로 정하는 정보를 (㉡)에게 신고하여야 한다.

30 **민간임대주택에 관한 특별법령상 주택임대관리업자에 대한 행정처분에 관한 사항이다. (   ) 안에 들어갈 내용을 순서대로 각각 쓰시오.**

민간임대주택에 관한 특별법 시행령 [별표 2]에 의거한 주택임대관리업자의 위반행위에 대한 행정처분기준은 다음과 같다.
- 중대한 과실로 임대를 목적으로 하는 주택을 잘못 관리하여 임대인 및 임차인에게 재산상의 손해를 입힌 경우의 3차 행정처분기준: (   )
- 등록기준을 갖추지 못하게 된 날부터 1개월이 지날 때까지 이를 보완하지 않은 경우의 2차 행정처분기준: (   )

31 민간임대주택에 관한 특별법령상 임대주택관리에 대한 규정이다. (㉠), (㉡)에 알맞은 용어를 쓰시오. 제19회

> (㉠)은(는) 입주예정자의 과반수가 입주한 때에는 과반수가 입주한 날부터 30일 이내에 입주현황과 임차인대표회의를 구성할 수 있다는 사실 또는 구성하여야 한다는 사실을 입주한 임차인에게 통지하여야 한다. 다만, (㉠)이(가) 본문에 따른 통지를 하지 아니하는 경우 (㉡)이(가) 임차인대표회의를 구성하도록 임차인에게 통지할 수 있다.

32 민간임대주택에 관한 특별법령상 주택임대관리업자에 대한 설명이다. ( ) 안에 들어갈 숫자를 순서대로 각각 쓰시오.

> 주택임대관리업자는 등록한 사항이 변경된 경우에는 변경사유가 발생한 날부터 ( )일 이내에 시장 · 군수 · 구청장(변경사항이 주택임대관리업자의 주소인 경우에는 전입지의 시장 · 군수 · 구청장을 말한다)에게 신고하여야 하며, 주택임대관리업을 폐업하려면 폐업일 ( )일 이전에 시장 · 군수 · 구청장에게 말소신고를 하여야 한다.

33 민간임대주택에 관한 특별법령상 주택임대관리업 등록말소 등의 기준에 대한 설명이다. ( ) 안에 들어갈 숫자와 용어를 순서대로 각각 쓰시오.

> 시장 · 군수 · 구청장은 주택임대관리업 등록의 말소 또는 영업정지처분을 하려면 처분예정일 ( )개월 전까지 해당 주택임대관리업자가 관리하는 주택의 ( ) 및 임차인에게 그 사실을 통보하여야 한다.

정답 및 해설

28 ㉠ 100, ㉡ 300
29 ㉠ 분기, ㉡ 특별자치시장 · 특별자치도지사 · 시장 · 군수 · 구청장 또는 시장 · 군수 · 구청장
30 영업정지 6개월, 영업정지 6개월
31 ㉠ 임대사업자, ㉡ 특별자치시장 · 특별자치도지사 · 시장 · 군수 · 구청장 또는 시장 · 군수 · 구청장
32 15, 30
33 1, 임대인

34 민간임대주택에 관한 특별법령상 주택임대관리업자에 대한 과징금 납부에 관한 설명이다. ( ) 안에 들어갈 숫자를 순서대로 각각 쓰시오.

> 과징금 통지를 받은 자는 통지를 받은 날부터 ( )일 이내에 과징금을 시장 · 군수 · 구청장이 정하는 수납기관에 납부하여야 한다.

35 민간임대주택에 관한 특별법령상 주택임대관리업자의 보증상품 가입에 관한 내용이다. ( ) 안에 들어갈 아라비아 숫자를 쓰시오. 제25회

> 시행령 제13조 【주택임대관리업자의 보증상품 가입】 ① 법 제14조 제1항에 따라 자기관리형 주택임대관리업자는 다음 각 호의 보증을 할 수 있는 보증상품에 가입하여야 한다.
> 1. 임대인의 권리보호를 위한 보증: 자기관리형 주택임대관리업자가 약정한 임대료를 지급하지 아니하는 경우 약정한 임대료의 ( )개월분 이상의 지급을 책임지는 보증

36 공동주택관리법령상 주민공동시설의 위탁운영에 관한 설명이다. ( ) 안에 들어갈 용어와 숫자를 순서대로 각각 쓰시오. (숫자는 분수로 표기할 것)

> 관리주체는 주민공동시설을 위탁하려면 다음의 구분에 따른 절차를 거쳐야 한다.
> 주택법에 따른 사업계획승인을 받아 건설한 공동주택 중 건설임대주택을 제외한 공동주택의 경우에는 다음의 어느 하나에 해당하는 방법으로 제안하고, 입주자 등 ( )의 동의를 받아야 한다.
> • 입주자대표회의의 의결
> • 입주자 등 ( ) 이상의 요청

고난도

37 공동주택관리법령상 (   ) 안에 들어갈 내용을 순서대로 각각 쓰시오. 제16회 수정

공동주택관리법 시행령 [별표 8]에 의거한 주택관리사 등의 공동주택관리법령 위반행위에 대한 행정처분기준은 다음과 같다.
- 공동주택관리의 효율화와 입주자 및 사용자의 보호를 위해 대통령령으로 정하는 업무에 관한 사항에 대한 보고명령을 이행하지 아니한 경우의 3차 행정처분기준: (   )
- 중대한 과실로 주택을 잘못 관리하여 입주자 및 사용자에게 재산상의 손해를 입힌 경우의 2차 행정처분기준: (   )

38 공동주택관리법령상 공동주택관리에 관한 감독에 대한 내용이다. (   ) 안에 들어갈 숫자를 쓰시오. 제20회 수정

공동주택의 입주자 등은 입주자대표회의 등이 공동주택 관리규약을 위반한 경우, 전체 입주자 등의 (   ) 이상의 동의를 받아 지방자치단체의 장에게 입주자대표회의 등의 업무에 대하여 감사를 요청할 수 있다.

정답 및 해설

34 30
35 3
36 과반수, 1/10
37 자격정지 2개월, 자격정지 6개월
38 10분의 2 또는 2/10

39 공동주택관리법령상 주택관리사단체가 제정하는 공제규정에 관한 내용이다. (   ) 안에 들어갈 용어와 아라비아 숫자를 쓰시오. 제25회

> 시행령 제89조 【공제규정】 법 제82조 제2항에 따른 공제규정에는 다음 각 호의 사항이 포함되어야 한다.
> 1. 〈생략〉
> 2. 회계기준: 공제사업을 손해배상기금과 (㉠)(으)로 구분하여 각 기금별 목적 및 회계원칙에 부합되는 기준
> 3. 책임준비금의 적립비율: 공제료 수입액의 100분의 (㉡) 이상(공제사고 발생률 및 공제금 지급액 등을 종합적으로 고려하여 정한다)

40 공동주택관리법령상 사업주체의 어린이집 등의 임대계약 체결에 관한 내용이다. (   ) 안에 들어갈 용어를 쓰시오. 제25회

> 시행령 제29조의3 【사업주체의 어린이집 등의 임대계약 체결】 ① 시장·군수·구청장은 입주자대표회의가 구성되기 전에 다음 각 호의 주민공동시설의 임대계약 체결이 필요하다고 인정하는 경우에는 사업주체로 하여금 입주예정자 과반수의 서면 동의를 받아 해당 시설의 임대계약을 체결하도록 할 수 있다.
> 1. 영유아보육법 제10조에 따른 어린이집
> 2. 아동복지법 제44조의2에 따른 다함께돌봄센터
> 3. 아이돌봄 지원법 제19조에 따른 (   )

정답 및 해설

39 ㉠ 복지기금, ㉡ 10

40 공동육아나눔터

제2장 입주자관리

대표예제 13 **입주자대표회의 ★★★**

공동주택관리법령상 입주자대표회의의 구성 등에 관한 설명으로 옳지 않은 것은? 제15회 수정

① 입주자대표회의는 4명 이상으로 구성하되, 동별 세대수에 비례하여 관리규약으로 정한 선거구에 따라 선출된 대표자로 구성한다.

② 동별 대표자의 후보자가 1명인 경우에는 입주자 등의 과반수가 투표하고, 투표자의 과반수 찬성으로 동별 대표자를 선출한다.

③ 500세대 미만인 공동주택으로서 3회의 선출공고에도 불구하고 동별 대표자의 후보자가 없는 경우에는 동별 대표자를 중임한 사람도 선출공고를 거쳐 해당 선거구 입주자 등의 2분의 1 이상의 찬성으로 다시 동별 대표자로 선출될 수 있다.

④ 민간임대주택에 관한 특별법을 위반한 범죄로 벌금형을 선고받은 후 2년이 지나지 아니한 사람은 동별 대표자가 될 수 없으며 그 자격을 상실한다.

⑤ 동별 대표자는 동별 대표자 선출공고에서 정한 각종 서류제출 마감일을 기준으로 입주자(입주자가 법인인 경우에는 그 대표자를 말한다) 중에서 선거구 입주자 등의 보통·평등·직접·비밀선거를 통하여 선출한다.

해설 | 공동주택관리법 시행령 제11조 제1항 및 제13조 제2항에도 불구하고 2회의 선출공고(직전 선출공고일부터 2개월 이내에 공고하는 경우만 2회로 계산한다)에도 불구하고 동별 대표자의 후보자가 없거나 선출된 사람이 없는 선거구에서 직전 선출공고일부터 2개월 이내에 선출공고를 하는 경우에는 동별 대표자를 중임한 사람도 해당 선거구 입주자 등의 과반수의 찬성으로 다시 동별 대표자로 선출될 수 있다. 이 경우 후보자 중 동별 대표자를 중임하지 않은 사람이 있으면 동별 대표자를 중임한 사람은 후보자의 자격을 상실한다.

기본서 p.125~136

정답 ③

01 공동주택관리법령상 입주자대표회의의 구성에 관한 설명으로 옳지 않은 것은? 제21회

① 선거구는 2개 동 이상으로 묶거나 통로나 층별로 구획하여 관리규약으로 정할 수 있다.
② 입주자대표회의는 3명 이상으로 구성하되, 동별 세대수에 비례하여 관리규약으로 정한 선거구에 따라 선출된 대표자로 구성한다.
③ 입주자대표회의의 구성원은 특별자치시장 · 특별자치도지사 · 시장 · 군수 · 구청장이 실시하는 입주자대표회의의 운영과 관련하여 필요한 교육 및 윤리교육을 성실히 이수하여야 한다.
④ 하나의 공동주택단지를 여러 개의 공구로 구분하여 순차적으로 건설하는 경우(임대주택은 분양전환된 경우를 말한다) 먼저 입주한 공구의 입주자 등은 입주자대표회의를 구성할 수 있으며, 다음 공구의 입주예정자의 과반수가 입주한 때에는 다시 입주자대표회의를 구성하여야 한다.
⑤ 동별 대표자 선출공고에서 정한 각종 서류제출 마감일을 기준으로 공동주택관리법을 위반한 범죄로 금고 이상의 실형 선고를 받고 그 집행이 끝난 날(집행이 끝난 것으로 보는 경우를 포함한다)부터 2년이 지나지 아니한 사람은 동별 대표자가 될 수 없으며 그 자격을 상실한다.

고난도

02 다음 사례 중 공동주택관리법령을 위반한 것은? 제16회 수정

① 하나의 공동주택단지를 여러 개의 공구로 구분하여 순차적으로 건설한 단지에서, 먼저 입주한 공구의 입주자 등이 입주자대표회의를 구성하였다가 다음 공구의 입주예정자의 과반수가 입주한 때에 다시 입주자대표회의를 구성하였다.
② 입주자대표회의 구성원 10명 중 6명의 찬성으로 자치관리기구의 관리사무소장을 선임하였다.
③ 자치관리를 하는 공동주택의 입주자대표회의가 구성원 과반수의 찬성으로 자치관리기구 직원의 임면을 의결하였다.
④ 300세대 전체가 입주한 공동주택에서 2013년 8월 10일에 35세대의 입주자가 요청하여 회장이 2013년 9월 9일에 입주자대표회의를 소집하였다.
⑤ 입주자대표회의 구성원 10명 중 6명의 찬성으로 해당 공동주택에 대한 리모델링의 제안을 의결하였다.

03 공동주택관리법령상 입주자대표회의에 관한 설명으로 옳지 않은 것은? 제17회 수정

① 동별 대표자의 임기나 그 제한에 관한 사항, 동별 대표자 또는 입주자대표회의 임원의 선출이나 해임 방법 등 입주자대표회의의 구성 및 운영에 필요한 사항과 입주자대표회의의 의결 방법은 대통령령으로 정한다.

② 자치관리를 하는 경우 입주자대표회의의 구성원 과반수의 찬성으로 자치관리기구 직원의 임면에 관한 사항을 의결한다.

③ 주택의 소유자가 서면으로 위임한 대리권이 없는 소유자의 직계존비속은 동별 대표자가 될 수 없으며, 그 자격을 상실한다.

④ 입주자대표회의는 입주자 등의 소통 및 화합의 증진을 위하여 그 이사 중 공동체생활의 활성화에 관한 업무를 담당하는 이사를 선임할 수 있다.

⑤ 입주자 등이 새로운 주택관리업자 선정을 위한 입찰에서 기존 주택관리업자의 참가를 제한하도록 입주자대표회의에 요구하려면 전체 입주자 등 3분의 2 이상의 서면동의가 있어야 한다.

정답 및 해설

01 ② 입주자대표회의는 4명 이상으로 구성하되, 동별 세대수에 비례하여 관리규약으로 정한 선거구에 따라 선출된 대표자로 구성한다.

02 ④ 전체 입주자 등의 10분의 1 이상이 요청하였으므로 14일 이내에 입주자대표회의를 소집하여야 한다.

▶ 입주자대표회의의 소집

입주자대표회의는 관리규약으로 정하는 바에 따라 회장이 그 명의로 소집한다. 다만, 다음 각 호의 어느 하나에 해당하는 때에는 회장은 해당일부터 14일 이내에 입주자대표회의를 소집해야 하며, 회장이 회의를 소집하지 않는 경우에는 관리규약으로 정하는 이사가 그 회의를 소집하고 회장의 직무를 대행한다.

1. 입주자대표회의 구성원 3분의 1 이상이 청구하는 때
2. 입주자 등의 10분의 1 이상이 요청하는 때
3. 전체 입주자의 10분의 1 이상이 요청하는 때(입주자대표회의 의결사항 중 장기수선계획의 수립 또는 조정에 관한 사항만 해당한다)

03 ⑤ 입주자 등이 새로운 주택관리업자 선정을 위한 입찰에서 기존 주택관리업자의 참가를 제한하도록 입주자대표회의에 요구하려면 전체 입주자 등 과반수의 서면동의가 있어야 한다.

04 **공동주택관리법령상 입주자대표회의에 관한 설명으로 옳지 않은 것은?** 제25회

① 입주자대표회의의 구성원인 동별 대표자의 선거구는 2개 동 이상으로 묶거나 통로나 층별로 구획하여 관리규약으로 정할 수 있다.

② 동별 대표자를 선출할 때 후보자가 1명인 경우에는 해당 선거구 전체 입주자 등의 과반수가 투표하고 투표자 과반수의 찬성으로 선출한다.

③ 감사는 입주자대표회의에서 의결한 안건이 관계 법령 및 관리규약에 위반된다고 판단되는 경우에는 입주자대표회의에 재심의를 요청할 수 있다.

④ 입주자대표회의는 입주자대표회의 구성원 3분의 2의 찬성으로 의결한다.

⑤ 입주자대표회의는 입주자 등의 소통 및 화합의 증진을 위하여 그 이사 중 공동체생활의 활성화에 관한 업무를 담당하는 이사를 선임할 수 있다.

05 **공동주택관리법령상 입주자대표회의의 구성과 임원의 업무범위 등에 관한 설명으로 옳지 않은 것은?** 제23회 수정

① 감사는 감사를 한 경우에는 감사보고서를 작성하여 입주자대표회의와 관리주체에게 제출하고 인터넷 홈페이지 및 동별 게시판 등에 공개하여야 한다.

② 동별 대표자가 임기 중에 동별 대표자의 결격사유에 해당하게 된 경우에는 당연히 퇴임한다.

③ 입주자대표회의는 의결사항을 의결할 때 입주자 등이 아닌 자로서 해당 공동주택의 관리에 이해관계를 가진 자의 권리를 침해해서는 안 된다.

④ 사용자인 동별 대표자는 회장이 될 수 없으나, 입주자인 동별 대표자 중에서 회장 후보자가 없는 경우로서 선출 전에 전체 입주자 등의 과반수의 동의를 얻은 경우에는 회장이 될 수 있다.

⑤ 300세대 이상인 공동주택의 관리주체는 관리규약으로 정하는 범위 · 방법 및 절차 등에 따라 회의록을 입주자 등에게 공개하여야 한다.

06 **공동주택관리법령상 동별 대표자의 임기 등에 관한 설명으로 옳지 않은 것은?**

① 동별 대표자의 임기는 2년으로 한다. 다만, 보궐선거로 선출된 동별 대표자의 임기는 전임자 임기의 남은 기간으로 한다.

② 동별 대표자는 한 번만 중임할 수 있다.

③ 보궐선거로 선출된 동별 대표자의 임기가 10개월 미만인 경우에는 임기의 횟수에 포함하지 아니한다.

④ 회장 및 감사는 전체 입주자 등의 10분의 1 이상이 투표하고 투표자 과반수의 찬성으로 해임한다.

⑤ 동별 대표자는 해당 선거구 전체 입주자 등의 과반수가 투표하고, 투표자 과반수의 찬성으로 해임한다.

정답 및 해설

04 ④ 입주자대표회의는 입주자대표회의 구성원 과반수의 찬성으로 의결한다.

05 ④ 사용자인 동별 대표자는 회장이 될 수 없다. 다만, 입주자인 동별 대표자 중에서 회장 후보자가 없는 경우로서 선출 전에 전체 입주자 과반수의 서면동의를 얻은 경우에는 그러하지 아니하다.

06 ③ 보궐선거로 선출된 동별 대표자의 임기가 6개월 미만인 경우에는 임기의 횟수에 포함하지 아니한다.

07 **공동주택관리법령상 동별 대표자가 될 수 있는 사람은?** 제16회 수정

① 공동주택관리법 또는 주택법, 민간임대주택에 관한 특별법, 공공주택 특별법, 건축법, 집합건물의 소유 및 관리에 관한 법률을 위반한 범죄로 금고 이상의 실형 선고를 받고 그 집행이 끝나거나(집행이 끝난 것으로 보는 경우를 포함한다) 집행이 면제된 날부터 2년이 지나지 아니한 사람

② 금고 이상의 형의 집행유예선고를 받고 그 유예기간이 종료된 후 3년이 지나지 아니한 사람

③ 선거관리위원회 위원(사퇴하거나 해임 또는 해촉된 사람으로서 그 남은 임기 중에 있는 사람을 포함한다)

④ 해당 공동주택의 동별 대표자를 사퇴한 날부터 1년이 지나지 아니하거나 해임된 날부터 2년이 지나지 아니한 사람

⑤ 관리비 등을 최근 3개월 이상 연속하여 체납한 사람

08 **공동주택관리법령상 동별 대표자 선출공고에서 정한 각종 서류제출 마감일을 기준으로 동별 대표자가 될 수 없는 자에 해당되지 않는 사람은?** 제20회

① 해당 공동주택 관리주체의 소속 임직원

② 관리비를 최근 3개월 이상 연속하여 체납한 사람

③ 공동주택의 소유자가 서면으로 위임한 대리권이 없는 소유자의 배우자

④ 주택법을 위반한 범죄로 징역 6개월의 집행유예 1년의 선고를 받고 그 유예기간이 종료한 때로부터 2년이 지난 사람

⑤ 동별 대표자를 선출하기 위해 입주자 등에 의해 구성된 선거관리위원회 위원이었으나 1개월 전에 사퇴하였고 그 남은 임기 중에 있는 사람

09 공동주택관리법령상 동별 대표자를 선출하기 위한 선거관리위원회 위원이 될 수 있는 사람은?

제21회

① 사용자
② 동별 대표자
③ 피한정후견인
④ 동별 대표자 후보자의 직계존비속
⑤ 동별 대표자에서 해임된 사람으로서 그 남은 임기 중에 있는 사람

정답 및 해설

07 ② 금고 이상의 형의 집행유예선고를 받고 그 유예기간 중에 있는 사람이 동별 대표자가 될 수 없다.

▶ 동별 대표자 결격사유

1. 미성년자, 피성년후견인 또는 피한정후견인
2. 파산자로서 복권되지 아니한 사람
3. 공동주택관리법 또는 주택법, 민간임대주택에 관한 특별법, 공공주택 특별법, 건축법, 집합건물의 소유 및 관리에 관한 법률을 위반한 범죄로 금고 이상의 실형 선고를 받고 그 집행이 끝나거나(집행이 끝난 것으로 보는 경우를 포함한다) 집행이 면제된 날부터 2년이 지나지 아니한 사람
4. 금고 이상의 형의 집행유예선고를 받고 그 유예기간 중에 있는 사람
5. 공동주택관리법 또는 주택법, 민간임대주택에 관한 특별법, 공공주택 특별법, 건축법, 집합건물의 소유 및 관리에 관한 법률을 위반한 범죄로 벌금형을 선고받은 후 2년이 지나지 아니한 사람
6. 선거관리위원회 위원(사퇴하거나 해임 또는 해촉된 사람으로서 그 남은 임기 중에 있는 사람을 포함한다)
7. 공동주택의 소유자가 서면으로 위임한 대리권이 없는 소유자의 배우자나 직계존비속
8. 해당 공동주택 관리주체의 소속 임직원과 해당 공동주택 관리주체에 용역을 공급하거나 사업자로 지정된 자의 소속 임원. 이 경우 관리주체가 주택관리업자인 경우에는 해당 주택관리업자를 기준으로 판단한다.
9. 해당 공동주택의 동별 대표자를 사퇴한 날부터 1년(해당 동별 대표자에 대한 해임이 요구된 후 사퇴한 경우에는 2년을 말한다)이 지나지 아니하거나 해임된 날부터 2년이 지나지 아니한 사람
10. 관리비 등을 최근 3개월 이상 연속하여 체납한 사람
11. 동별 대표자로서 임기 중에 10.의 사유에 해당하여 퇴임한 사람으로서 그 남은 임기(남은 임기가 1년을 초과하는 경우에는 1년을 말한다) 중에 있는 사람

08 ④ 서류제출 마감일을 기준으로 금고 이상의 형의 집행유예선고를 받고 그 유예기간 중에 있는 사람은 동별 대표자가 될 수 없으며, 그 자격을 상실한다.

09 ① 다음의 어느 하나에 해당하는 사람은 선거관리위원회 위원이 될 수 없으며, 그 자격을 상실한다.

1. 동별 대표자 또는 그 후보자
2. 1.에 해당하는 사람의 배우자 또는 직계존비속
3. 미성년자, 피성년후견인 또는 피한정후견인
4. 동별 대표자를 사퇴하거나 그 지위에서 해임된 사람 또는 공동주택관리법 제14조 제5항에 따라 퇴임한 사람으로서 그 남은 임기 중에 있는 사람
5. 선거관리위원회 위원을 사퇴하거나 그 지위에서 해임 또는 해촉된 사람으로서 그 남은 임기 중에 있는 사람

10 공동주택관리법령상 선거관리위원회에 관한 설명으로 옳지 않은 것은? 제22회

① 500세대 이상인 공동주택의 선거관리위원회는 입주자 등 중에서 위원장을 포함하여 5명 이상, 9명 이하의 위원으로 구성한다.

② 선거관리위원회 위원장은 위원 중에서 호선한다.

③ 500세대 미만인 공동주택은 선거관리위원회법에 따른 선거관리위원회 소속 직원 1명을 관리규약으로 정하는 바에 따라 위원으로 위촉한다.

④ 선거관리위원회 위원장은 동별 대표자 후보자에 대하여 동별 대표자의 자격요건 충족 여부와 결격사유 해당 여부를 확인하여야 한다.

⑤ 선거관리위원회의 위원장은 동별 대표자가 결격사유 확인에 관한 사무를 수행하기 위하여 불가피한 경우 개인정보 보호법 시행령에 따른 주민등록번호가 포함된 자료를 처리할 수 있다.

종합

11 공동주택관리법령상 입주자대표회의에 관한 설명으로 옳지 않은 것은? 제20회

① 입주자대표회의는 4명 이상으로 구성하되, 동별 세대수에 비례하여 시장 · 군수 · 구청장이 정한 선거구에 따라 선출된 대표자로 구성한다.

② 입주자대표회의에는 회장 1명, 감사 2명 이상, 이사 1명 이상의 임원을 두어야 한다.

③ 동별 대표자의 임기나 그 제한에 관한 사항, 동별 대표자 또는 입주자대표회의 임원의 선출이나 해임방법 등 입주자대표회의의 구성 및 운영에 필요한 사항과 입주자대표회의의 의결방법은 대통령령으로 정한다.

④ 입주자대표회의의 의결사항은 관리규약, 관리비, 시설의 운영에 관한 사항 등으로 한다.

⑤ 의무관리대상 공동주택에 해당하는 하나의 공동주택단지를 여러 개의 공구로 구분하여 순차적으로 건설하는 경우 먼저 입주한 공구의 입주자 등은 입주자대표회의를 구성할 수 있다. 다만, 다음 공구의 입주예정자의 과반수가 입주한 때에는 다시 입주자대표회의를 구성하여야 한다.

12 공동주택관리법령상 입주자대표회의에 관한 설명으로 옳지 않은 것은?

① 입주자대표회의의 구성원 중 사용자인 동별 대표자가 과반수인 경우에는 대통령령으로 그 의결방법 및 의결사항을 달리 정할 수 있다.

② 입주자대표회의는 주택관리업자가 공동주택을 관리하는 경우에는 주택관리업자의 직원인사 · 노무관리 등의 업무수행에 부당하게 간섭하여서는 아니 된다.

③ 동별 대표자의 임기는 한 번만 중임할 수 있다.

④ 500세대 미만인 공동주택의 선거관리위원회 구성원수는 5명 이상 9명 이하로 한다.

⑤ 입주자 등은 동별 대표자나 입주자대표회의의 임원을 선출하거나 해임하기 위하여 선거관리위원회를 구성한다.

13 공동주택관리법령상 입주자대표회의의 구성 및 운영에 관한 설명으로 옳지 않은 것은?

제24회

① 입주자대표회의는 4명 이상으로 구성하되, 동별 세대수에 비례하여 관리규약으로 정한 선거구에 따라 선출된 대표자로 구성한다.

② 사용자는 입주자인 동별 대표자 후보자가 있는 선거구라도 해당 공동주택단지 안에서 주민등록을 마친 후 계속하여 6개월 이상 거주하고 있으면 동별 대표자로 선출될 수 있다.

③ 사용자인 동별 대표자는 입주자인 동별 대표자 중에서 회장 후보자가 없는 경우로서 선출 전에 전체 입주자 과반수의 서면동의를 얻은 경우에는 회장이 될 수 있다.

④ 공동체 생활의 활성화 및 질서유지에 관한 사항은 입주자대표회의 구성원 과반수의 찬성으로 의결한다.

⑤ 입주자대표회의는 주택관리업자가 공동주택을 관리하는 경우에는 주택관리업자의 직원인사 · 노무관리 등의 업무수행에 부당하게 간섭해서는 아니 된다.

정답 및 해설

10 ③ 500세대 이상인 공동주택은 선거관리위원회법에 따른 선거관리위원회 소속 직원 1명을 관리규약으로 정하는 바에 따라 위원으로 위촉할 수 있다.

11 ① 입주자대표회의는 4명 이상으로 구성하되, 동별 세대수에 비례하여 관리규약으로 정한 선거구에 따라 선출된 대표자로 구성한다. 이 경우 선거구는 2개 동 이상으로 묶거나 통로나 층별로 구획하여 정할 수 있다.

12 ④ 500세대 미만인 공동주택의 선거관리위원회 구성원수는 3명 이상 9명 이하로 한다.

13 ② 사용자는 입주자인 동별 대표자의 후보자가 없는 선거구에서 이 법에 해당하는 요건을 모두 갖춘 경우에는 동별 대표자가 될 수 있다. 이 경우 입주자인 후보자가 있으면 사용자는 후보자의 자격을 상실한다.

14 **공동주택관리법령상 입주자대표회의에 관한 설명으로 옳은 것은?** 제26회

① 입주자대표회의에는 회장 1명, 감사 3명 이상, 이사 2명 이상의 임원을 두어야 한다.
② 서류 제출 마감일을 기준으로 공동주택관리법을 위반한 범죄로 금고 8월의 실형선고를 받고 그 집행이 끝난 날부터 16개월이 지난 사람은 동별 대표자로 선출될 수 있다.
③ 입주자대표회의는 그 회의를 개최한 때에는 회의록을 작성하여 입주자대표회의 회장에게 보관하게 하여야 한다.
④ 입주자대표회의 회장은 입주자 등의 10분의 1 이상이 요청하는 때에는 해당일부터 7일 이내에 입주자대표회의를 소집해야 한다.
⑤ 입주자대표회의의 회장 후보자가 2명 이상인 경우에는 전체 입주자 등의 10분의 1 이상이 투표하고 후보자 중 최다득표자를 선출한다.

대표예제 14 **입주자대표회의 구성원교육** ★★★

공동주택관리법령상 甲구청장이 A아파트의 동별 대표자에게 실시할 구성원교육에 관한 내용으로 옳지 않은 것은? 제13회 수정

① 교육내용으로 관리현황의 공개방법 및 관리업무의 전산화 등을 포함하여 실시하기로 하였다.
② 2010년 10월 15일에 실시할 운영 및 윤리교육시간을 오후 1시부터 오후 5시까지로 확정하여 실시하기로 하였다.
③ 2010년 10월 15일에 실시할 구성원교육에 관한 교육일시, 교육장소 등을 2010년 10월 1일에 공고하기로 하였다.
④ 甲구청장은 구성원교육에 드는 비용을 필요하다고 인정하여 그 비용의 전부를 지원하기로 하였다.
⑤ 2010년 10월 15일에 실시할 구성원교육의 다음 교육은 2012년 10월 15일에 실시하기로 하였다.

해설 | 시장 · 군수 또는 구청장은 입주자대표회의 구성원교육을 매년 실시하여야 한다.

보충 | 입주자대표회의 구성원교육

1. 시장 · 군수 · 구청장은 입주자대표회의의 구성원에게 입주자대표회의의 운영과 관련하여 필요한 교육 및 윤리교육을 실시하여야 한다. 이 경우 입주자대표회의의 구성원은 그 교육을 성실히 이수하여야 한다.
2. 시장 · 군수 · 구청장은 입주자 등이 희망하는 경우에는 1.의 교육을 입주자 등에게 실시할 수 있다.
3. 시장 · 군수 · 구청장은 입주자대표회의 구성원 또는 입주자 등에 대하여 입주자대표회의의 운영과 관련하여 필요한 교육 및 윤리교육을 하려면 다음의 사항을 교육 10일 전까지 공고하거나 교육대상자에게 알려야 한다.
   - 교육일시, 교육기간 및 교육장소
   - 교육내용
   - 교육대상자
   - 그 밖에 교육에 관하여 필요한 사항
4. 입주자대표회의 구성원은 매년 4시간의 운영 · 윤리교육을 이수하여야 한다.
5. 운영 · 윤리교육은 집합교육의 방법으로 한다. 다만, 교육 참여현황의 관리가 가능한 경우에는 그 전부 또는 일부를 온라인교육으로 할 수 있다.
6. 시장 · 군수 · 구청장은 운영 · 윤리교육을 이수한 사람에게 수료증을 내주어야 한다. 다만, 교육수료사실을 입주자대표회의 구성원이 소속된 입주자대표회의에 문서로 통보함으로써 수료증의 수여를 갈음할 수 있다.
7. 입주자대표회의 구성원에 대한 운영 · 윤리교육의 수강비용은 입주자대표회의 운영경비에서 부담하며, 입주자 등에 대한 운영 · 윤리교육의 수강비용은 수강생 본인이 부담한다. 다만, 시장 · 군수 · 구청장은 필요하다고 인정하는 경우에는 그 비용의 전부 또는 일부를 지원할 수 있다.
8. 시장 · 군수 · 구청장은 입주자대표회의 구성원의 운영 · 윤리교육 참여현황을 엄격히 관리하여야 하며, 운영 · 윤리교육을 이수하지 아니한 입주자대표회의 구성원에 대해서는 필요한 조치를 하여야 한다.

기본서 p.135~137 정답 ⑤

제1편 행정실무 제2장

정답 및 해설

14 ⑤ ① 입주자대표회의에는 회장 1명, 감사 2명 이상, 이사 1명 이상의 임원을 두어야 한다.

② 서류 제출 마감일을 기준으로 공동주택관리법을 위반한 범죄로 금고 이상의 실형 선고를 받고 그 집행이 끝나거나(집행이 끝난 것으로 보는 경우를 포함한다) 집행이 면제된 날부터 2년이 지나지 아니한 사람은 동별 대표자가 될 수 없으며 그 자격을 상실한다.

③ 입주자대표회의는 그 회의를 개최한 때에는 회의록을 작성하여 관리주체에게 보관하게 하여야 한다.

④ 입주자대표회의의 회장은 입주자 등의 10분의 1 이상이 요청하는 때에는 해당일부터 14일 이내에 입주자대표회의를 소집해야 한다.

15 공동주택관리법령상 입주자대표회의의 구성원교육에 관한 설명으로 옳지 않은 것은?

① 시장 · 군수 · 구청장은 입주자대표회의의 구성원 또는 입주자 등에게 입주자대표회의의 운영과 관련하여 필요한 교육 및 윤리교육을 실시하여야 한다.

② 시장 · 군수 · 구청장은 입주자대표회의의 구성원에 대하여 입주자대표회의의 운영과 관련하여 필요한 교육 및 윤리교육을 하려면 교육 10일 전까지 공고하거나 교육대상자에게 알려야 한다.

③ 입주자대표회의의 구성원은 6개월마다 4시간의 운영 · 윤리교육을 이수하여야 한다.

④ 운영 · 윤리교육은 집합교육의 방법으로 한다. 다만, 교육 참여현황의 관리가 가능한 경우에는 그 전부 또는 일부를 온라인교육으로 할 수 있다.

⑤ 입주자대표회의의 구성원에 대한 운영 · 윤리교육의 수강비용은 입주자대표회의의 운영경비에서 부담하며, 입주자 등에 대한 운영 · 윤리교육의 수강비용은 수강생 본인이 부담한다. 다만, 시장 · 군수 · 구청장은 필요하다고 인정하는 경우에는 그 비용의 전부 또는 일부를 지원할 수 있다.

대표예제 15 공동주택 관리규약★★

공동주택관리법령상 관리규약에 관한 설명으로 옳은 것은?

① 국토교통부장관은 공동주택의 관리 또는 사용에 관하여 준거가 되는 공동주택 관리규약의 준칙을 정하여야 한다.

② 관리비 등을 납부하지 아니한 자에 대한 조치는 관리규약준칙 포함사항이 아니다.

③ 관리규약 개정은 입주자대표회의의 의결 또는 전체 입주자 등의 10분의 1 이상이 제안하고, 전체 입주자 등의 5분의 4 이상이 찬성하는 방법에 따른다.

④ 공동주택의 관리주체는 관리규약을 보관하여 입주자 등이 열람을 청구하거나 자기의 비용으로 복사를 요구하는 때에는 이에 응하여야 한다.

⑤ 분양을 목적으로 건설한 공동주택과 임대주택이 함께 있는 주택단지의 경우 입주자와 사용자, 임대사업자는 해당 주택단지에 공통적으로 적용할 수 있는 관리규약을 정할 수 있다. 이 경우 임대사업자는 민간임대주택에 관한 특별법 및 공공주택 특별법에 따라 임차인과 사전에 협의하여야 한다.

오답 체크
① 시 · 도지사는 공동주택의 관리 또는 사용에 관하여 준거가 되는 공동주택 관리규약의 준칙을 정하여야 한다.
② 관리비 등을 납부하지 아니한 자에 대한 조치는 관리규약준칙 포함사항이다.
③ 관리규약의 개정은 입주자대표회의의 의결 또는 전체 입주자 등의 10분의 1 이상이 제안하고, 전체 입주자 등의 과반수가 찬성하는 방법에 따른다.
⑤ 분양을 목적으로 건설한 공동주택과 임대주택이 함께 있는 주택단지의 경우 입주자와 사용자, 임대사업자는 해당 주택단지에 공통적으로 적용할 수 있는 관리규약을 정할 수 있다. 이 경우 임대사업자는 민간임대주택에 관한 특별법 및 공공주택 특별법에 따라 임차인대표회의와 사전에 협의하여야 한다.

기본서 p.139~144 정답 ④

16 공동주택관리법령상 공동주택 관리규약에 관한 설명으로 옳지 않은 것은?

① 시 · 도지사는 공동주택의 입주자 및 사용자의 보호와 주거생활의 질서유지를 위하여 공동주택의 관리 또는 사용에 관하여 준거가 되는 공동주택 관리규약의 준칙을 정하여야 한다.
② 입주자 등은 관리규약의 준칙을 참조하여 관리규약을 정한다.
③ 관리규약은 입주자 등의 지위를 승계한 자에 대하여는 그 효력이 없다.
④ 관리규약의 준칙에는 입주자대표회의의 운영비의 지급 여부 및 그 금액이 포함되어야 한다.
⑤ 관리규약의 준칙에는 관리비 등의 세대별 부담액 산정방법 및 징수 · 보관 · 예치 · 사용 절차가 포함되어야 한다.

정답 및 해설

15 ③ 입주자대표회의의 구성원은 매년 4시간의 운영 · 윤리교육을 이수하여야 한다.
16 ③ 관리규약은 입주자 등의 지위를 승계한 자에 대하여도 그 효력이 있다.

고난도

17 공동주택관리법령상 시 · 도지사가 정하는 관리규약의 준칙에 포함된 사항으로 옳지 않은 것은?

① 주민공동시설의 위탁에 따른 방법 또는 절차에 관한 사항
② 전자투표의 본인확인방법에 관한 사항
③ 공동주택의 층간소음에 관한 사항
④ 혼합주택단지의 관리에 관한 사항
⑤ 공용시설물의 사용료 부과기준의 결정

18 공동주택관리법령상 공동주택 관리규약에 관한 설명으로 옳지 않은 것은?

① 공동주택의 관리주체는 관리규약을 보관하여 입주자 등이 열람을 청구하거나 자기의 비용으로 복사를 요구하는 때에는 이에 응하여야 한다.
② 공동주택 분양 후 최초의 관리규약은 사업주체가 제안한 내용을 해당 입주예정자의 과반수가 서면으로 동의하는 방법으로 결정한다. 이 경우 사업주체는 해당 공동주택단지의 인터넷 홈페이지에 제안내용을 공고하거나 입주예정자에게 개별 통지해야 한다.
③ 관리규약을 개정할 때 전체 입주자 등의 10분의 1 이상이 제안하고, 전체 입주자 등의 과반수가 찬성하는 방법에 따른다.
④ 입주자 등은 관리규약의 준칙을 참조하여 관리규약을 정한다.
⑤ 관리규약은 입주자 등의 지위를 승계한 사람에 대하여도 그 효력이 있다.

고난도

19 공동주택관리법령상 공동주택의 관리규약준칙에 포함되어야 할 공동주택의 어린이집 임대계약에 대한 임차인 선정기준에 해당하지 않는 것은? (단, 그 선정기준은 영유아보육법에 따른 국공립어린이집 위탁체 선정관리기준에 따라야 함) 제22회

① 임차인의 신청자격
② 임대기간
③ 임차인 선정을 위한 심사기준
④ 어린이집을 이용하는 입주자 등 중 어린이집 임대에 동의하여야 하는 비율
⑤ 시장 · 군수 · 구청장이 입주자대표회의가 구성되기 전에 어린이집 임대계약을 체결하려 할 때 입주예정자가 동의하여야 하는 비율

종합

20 공동주택관리법령상 관리규약에 관한 설명으로 옳지 않은 것은? 제22회

① 공동체생활의 활성화에 필요한 경비의 일부를 공동주택을 관리하면서 부수적으로 발생하는 수입에서 지원하는 경우, 그 경비의 지원은 관리규약으로 정하거나 관리규약에 위배되지 아니하는 범위에서 입주자대표회의의 의결로 정한다.

② 공동생활의 질서를 문란하게 한 자에 대한 조치는 관리규약준칙에 포함되어야 한다.

③ 관리규약준칙에는 입주자 등이 아닌 자의 기본적인 권리를 침해하는 사항이 포함되어서는 아니 된다.

④ 관리규약의 개정은 전체 입주자 등의 10분의 1 이상이 제안하고 투표자의 과반수가 찬성하는 방법에 따른다.

⑤ 사업주체는 시장 · 군수 · 구청장에게 관리규약의 제정을 신고하는 경우 관리규약의 제정 제안서 및 그에 대한 입주자 등의 동의서를 첨부하여야 한다.

21 공동주택관리법상 공동주택의 입주자 등을 보호하고 주거생활의 질서를 유지하기 위하여 대통령령으로 정하는 바에 따라 공동주택의 관리 또는 사용에 관하여 준거가 되는 관리규약의 준칙을 정하여야 하는 주체로 옳지 않은 것은? 제24회

① 서울특별시장
② 부산광역시장
③ 세종특별자치시장
④ 충청남도지사
⑤ 경상북도 경주시장

정답 및 해설

17 ⑤ 공용시설물의 사용료 부과기준의 결정은 입주자대표회의의 의결사항에 속한다.

18 ② 사업주체가 제안한 내용은 해당 공동주택의 게시판과 인터넷 홈페이지에 공고하고, 입주자 등에게 개별 통지하여야 한다. 즉, 공고와 통지를 모두 하여야 한다.

19 ⑤ 공동주택의 어린이집 임대계약(지방자치단체에 무상임대하는 것을 포함한다)에 대한 다음의 임차인 선정기준. 이 경우 그 기준은 영유아보육법에 따른 국공립어린이집 위탁체 선정관리기준에 따라야 한다.
1. 임차인의 신청자격
2. 임차인 선정을 위한 심사기준
3. 어린이집을 이용하는 입주자 등 중 어린이집 임대에 동의하여야 하는 비율
4. 임대료 및 임대기간
5. 그 밖에 어린이집의 적정한 임대를 위하여 필요한 사항

20 ④ 공동주택 관리규약의 개정절차는 다음의 어느 하나에 해당하는 방법으로 한다.
1. 입주자대표회의의 의결로 제안하고 전체 입주자 등의 과반수가 찬성
2. 전체 입주자 등의 10분의 1 이상이 제안하고 전체 입주자 등의 과반수가 찬성

21 ⑤ 특별시장·광역시장·특별자치시장·도지사 또는 특별자치도지사는 공동주택의 입주자 등을 보호하고 주거생활의 질서를 유지하기 위하여 대통령령으로 정하는 바에 따라 공동주택의 관리 또는 사용에 관하여 준거가 되는 관리규약의 준칙을 정하여야 한다.

대표예제 16 분쟁조정위원회 ★★

공동주택관리법령상 중앙 공동주택관리 분쟁조정위원회(이하 '중앙분쟁조정위원회'라 한다)의 구성 등에 관한 사항으로 옳지 않은 것은?

① 중앙분쟁조정위원회는 위원장 1명을 포함한 10명 이내의 위원으로 구성한다.

② 판사 · 검사 또는 변호사의 직에 6년 이상 재직한 사람은 3명 이상 포함되어야 한다.

③ 주택관리사로서 공동주택의 관리사무소장으로 10년 이상 근무한 사람을 위원으로 임명 또는 위촉한다.

④ 중앙분쟁조정위원회의 회의는 재적위원 과반수의 출석으로 개의하고, 출석위원 과반수의 찬성으로 의결한다.

⑤ 중앙분쟁조정위원회는 위원회의 소관사무 처리절차와 그 밖에 위원회의 운영에 관한 규칙을 정할 수 있다.

해설 | 중앙분쟁조정위원회는 위원장 1명을 포함한 15명 이내의 위원으로 구성한다.

보충 | 중앙분쟁조정위원회의 구성

1. 중앙분쟁조정위원회는 위원장 1명을 포함한 15명 이내의 위원으로 구성한다.
2. 중앙분쟁조정위원회의 위원은 공동주택관리에 관한 학식과 경험이 풍부한 사람으로서 다음의 어느 하나에 해당하는 사람 중에서 국토교통부장관이 임명 또는 위촉한다. 이 경우 ㉢에 해당하는 사람이 3명 이상 포함되어야 한다.
   - ㉠ 1급부터 4급까지 상당의 공무원 또는 고위공무원단에 속하는 공무원
   - ㉡ 공인된 대학이나 연구기관에서 부교수 이상 또는 이에 상당하는 직에 재직한 사람
   - ㉢ 판사 · 검사 또는 변호사의 직에 6년 이상 재직한 사람
   - ㉣ 공인회계사 · 세무사 · 건축사 · 감정평가사 또는 공인노무사의 자격이 있는 사람으로서 10년 이상 근무한 사람
   - ㉤ 주택관리사로서 공동주택의 관리사무소장으로 10년 이상 근무한 사람
   - ㉥ 민사조정법에 따른 조정위원으로서 사무를 3년 이상 수행한 사람
   - ㉦ 국가, 지방자치단체, 공공기관의 운영에 관한 법률에 따른 공공기관 및 비영리민간단체 지원법에 따른 비영리민간단체에서 공동주택관리 관련 업무에 5년 이상 종사한 사람
3. 중앙분쟁조정위원회의 회의는 재적위원 과반수의 출석으로 개의하고, 출석위원 과반수의 찬성으로 의결한다.

기본서 p.147~155

정답 ①

종합

22 공동주택관리법령상 공동주택관리의 분쟁조정에 관한 설명으로 옳지 않은 것은?

제21회

① 관리비 · 사용료 및 장기수선충당금 등의 징수 · 사용 등에 관한 사항은 공동주택관리 분쟁조정위원회의 심의 · 조정사항에 해당된다.

② 분쟁당사자가 쌍방이 합의하여 중앙 공동주택관리 분쟁조정위원회에 조정을 신청하는 분쟁은 중앙 공동주택관리 분쟁조정위원회의 심의 · 조정사항에 해당된다.

③ 지방 공동주택관리 분쟁조정위원회는 해당 특별자치시 · 특별자치도 · 시 · 군 · 자치구의 관할 구역에서 발생한 분쟁 중 중앙 공동주택관리 분쟁조정위원회의 심의 · 조정 대상인 분쟁 외의 분쟁을 심의 · 조정한다.

④ 조정안을 제시받은 당사자는 그 제시를 받은 날부터 60일 이내에 그 수락 여부를 중앙 공동주택관리 분쟁조정위원회에 서면으로 통보하여야 하며, 60일 이내에 의사표시가 없는 때에는 수락한 것으로 본다.

⑤ 공동주택관리 분쟁(공동주택의 하자담보책임 및 하자보수 등과 관련한 분쟁을 제외한다)을 조정하기 위하여 국토교통부에 중앙 공동주택관리 분쟁조정위원회를 두고, 특별자치시 · 특별자치도 · 시 · 군 · 자치구에 지방 공동주택관리 분쟁조정위원회를 둔다. 다만, 공동주택 비율이 낮은 특별자치시 · 특별자치도 · 시 · 군 · 자치구로서 국토교통부장관이 인정하는 특별자치시 · 특별자치도 · 시 · 군 · 자치구의 경우에는 지방 공동주택관리 분쟁조정위원회를 두지 아니할 수 있다.

제1편 행정실무 제2장

정답 및 해설

22 ④ 조정안을 제시받은 당사자는 그 제시를 받은 날부터 30일 이내에 그 수락 여부를 중앙 공동주택관리 분쟁조정위원회에 서면으로 통보하여야 하며, 30일 이내에 의사표시가 없는 때에는 수락한 것으로 본다.

23 **공동주택관리법령상 공동주택관리 분쟁조정에 관한 설명으로 옳지 않은 것은?** 제25회

① 분쟁당사자가 지방분쟁조정위원회의 조정결과를 수락한 경우에는 당사자간에 조정조서와 같은 내용의 합의가 성립된 것으로 본다.

② 중앙분쟁조정위원회는 조정을 효율적으로 하기 위하여 필요하다고 인정하면 해당 사건들을 분리하거나 병합할 수 있다.

③ 공동주택관리 분쟁조정위원회는 공동주택의 리모델링에 관한 사항을 심의·조정한다.

④ 둘 이상의 시·군·구의 관할 구역에 걸친 분쟁으로서 300세대의 공동주택단지에서 발생한 분쟁은 지방분쟁조정위원회에서 관할한다.

⑤ 중앙분쟁조정위원회로부터 분쟁조정 신청에 관한 통지를 받은 입주자대표회의와 관리주체는 분쟁조정에 응하여야 한다.

24 **공동주택관리법령상 중앙 공동주택관리 분쟁조정위원회(이하 '중앙분쟁조정위원회'라 한다)에 관한 설명으로 옳지 않은 것은?**

① 국토교통부에 중앙분쟁조정위원회를 둔다.

② 1급부터 4급까지 상당의 공무원 또는 고위공무원단에 속하는 공무원을 위원으로 국토교통부장관이 임명 또는 위촉한다.

③ 중앙분쟁조정위원회의 구성 및 운영 등에 필요한 사항은 관리규약으로 정한다.

④ 위원장 1명을 포함한 15명 이내의 위원으로 구성한다.

⑤ 회의는 재적위원 과반수의 출석으로 개의하고 출석위원 과반수의 찬성으로 의결한다.

25 **공동주택관리법령상 공동주택관리 분쟁조정위원회에 관한 설명으로 옳은 것은?** 제22회

① 중앙분쟁조정위원회를 구성할 때에는 성별을 고려하여야 한다.

② 공동주택의 층간소음에 관한 사항은 공동주택관리 분쟁조정위원회의 심의사항에 해당하지 않는다.

③ 국토교통부에 중앙분쟁조정위원회를 두고, 시·도에 지방분쟁조정위원회를 둔다.

④ 300세대인 공동주택단지에서 발생한 분쟁은 중앙분쟁조정위원회에서 관할한다.

⑤ 중앙분쟁조정위원회는 위원장 1명을 제외한 15명 이내의 위원으로 구성한다.

26 **공동주택관리법령상 지방 공동주택관리 분쟁조정위원회(이하 '지방분쟁조정위원회'라 한다)에 관한 설명으로 옳지 않은 것은?**

① 지방분쟁조정위원회는 위원장 1명을 포함하여 10명 이내의 위원으로 구성하되, 성별을 고려하여야 한다.

② 시장 · 군수 · 구청장은 공동주택 관리사무소장으로 3년 이상 근무한 경력이 있는 주택관리사를 위원으로 위촉하거나 임명한다.

③ 지방분쟁조정위원회의 위원장은 위원 중에서 해당 지방자치단체의 장이 지명하는 사람이 된다.

④ 공무원이 아닌 위원의 임기는 2년으로 한다. 다만, 보궐위원의 임기는 전임자의 남은 임기로 한다.

⑤ 분쟁 당사자가 지방분쟁조정위원회의 조정결과를 수락한 경우에는 당사자간에 조정조서(調停調書)와 같은 내용의 합의가 성립된 것으로 본다.

정답 및 해설

23 ④ 둘 이상의 시 · 군 · 구의 관할 구역에 걸친 분쟁으로서 500세대 이상의 공동주택단지에서 발생한 분쟁은 중앙분쟁조정위원회에서 관할한다.

24 ③ 중앙분쟁조정위원회의 구성 및 운영 등에 필요한 사항은 대통령령으로 정한다.

25 ① ② 공동주택의 층간소음에 관한 사항은 공동주택관리 분쟁조정위원회의 심의사항에 해당된다.
③ 국토교통부에 중앙분쟁조정위원회를 두고, 시 · 군 · 구에 지방분쟁조정위원회를 둔다.
④ 500세대 이상인 공동주택단지에서 발생한 분쟁은 중앙분쟁조정위원회에서 관할한다.
⑤ 중앙분쟁조정위원회는 위원장 1명을 포함한 15명 이내의 위원으로 구성한다.

26 ② 시장 · 군수 · 구청장은 공동주택 관리사무소장으로 5년 이상 근무한 경력이 있는 주택관리사를 위원으로 위촉하거나 임명한다.

대표예제 17 임대주택 분쟁조정위원회★

민간임대주택에 관한 특별법령상 임대주택 분쟁조정위원회(이하 '조정위원회'라 한다)에 관한 설명으로 옳지 않은 것은?

① 조정위원회는 위원장 1명을 포함하여 10명 이내로 구성한다.

② 위원장은 해당 지방자치단체의 장이 되고, 부위원장은 위원 중에서 호선(互選)한다.

③ 공무원이 아닌 위원의 임기는 2년으로 하되, 두 차례만 연임할 수 있다.

④ 주택관리사가 된 후 관련 업무에 3년 이상 근무한 사람 1명 이상을 시·도지사는 성별을 고려하여 임명하거나 위촉한다.

⑤ 임대료의 증액에 관한 사항은 심의·조정사항에 포함된다.

해설 | 주택관리사가 된 후 관련 업무에 3년 이상 근무한 사람 1명 이상을 시장·군수 또는 구청장이 성별을 고려하여 임명하거나 위촉한다.

기본서 p.155~159

정답 ④

27 **민간임대주택에 관한 특별법령상 임대주택 분쟁조정위원회(이하 '조정위원회'라 한다)의 회의에 관한 사항으로 옳지 않은 것은?**

① 조정위원회의 회의는 위원장이 소집한다.

② 조정위원회 위원장은 회의 개최일 3일 전까지 회의와 관련된 사항을 위원에게 알려야 한다.

③ 조정위원회의 회의는 재적위원 과반수의 출석으로 개의(開議)하고, 출석위원 과반수의 찬성으로 의결한다.

④ 조정위원회의 회의에 참석한 위원에게는 예산의 범위에서 수당과 여비 등을 지급할 수 있다.

⑤ 위원장은 조정위원회의 사무를 처리하도록 하기 위하여 해당 지방자치단체에서 민간임대주택 또는 공공임대주택 관련 업무를 하는 직원 중 1명을 간사로 임명하여야 한다.

28 **민간임대주택에 관한 특별법령상 임대주택 분쟁조정위원회(이하 '조정위원회'라 한다)에 관한 설명으로 옳은 것은?** 제20회

① 조정위원회는 위원장 1명을 포함하여 20명 이내로 구성한다.
② 분쟁조정은 임대사업자와 임차인대표회의의 신청 또는 위원회의 직권으로 개시한다.
③ 공공임대주택의 임차인대표회의는 공공주택사업자와 분양전환승인에 관하여 분쟁이 있는 경우 조정위원회에 조정을 신청할 수 있다.
④ 조정위원회의 위원장은 위원 중에서 호선한다.
⑤ 공무원이 아닌 위원의 임기는 2년으로 하되, 두 차례만 연임할 수 있다.

29 **민간임대주택에 관한 특별법상 임대주택분쟁조정위원회(이하 '조정위원회'라 한다)에 관한 설명으로 옳은 것은?** 제24회

① 임대료의 증액에 대한 분쟁에 관해서는 조정위원회가 직권으로 조정을 하여야 한다.
② 임차인대표회의는 이 법에 따른 민간임대주택의 관리에 대한 분쟁에 관하여 조정위원회에 조정을 신청할 수 없다.
③ 공무원이 아닌 위원의 임기는 1년으로 하며 연임할 수 있다.
④ 공공주택사업자 또는 임차인대표회의는 공공임대주택의 분양전환승인에 관한 사항의 분쟁에 관하여 조정위원회에 조정을 신청할 수 없다.
⑤ 임차인은 공공주택 특별법 제50조의3에 따른 우선 분양전환자격에 대한 분쟁에 관하여 조정위원회에 조정을 신청할 수 없다.

정답 및 해설

27 ② 조정위원회 위원장은 회의 개최일 2일 전까지 회의와 관련된 사항을 위원에게 알려야 한다.

28 ⑤ ① 조정위원회는 위원장 1명을 포함하여 10명 이내로 구성한다.
② 분쟁조정은 임대사업자와 임차인대표회의의 신청으로 개시한다.
③ 분양전환승인에 관한 사항은 조정위원회에 조정을 신청할 수 있는 사항에서 제외된다.
④ 조정위원회의 위원장은 해당 지방자치단체의 장이 된다.

29 ④ ① 임대사업자 또는 임차인대표회의는 임대료의 증액에 대한 분쟁에 관하여 조정위원회에 조정을 신청할 수 있다.
② 임차인대표회의는 민간임대주택에 관한 특별법에 따른 민간임대주택의 관리에 대한 분쟁에 관하여 조정위원회에 조정을 신청할 수 있다.
③ 공무원이 아닌 위원의 임기는 2년으로 하며 두 차례만 연임할 수 있다.
⑤ 임차인은 공공주택 특별법 제50조의3에 따른 우선 분양전환자격에 대한 분쟁에 관하여 조정위원회에 조정을 신청할 수 있다.

대표예제 18 공동주거이론★★

공동주거 자산관리에 관한 설명으로 옳지 않은 것은? 제13회

① 공동주거 자산관리란 공동주택 소유자의 자산적 목표가 달성되도록 대상 공동주택의 관리 기능을 수행하는 것을 말한다.

② 공동주거 자산관리자는 타인의 자산을 책임지고 맡아서 관리하여야 하므로 윤리적 의식이 투철하여야 한다.

③ 공동주거 자산관리에 있어 시설관리(Facility Management)의 업무에는 설비운전 및 보수, 외주관리, 에너지관리, 환경 · 안전관리 등이 있다.

④ 공동주거 자산관리에 있어 입주자관리(Tenant Management)의 업무에는 인력관리, 회계관리, 임대료 책정을 위한 적절한 기준과 계획, 보험 및 세금에 대한 업무 등이 있다.

⑤ 최근 주거용 부동산이 자산으로서 차지하는 부분이 점차 커짐에 따라 주택의 임대와 같은 이용활동을 통하여 그 유용성을 증대시키며, 개량활동을 통하여 주택의 물리적 · 경제적 가치를 향상시키는 주거자산관리의 필요성이 부각되고 있다.

해설 | 부동산 자산관리업무에는 인력관리, 회계관리, 임대료 책정을 위한 적절한 기준과 계획, 보험 및 세금에 대한 업무 등이 있다.

보충 | 공동주거 자산관리

구분	내용
시설관리	공동주택 시설을 운영하여 유지하는 것으로서 그 업무는 설비운전 및 보수, 외주관리, 에너지관리, 환경 · 안전관리 등을 말한다.
부동산 자산관리	인력관리, 회계업무, 임대료 책정을 위한 적절한 기준과 계획, 보험 및 세금에 대한 업무 등을 말한다.
입주자관리	우편물관리, 민원대행, 자동차관리, 이사서비스, 임대차계약 후 사후관리서비스의 업무 등을 말한다.

기본서 p.165~169 정답 ④

30 **공동주거관리에 관한 설명으로 옳지 않은 것은?** 제12회

① 주택법령상 주택이란 세대의 구성원이 장기간 독립된 주거생활을 할 수 있는 구조로 된 건축물의 전부 또는 일부 및 그 부속 토지를 말한다.
② 주택은 인간이 주체가 되어 생활을 수용하고 영위하는 장소로서 인간의 정서적인 내면과 함께 물리적 객체인 공간 사이에서 맺어진 심리적·문화적인 측면도 같이 포함되는 것을 말하며, 주거는 물리적 객체로서 공간 그 자체를 말한다.
③ 주거관리는 관리주체가 주택을 관리대상으로 전개하는 관리적 측면의 총체적 행위로 주택의 기능을 유지하고 유용성을 발휘할 수 있도록 하며, 나아가 이웃과의 관계까지 개선하는 행위이다.
④ 주거의 범위는 개인생활뿐만 아니라 가족의 공동생활, 인근생활, 지역생활 등의 공동체생활까지 포괄하는 것으로 이해할 수 있다.
⑤ 정부는 공동주택관리와 관련된 법령을 만들고 지원하는 등의 역할을 수행하므로 공동주택관리의 주요 참여자에 속한다.

31 **공동주거관리에 관한 설명으로 옳지 않은 것은?** 제18회

① 공동주거관리는 주택의 수명을 연장시켜 오랫동안 이용하고 거주할 수 있게 함으로써 자원낭비를 방지하고 환경을 보호하기 위해 필요하다.
② 공동주거관리자는 주거문화 향상을 위하여 주민, 관리회사, 지방자치단체와 상호 협력체제가 원만하게 이루어지도록 하는 휴먼웨어의 네트워크관리가 필요하다.
③ 공동주거관리자는 민간 또는 동대표간 분쟁이 발생하였을 때 무엇보다도 법적 분쟁절차에 의하여 해결하는 것을 최우선으로 하여야 한다.
④ 공동주거관리는 주민들의 삶에 대한 사고전환을 기반으로 관리주체, 민간기업, 지방자치단체, 정부와의 네트워크를 체계적으로 활용하는 관리이다.
⑤ 공동주거관리는 공동주택을 거주자들의 다양한 생활변화와 요구에 대응하는 공간으로 개선하고, 주민의 삶의 질을 향상시키는 적극적인 관리를 포함한다.

정답 및 해설

30 ② 주거는 인간이 주체가 되어 생활을 수용하고 영위하는 장소로서 인간의 정서적인 내면과 함께 물리적 객체인 공간 사이에서 맺어진 심리적·문화적인 측면도 같이 포함되는 것을 말하며, 주택은 물리적 객체로서 공간 그 자체를 말한다.

31 ③ 공동주거관리자는 민간 또는 동대표간 분쟁이 발생하였을 때 무엇보다도 상호간의 합의에 의하여 해결하는 것을 최우선으로 하여야 한다.

고난도

32 **공동주거관리의 의의와 내용에 관한 설명으로 옳지 않은 것은?** 제21회

① 지속적인 커뮤니티로부터의 주거문화 계승 측면에서 공동주거관리 행위가 바람직하게 지속적으로 이루어져야 된다.

② 자연재해로부터의 안전성 확보 측면에서 주민들이 생활변화에 대응하면서 쾌적하게 오랫동안 살 수 있는 주택스톡(stock) 대책으로 공동주택이 적절히 유지관리되어야 한다.

③ 공동주거관리 시스템은 물리적 지원 시스템의 구축, 주민의 자율적 참여유도를 위한 인프라의 구축, 관리주체의 전문성 체계의 구축 측면으로 전개되어야 한다.

④ 자원낭비로부터의 환경보호 측면에서 지속가능한 주거환경을 정착시키기 위해서는 재건축으로 인한 단절보다는 주택의 수명을 연장시키고 오랫동안 이용하고 거주할 수 있는 관리의 모색이 요구되고 있다.

⑤ 공동주거관리는 주민들의 다양한 삶을 담고 있는 공동체를 위하여 휴먼웨어 관리, 하드웨어 관리, 소프트웨어 관리라는 메커니즘 안에서 거주자가 중심이 되어 관리주체와의 상호 신뢰와 협조를 바탕으로 관리해 나가는 능동적 관리이다.

33 **공동주거관리의 필요성에 관한 다음의 설명에 부합하는 것은?** 제20회

> 지속가능한 주거환경의 정착을 위하여 재건축으로 인한 단절보다는 주택의 수명을 연장시키고 오랫동안 이용하고 거주할 수 있는 관리방식이 요구되고 있다. 특히 공동주택은 건설시에 대량의 자원과 에너지를 소비하게 되고 제거시에도 대량의 폐기물이 발생되므로 주택의 수명연장이 필수적이다.

① 양질의 사회적 자산형성
② 자원낭비로부터의 환경보호
③ 자연재해로부터의 안전성
④ 공동주거를 통한 자산가치의 향상
⑤ 지속적인 커뮤니티로부터의 주거문화 계승

대표예제 19 공동관리와 구분관리 ★★

공동주택관리법령상 공동관리와 구분관리시 입주자 등에게 통지할 사항이 아닌 것은?

① 공동관리 또는 구분관리의 필요성
② 공동관리 또는 구분관리의 범위
③ 입주자대표회의의 구성 및 운영 방안
④ 공동주택관리기구의 구성 및 운영 방안
⑤ 관리비의 적립 및 인계방법

해설 | 관리비의 적립 및 인계방법은 통지사항이 아니다.

보충 | 입주자대표회의는 공동주택관리법에 따라 공동주택을 공동관리하거나 구분관리하려는 경우에는 다음의 사항을 입주자 등에게 통지하고 입주자 등의 서면동의를 받아야 한다.

1. 공동관리 또는 구분관리의 필요성
2. 공동관리 또는 구분관리의 범위
3. 공동관리 또는 구분관리에 따른 다음의 사항
   - 입주자대표회의의 구성 및 운영 방안
   - 공동주택관리기구의 구성 및 운영 방안
   - 장기수선계획의 조정 및 장기수선충당금의 적립 및 관리 방안
   - 입주자 등이 부담하여야 하는 비용변동의 추정치
   - 그 밖에 공동관리 또는 구분관리에 따라 변경될 수 있는 사항 중 입주자대표회의가 중요하다고 인정하는 사항
4. 그 밖에 관리규약으로 정하는 사항

기본서 p.79~81 정답 ⑤

정답 및 해설

32 ② 주택스톡(stock) 대책은 공동주거관리의 필요성 중 자연재해로부터의 안전성 확보가 아닌 양질의 사회적 자산 형성과 관련된 규정이다. 주택은 양적으로나 질적으로 공동 사회적 자산가치를 가지므로 생활환경에 대응하면서 쾌적하게 오랫동안 살 수 있는 공동주택의 적절한 유지관리는 필수적이다.

33 ② 제시된 설명은 양질의 사회적 자산형성, 자원낭비로부터의 환경보호, 자연재해로부터의 안전성, 지속적인 커뮤니티로부터의 주거문화 계승 등의 4가지 공동주거관리의 필요성 중 자원낭비로부터의 환경보호에 관한 설명이다.

34 **공동주택관리법령상 공동관리와 구분관리에 관한 설명으로 옳지 않은 것은?**

① 공동관리의 경우에 세대수는 1,500세대 이하일 것. 다만, 의무관리대상 공동주택과 인접한 300세대 미만의 공동주택단지를 공동으로 관리하는 경우를 제외한다.

② 공동주택단지 사이에 폭 8m 이상인 도시계획예정도로가 있는 경우에 공동관리할 수 없다.

③ 구분관리의 동의요건은 관리규약으로 달리 정한 경우에는 그에 의한다.

④ 입주자대표회의는 공동주택을 공동관리하거나 구분관리할 것을 결정한 때에는 30일 이내에 그 내용을 시장 · 군수 · 구청장에게 통보하여야 한다.

⑤ 임대주택단지가 공동관리되는 경우에는 임대사업자(민간임대주택에 관한 특별법에 따른 임대사업자와 공공주택 특별법에 따른 공공주택사업자를 말한다) 및 임차인대표회의의 서면동의가 필요하다.

35 **공동주택관리법령상 공동관리 및 구분관리에 대한 설명이다. (　　) 안에 들어갈 내용을 순서대로 고르면?**

> (　　)은(는) 해당 공동주택의 관리여건상 필요하다고 인정하는 경우에는 국토교통부령으로 정하는 바에 따라 인접한 공동주택단지[임대주택단지를 (　　)한다]와 공동으로 관리하거나, (　　)세대 이상의 단위로 구분하여 관리하게 할 수 있다.

① 사업주체 - 포함 - 300

② 시장 · 군수 · 구청장 - 제외 - 300

③ 시 · 도지사 - 포함 - 500

④ 입주자대표회의 - 포함 - 500

⑤ 입주자대표회의 - 제외 - 500

대표예제 20 혼합주택단지의 관리★

공동주택관리법령상 입주자대표회의와 임대사업자간의 혼합주택단지에 관한 공동결정사항이 아닌 것은?

① 관리방법의 결정 및 변경
② 주택관리업자의 선정
③ 안전관리계획의 조정
④ 장기수선충당금 및 특별수선충당금(민간임대주택에 관한 특별법 또는 공공주택 특별법에 따른 특별수선충당금을 말한다)을 사용하는 주요 시설의 교체 및 보수에 관한 사항
⑤ 관리비 등을 사용하여 시행하는 각종 공사 및 용역에 관한 사항

해설 | **안전관리계획의 조정은 공동결정사항에 해당하지 않는다.**
보충 | 혼합주택단지의 입주자대표회의와 임대사업자가 혼합주택단지의 관리에 관하여 공동으로 결정하여야 하는 사항은 다음과 같다.
1. 관리방법의 결정 및 변경
2. 주택관리업자의 선정
3. 장기수선계획의 조정
4. 장기수선충당금 및 특별수선충당금(민간임대주택에 관한 특별법 또는 공공주택 특별법에 따른 특별수선충당금을 말한다)을 사용하는 주요 시설의 교체 및 보수에 관한 사항
5. 관리비 등을 사용하여 시행하는 각종 공사 및 용역에 관한 사항

기본서 p.78~79 정답 ③

정답 및 해설

34 ④ 입주자대표회의는 공동주택을 공동관리하거나 구분관리할 것을 결정한 때에는 지체 없이 그 내용을 시장·군수·구청장에게 통보하여야 한다.

35 ④ 입주자대표회의는 해당 공동주택의 관리여건상 필요하다고 인정하는 경우에는 국토교통부령으로 정하는 바에 따라 인접한 공동주택단지(임대주택단지를 포함한다)와 공동으로 관리하거나, 500세대 이상의 단위로 구분하여 관리하게 할 수 있다.

36 **공동주택관리법령상 혼합주택단지의 관리에 관한 설명으로 옳지 않은 것은?**

① 입주자대표회의와 임대사업자는 혼합주택단지 관리방법의 결정에 관한 사항을 공동으로 결정하여야 한다.

② 민간임대주택에 관한 특별법 및 공공주택 특별법에 따라 임차인대표회의가 구성된 혼합주택단지에서는 임대사업자는 임차인대표회의와 사전에 협의하여야 한다.

③ 주택관리업자의 선정에 관한 사항에 대하여 입주자대표회의와 임대사업자간의 합의가 이루어지지 아니하는 경우에는 해당 혼합주택단지 공급면적의 2분의 1을 초과하는 면적을 관리하는 입주자대표회의 또는 임대사업자가 결정한다.

④ 장기수선충당금 및 특별수선충당금을 사용하는 주요 시설의 교체 및 보수에 관한 사항을 공동으로 결정하기 위한 입주자대표회의와 임대사업자간의 합의가 이루어지지 아니하는 경우에는 해당 혼합주택단지 공급면적의 3분의 2 이상을 관리하는 입주자대표회의 또는 임대사업자가 결정한다.

⑤ 입주자대표회의 또는 임대사업자는 혼합주택단지의 관리에 관한 공동결정이 이루어지지 아니하는 경우에는 하자심사·분쟁조정위원회에 분쟁을 신청할 수 있다.

37 **공동주택관리법령상 다음의 요건을 모두 갖춘 혼합주택단지에서 입주자대표회의와 임대사업자가 공동으로 결정하지 않고 각자 결정할 수 있는 사항은?** 제22회

> • 분양을 목적으로 한 공동주택과 임대주택이 별개의 동(棟)으로 배치되는 등의 사유로 구분하여 관리가 가능할 것
> • 입주자대표회의와 임대사업자가 공동으로 결정하지 아니하고 각자 결정하기로 합의하였을 것

① 공동주택 관리방법의 결정
② 공동주택 관리방법의 변경
③ 장기수선계획의 조정
④ 주택관리업자의 선정
⑤ 장기수선충당금을 사용하는 주요 시설의 교체

정답 및 해설

36 ⑤ 입주자대표회의 또는 임대사업자는 혼합주택단지의 관리에 관한 공동결정이 이루어지지 아니하는 경우에는 공동주택관리 분쟁조정위원회에 분쟁의 조정을 신청할 수 있다.

37 ⑤ 다음의 요건을 모두 갖춘 혼합주택단지에서는 장기수선충당금 및 특별수선충당금을 사용하는 주요 시설의 교체 및 보수에 관한 사항과 관리비 등을 사용하여 시행하는 각종 공사 및 용역에 관한 사항을 입주자대표회의와 임대사업자가 각자 결정할 수 있다.
1. 분양을 목적으로 한 공동주택과 임대주택이 별개의 동(棟)으로 배치되는 등의 사유로 구분하여 관리가 가능할 것
2. 입주자대표회의와 임대사업자가 공동으로 결정하지 아니하고 각자 결정하기로 합의하였을 것

제2장 주관식 기입형 문제

01 **공동주택관리법령상 입주자대표회의의 구성 등에 관한 설명이다. ( ) 안에 들어갈 숫자와 용어를 순서대로 각각 쓰시오.**

> 입주자대표회의는 ( )명 이상으로 구성하되, 동별 세대수에 비례하여 ( )(으)로 정한 선거구에 따라 선출된 대표자로 구성한다. 이 경우 선거구는 2개 동 이상으로 묶거나 통로나 층별로 구획하여 정할 수 있다.

02 **공동주택관리법령상 입주자대표회의의 구성원교육에 관한 설명이다. ( ) 안에 들어갈 숫자와 용어를 순서대로 각각 쓰시오.**

> • 입주자대표회의의 구성원은 매년 ( )시간의 운영 · 윤리교육을 이수하여야 한다.
> • 운영 · 윤리교육의 수강비용은 입주자대표회의 ( )에서 부담하며, 입주자 등에 대한 운영 · 윤리교육의 수강비용은 수강생 본인이 부담한다. 다만, 시장 · 군수 · 구청장은 필요하다고 인정하는 경우에는 그 비용의 전부 또는 일부를 지원할 수 있다.

03 **공동주택관리법령상 동별 대표자 자격에 관한 설명이다. ( ) 안에 들어갈 용어와 숫자를 순서대로 각각 쓰시오.**

> 동별 대표자는 동별 대표자 ( )에서 정한 각종 서류제출 마감일을 기준으로 다음의 요건을 갖춘 입주자(입주자가 법인인 경우에는 그 대표자를 말한다) 중에서 선거구 입주자 등의 보통 · 평등 · 직접 · 비밀선거를 통하여 선출한다.
> • 해당 공동주택단지 안에서 주민등록을 마친 후 계속하여 ( )개월 이상 거주하고 있을 것
> • 해당 선거구에 주민등록을 마친 후 거주하고 있을 것

04 공동주택관리법령상 동별 대표자의 결격사유에 관한 규정의 일부이다. (   ) 안에 들어갈 숫자를 순서대로 각각 쓰시오.

제19회 수정

- 공동주택관리법을 위반한 범죄로 벌금형을 선고받은 후 (   )년이 지나지 아니한 사람
- 해당 공동주택의 동별 대표자를 사퇴한 날부터 1년(해당 동별 대표자에 대한 해임이 요구된 후 사퇴한 경우에는 2년을 말한다)이 지나지 아니하거나 해임된 날부터 (   )년이 지나지 아니한 사람

05 공동주택관리법령상 동별 대표자의 임기에 관한 설명이다. (   ) 안에 들어갈 숫자를 순서대로 각각 쓰시오.

동별 대표자의 임기는 (   )년으로 한다. 다만, 보궐선거 또는 재선거로 선출된 동별 대표자의 임기는 다음의 구분에 따른다.

1. 모든 동별 대표자의 임기가 동시에 시작하는 경우: (   )년
2. 그 밖의 경우: 전임자 임기(재선거의 경우 재선거 전에 실시한 선거에서 선출된 동별 대표자의 임기를 말한다)의 남은 기간

정답 및 해설

01 4, 관리규약
02 4, 운영경비
03 선출공고, 3
04 2, 2
05 2, 2

06 공동주택관리법령상 선거관리위원회 구성에 관한 내용이다. ( ) 안에 들어갈 숫자를 순서대로 쓰시오.

제20회

500세대 미만인 의무관리대상 공동주택의 경우 선거관리위원회는 입주자 등 중에서 위원장을 포함하여 ( )명 이상 ( )명 이하의 위원으로 구성한다.

07 공동주택관리법령상 선거관리위원회 구성원 수에 관한 내용이다. ( ) 안에 들어갈 아라비아 숫자를 쓰시오.

제26회

500세대 이상인 공동주택의 동별 대표자 선출을 위한 선거관리위원회는 입주자 등(서면으로 위임된 대리권이 없는 공동주택 소유자의 배우자 및 직계존비속이 그 소유자를 대리하는 경우를 포함한다) 중에서 위원장을 포함하여 (㉠)명 이상 (㉡)명 이하의 위원으로 구성한다.

08 공동주택관리법령상 관리규약에 관한 설명이다. ( ) 안에 들어갈 용어를 순서대로 각각 쓰시오.

공동주택 분양 후 최초의 관리규약은 ( )이(가) 제안한 내용을 해당 ( )의 과반수가 서면으로 동의하는 방법으로 결정한다.

09 공동주택관리법령상 관리규약 개정에 관한 설명이다. ( ) 안에 들어갈 숫자를 쓰시오

공동주택 관리규약의 개정은 다음의 어느 하나에 해당하는 방법으로 한다.

1. 입주자대표회의의 의결로 제안하고 전체 입주자 등의 과반수가 찬성
2. 전체 입주자 등의 ( )분의 1 이상이 제안하고 전체 입주자 등의 과반수가 찬성

10 공동주택관리법령상 중앙 공동주택관리 분쟁조정위원회(이하 '중앙분쟁조정위원회'라 한다)에 관한 설명이다. ( ) 안에 들어갈 숫자와 용어를 순서대로 각각 쓰시오.

> 중앙분쟁조정위원회는 조정절차를 개시한 날부터 ( )일 이내에 그 절차를 완료한 후 ( )을(를) 작성하여 지체 없이 이를 각 당사자에게 제시하여야 한다.

11 공동주택관리법령상 중앙 공동주택관리 분쟁조정위원회(이하 '중앙분쟁조정위원회'라 한다)에 관한 설명이다. ( ) 안에 들어갈 숫자를 순서대로 각각 쓰시오.

> • 중앙분쟁조정위원회는 위원장 1명을 포함한 ( )명 이내의 위원으로 구성한다.
> • 주택관리사로서 공동주택의 관리사무소장으로 ( )년 이상 근무한 사람을 위원으로 국토교통부장관이 임명 또는 위촉한다.

12 공동주택관리법령상 중앙 공동주택관리 분쟁조정위원회의 구성 등에 관한 설명이다. ( ) 안에 들어갈 숫자와 용어를 순서대로 각각 쓰시오.

> 위원장과 공무원이 아닌 위원의 임기는 ( )년으로 하되 ( )할 수 있으며, 보궐위원의 임기는 전임자의 남은 임기로 한다.

정답 및 해설

06 3, 9
07 ㉠ 5, ㉡ 9
08 사업주체, 입주예정자
09 10
10 30, 조정안
11 15, 10
12 2, 연임

13 공동주택관리법령상 중앙 공동주택관리 분쟁조정위원회(이하 '중앙분쟁조정위원회'라 한다)의 조정 등에 관한 설명이다. ( ) 안에 들어갈 숫자를 순서대로 각각 쓰시오.

> 조정안을 제시받은 당사자는 그 제시를 받은 날부터 ( )일 이내에 그 수락 여부를 중앙분쟁조정위원회에 서면으로 통보하여야 한다. 이 경우 ( )일 이내에 의사표시가 없는 때에는 수락한 것으로 본다.

14 민간임대주택에 관한 특별법령상 임대주택 분쟁조정위원회(이하 '조정위원회'라 한다)와 관련된 내용이다. ( ) 안에 들어갈 숫자와 용어를 순서대로 각각 쓰시오. 제18회 수정

> - 조정위원회의 위원장은 해당 지방자치단체의 장이 되며, 위원장은 회의 개최일 ( )일 전까지는 회의와 관련된 사항을 위원에게 알려야 한다.
> - 임대사업자와 임차인대표회의가 조정위원회의 조정안을 받아들이면 당사자간에 ( )와 같은 내용의 합의가 성립된 것으로 본다.

15 민간임대주택에 관한 특별법령상 임대주택 분쟁조정위원회(이하 '조정위원회'라 한다)에 관한 설명이다. ( ) 안에 들어갈 용어와 숫자를 순서대로 각각 쓰시오.

> 조정위원회의 부위원장은 위원 중에서 ( )하며, 공무원이 아닌 위원의 임기는 ( )년으로 하되, 두 차례만 연임할 수 있다.

16 민간임대주택에 관한 특별법령상 공동관리에 관한 설명이다. ( ) 안에 들어갈 용어를 순서대로 각각 쓰시오.

> ( )이(가) 민간임대주택을 공동으로 관리할 수 있는 경우는 단지별로 임차인대표회의 또는 ( ) 과반수(임차인대표회의를 구성하지 않은 경우만 해당한다)의 서면동의를 받은 경우로서 둘 이상의 민간임대주택단지를 공동으로 관리하는 것이 합리적이라고 특별시장, 광역시장, 특별자치시장, 특별자치도지사, 시장 또는 군수가 인정하는 경우로 한다.

17 민간임대주택에 관한 특별법령상 임차인대표회의에 관한 설명이다. (   ) 안에 들어갈 숫자를 순서대로 각각 쓰시오.

> 이 법 제52조 제1항 단서에서 '대통령령으로 정하는 공동주택단지'란 다음 각 호의 어느 하나에 해당하는 공동주택단지를 말한다.
> 1. (   )세대 이상의 공동주택단지
> 2. (   )세대 이상의 공동주택으로서 승강기가 설치된 공동주택
> 3. (   )세대 이상의 공동주택으로서 중앙집중식 난방방식 또는 지역난방방식인 공동주택

18 민간임대주택에 관한 특별법령상 임차인대표회의에 관한 규정이다. (   ) 안에 들어갈 숫자와 용어를 순서대로 쓰시오. 제20회

> 민간임대주택에 관한 특별법 제52조 제1항 및 제2항
> ① 임대사업자가 (   )세대 이상의 범위에서 대통령령으로 정하는 세대 이상의 민간임대주택을 공급하는 공동주택단지에 입주하는 임차인은 임차인대표회의를 구성할 수 있다.
> ② 임대사업자는 입주예정자의 과반수가 입주한 때에는 과반수가 입주한 날부터 30일 이내에 (   )와(과) 임차인대표회의를 구성할 수 있다는 사실 또는 구성하여야 한다는 사실을 입주한 임차인에게 통지하여야 한다.

정답 및 해설

13 30, 30
14 2, 조정조서
15 호선, 2
16 임대사업자, 임차인
17 300, 150, 150
18 20, 입주현황

19 공동주택관리법상 공동관리와 구분관리에 관한 내용이다. (   ) 안에 들어갈 숫자를 쓰시오.

제22회

입주자대표회의는 해당 공동주택의 관리에 필요하다고 인정하는 경우에는 국토교통부령으로 정하는 바에 따라 인접한 공동주택단지(임대주택단지를 포함한다)와 공동으로 관리하거나 (   )세대 이상의 단위로 나누어 관리하게 할 수 있다.

20 공동주택관리법령상 공동관리와 구분관리에 관한 설명이다. (   ) 안에 들어갈 용어를 쓰시오.

서면동의는 다음의 구분에 따라 받아야 한다.

1. 공동관리의 경우: 단지별로 입주자 등 과반수의 서면동의
2. 구분관리의 경우: 구분관리 단위별 입주자 등 과반수의 서면동의. 다만, (   )(으)로 달리 정한 경우에는 그에 따른다.

21 공동주택관리법령상 공동관리와 구분관리에 관한 설명이다. (   ) 안에 들어갈 숫자와 용어를 순서대로 각각 쓰시오.

- 공동관리하는 총세대수가 1,500세대 이하일 것. 다만, 의무관리대상 공동주택단지와 인접한 (   )세대 미만의 공동주택단지를 공동으로 관리하는 경우는 제외한다.
- 입주자대표회의는 공동주택을 공동관리하거나 구분관리할 것을 결정한 경우에는 지체 없이 그 내용을 시장·군수·구청장에게 (   )하여야 한다.

22 **공동주택관리법령상 혼합주택단지에 관한 설명이다. (　　) 안에 들어갈 용어를 순서대로 각각 쓰시오.**

> 혼합주택단지의 입주자대표회의와 임대사업자가 혼합주택단지의 관리에 관하여 공동으로 결정하여야 하는 사항은 다음과 같다.
> 1. 관리방법의 결정 및 변경
> 2. 주택관리업자의 선정
> 3. (　　)의 조정
> 4. 장기수선충당금 및 특별수선충당금(민간임대주택에 관한 특별법 또는 공공주택 특별법에 따른 특별수선충당금을 말한다)을 사용하는 주요 시설의 교체 및 보수에 관한 사항
> 5. (　　)을 사용하여 시행하는 각종 공사 및 용역에 관한 사항

정답 및 해설

19 500

20 관리규약

21 300, 통보

22 장기수선계획, 관리비 등

제3장 사무관리

대표예제 21 **문서보존기간** ★★★

공동주택관리와 관련하여 문서의 보존(보관)기간 기준으로 옳게 연결된 것은? 제18회 수정

① 공동주택관리법령상 의무관리대상 공동주택 관리주체의 관리비 등의 징수 · 보관 · 예치 · 집행 등 모든 거래행위에 관한 장부 및 그 증빙서류: 해당 회계연도 종료일부터 3년

② 소방시설 설치 및 관리에 관한 법률상 소방시설 등의 자체점검 실시결과 보고서: 1년

③ 근로기준법령상 근로자명부: 해고되거나 퇴직 또는 사망한 날부터 2년

④ 노동조합 및 노동관계조정법령상 노동조합의 회의록: 2년

⑤ 어린이놀이시설 안전관리법령상 어린이놀이시설의 안전점검 실시대장: 최종 기재일부터 3년

오답체크 ① 공동주택관리법령상 의무관리대상 공동주택 관리주체의 관리비 등의 징수 · 보관 · 예치 · 집행 등 모든 거래행위에 관한 장부 및 그 증빙서류: 해당 회계연도 종료일부터 5년

② 소방시설 설치 및 관리에 관한 법률상 소방시설 등의 자체점검 실시결과 보고서: 2년

③ 근로기준법령상 근로자명부: 해고되거나 퇴직 또는 사망한 날부터 3년

④ 노동조합 및 노동관계조정법령상 노동조합의 회의록: 3년

기본서 p.186~188

정답 ⑤

종합

01 보존대상 문서와 그 법정보존기간이 잘못 짝지어진 것은? 제16회

① 수도법령상 저수조의 수질검사결과기록: 2년

② 노동조합 및 노동관계조정법령상 노동조합의 재정에 관한 장부: 3년

③ 어린이놀이시설 안전관리법령상 어린이놀이시설의 안전점검 실시대장: 최종 기재일부터 3년

④ 남녀고용평등과 일 · 가정 양립 지원에 관한 법령상 직장 내 성희롱 예방 교육을 하였음을 확인할 수 있는 서류: 2년

⑤ 근로기준법령상 근로계약: 근로관계가 끝난 날부터 3년

종합

02 공동주택관리와 관련한 문서나 서류 또는 자료의 보존(보관)기간에 관한 설명으로 옳은 것을 모두 고른 것은? 제20회

㉠ 공동주택관리법에 의하면 의무관리대상 공동주택의 관리주체는 관리비 등의 징수 · 보관 · 예치 · 집행 등 모든 거래행위에 관하여 장부를 월별로 작성하여 그 증빙서류와 함께 해당 회계연도 종료일부터 5년간 보관하여야 한다.
㉡ 남녀고용평등과 일 · 가정 양립 지원에 관한 법률에 의하면 직장 내 성희롱 예방 교육을 실시해야 하는 사업주는 직장 내 성희롱 예방 교육을 실시하였음을 확인할 수 있는 서류를 1년간 보관하여야 한다.
㉢ 근로기준법에 의하면 동법의 적용을 받는 사용자는 근로자명부와 근로계약서의 경우 3년간 보존하여야 한다.
㉣ 공동주택관리법 시행규칙에 의하면 공동주택단지에 설치된 영상정보처리기기의 촬영된 자료는 20일 이상 보관하여야 한다.

① ㉠, ㉢
② ㉠, ㉣
③ ㉡, ㉢
④ ㉡, ㉣
⑤ ㉢, ㉣

정답 및 해설

01 ④ 직장 내 성희롱 예방 교육을 하였음을 확인할 수 있는 서류는 3년간 보관하여야 한다.

02 ① ㉡ 남녀고용평등과 일 · 가정 양립 지원에 관한 법률에 의하면 직장 내 성희롱 예방 교육을 실시해야 하는 사업주는 직장 내 성희롱 예방 교육을 실시하였음을 확인할 수 있는 서류는 3년, ㉣ 공동주택관리법 시행규칙에 의하면 공동주택단지에 설치된 영상정보처리기기의 촬영된 자료는 30일 이상 보관하여야 한다.

대표예제 22 연차유급휴가★

근로기준법령상 연차유급휴가에 관한 설명으로 옳지 않은 것은?

① 사용자는 1년간 80% 이상 출근한 근로자에게 15일의 유급휴가를 주어야 한다.
② 사용자는 3년 이상 계속하여 근로한 근로자에게는 1년간 80% 이상 출근한 경우에 15일의 유급휴가에 최초 1년을 초과하는 계속근로연수 매 2년에 대하여 1일을 가산한 유급휴가를 주어야 한다. 이 경우 가산휴가를 포함한 총휴가일수는 25일을 한도로 한다.
③ 사용자는 휴가를 근로자가 청구한 시기에 주어야 하고, 그 기간에 대하여는 취업규칙 등에서 정하는 통상임금 또는 평균임금을 지급하여야 한다.
④ 연차유급휴가는 3년간 행사하지 아니하면 원칙적으로 소멸된다.
⑤ 사용자는 휴가기간이 끝나기 6개월 전을 기준으로 10일 이내에 사용자가 근로자별로 사용하지 아니한 휴가일수를 알려주고, 근로자가 그 사용시기를 정하여 사용자에게 통보하도록 서면으로 촉구하여야 한다.

해설 | 연차유급휴가는 1년간 행사하지 아니하면 소멸된다. 다만, 사용자의 귀책사유로 사용하지 못한 경우에는 그러하지 아니하다.

보충 | 연차유급휴가

1. 사용자는 1년간 80% 이상 출근한 근로자에게 15일의 유급휴가를 주어야 한다.
2. 사용자는 계속하여 근로한 기간이 1년 미만인 근로자 또는 1년간 80% 미만 출근한 근로자에게 1개월 개근시 1일의 유급휴가를 주어야 한다.
3. 사용자는 3년 이상 계속하여 근로한 근로자에게는 1.에 따른 휴가에 최초 1년을 초과하는 계속근로연수 매 2년에 대하여 1일을 가산한 유급휴가를 주어야 한다. 이 경우 가산휴가를 포함한 총휴가일수는 25일을 한도로 한다.
4. 사용자는 1.부터 3.까지의 규정에 따른 휴가를 근로자가 청구한 시기에 주어야 하고, 그 기간에 대하여는 취업규칙 등에서 정하는 통상임금 또는 평균임금을 지급하여야 한다. 다만, 근로자가 청구한 시기에 휴가를 주는 것이 사업 운영에 막대한 지장이 있는 경우에는 그 시기를 변경할 수 있다.
5. 1.부터 2.까지의 규정을 적용하는 경우 다음의 어느 하나에 해당하는 기간은 출근한 것으로 본다.
   - 근로자가 업무상의 부상 또는 질병으로 휴업한 기간
   - 임신 중의 여성이 출산전후휴가 규정에 따른 휴가로 휴업한 기간
   - 남녀고용평등과 일 · 가정 양립 지원에 관한 법률에 따른 육아휴직으로 휴업한 기간
6. 연차유급휴가는 1년간(계속하여 근로한 기간이 1년 미만인 근로자의 유급휴가는 최초 1년의 근로가 끝날 때까지의 기간을 말한다) 행사하지 아니하면 소멸된다. 다만, 사용자의 귀책사유로 사용하지 못한 경우에는 그러하지 아니하다.

기본서 p.199~200

정답 ④

03 **근로기준법상 관리사무소장이 직원에게 다음과 같이 휴가에 대하여 설명하고 있다. ( ) 안에 들어갈 내용으로 바르게 나열된 것은?** 제9회 수정

> 3년 이상 계속 근로한 근로자로서 (㉠)간 80% 이상 출근한 자에 대하여, 사용자는 15일의 유급휴가에 최초 1년을 초과하는 계속근로연수 매 (㉡)에 대하여 1일을 가산한 유급휴가를 주어야 한다. 이 경우 가산휴가를 포함한 총휴가일수는 (㉢)을 한도로 한다.

① 1년 – 2년 – 25일
② 1년 – 2년 – 30일
③ 2년 – 3년 – 25일
④ 3년 – 3년 – 30일
⑤ 3년 – 1년 – 45일

정답 및 해설

03 ① 3년 이상 계속 근로한 근로자로서 1년간 80% 이상 출근한 자에 대하여, 사용자는 15일의 유급휴가에 최초 1년을 초과하는 계속근로연수 매 2년에 대하여 1일을 가산한 유급휴가를 주어야 하며, 이 경우 가산휴가를 포함한 총휴가일수는 25일을 한도로 한다.

대표예제 23 부당해고 등의 구제절차 ★★★

근로기준법령상 부당해고 등의 구제신청절차 및 이행강제금에 관한 설명으로 옳지 않은 것은?

① 사용자가 근로자에게 부당해고 등을 하면 근로자는 부당해고 등이 있었던 날부터 1개월 이내에 구제신청을 하여야 한다.

② 지방노동위원회의 구제명령이나 기각결정에 불복하는 사용자나 근로자는 구제명령서나 기각결정서를 통지받은 날부터 10일 이내에 중앙노동위원회에 재심을 신청할 수 있다.

③ 노동위원회는 구제명령(구제명령을 내용으로 하는 재심판정을 포함한다)을 받은 후 이행기한까지 구제명령을 이행하지 아니한 사용자에게 3천만원 이하의 이행강제금을 부과한다.

④ 노동위원회는 최초의 구제명령을 한 날을 기준으로 매년 2회의 범위에서 구제명령이 이행될 때까지 반복하여 이행강제금을 부과·징수할 수 있다.

⑤ 노동위원회는 구제명령을 받은 자가 구제명령을 이행하면 새로운 이행강제금을 부과하지 아니하되, 구제명령을 이행하기 전에 이미 부과된 이행강제금은 징수하여야 한다.

해설 | 근로자는 부당해고 등이 있었던 날부터 3개월 이내에 구제신청을 하여야 한다.

보충 | 부당해고 등의 구제절차

1. 사용자의 부당해고 등으로 인하여 그 권리를 침해당한 근로자는 노동위원회에 그 구제를 신청할 수 있다.
2. 구제의 신청은 부당해고 등이 있은 날부터 3개월 이내에 이를 행하여야 한다.
3. 노동위원회는 심문을 종료하고 부당해고 등이 성립한다고 판정한 때에는 사용자에게 구제명령을 발하여야 하며, 부당해고 등이 성립되지 아니한다고 판정한 때에는 그 구제신청을 기각하는 결정을 하여야 한다.
4. 지방노동위원회 또는 특별노동위원회의 구제명령 또는 기각결정에 불복이 있는 관계 당사자는 그 명령서 또는 결정서의 송달을 받은 날부터 10일 이내에 중앙노동위원회에 그 재심을 신청할 수 있다.
5. 4.의 규정에 의한 중앙노동위원회의 재심판정에 대하여 관계 당사자는 그 재심판정서의 송달을 받은 날부터 15일 이내에 행정소송법이 정하는 바에 의하여 소를 제기할 수 있다.
6. 4. 및 5.에 규정된 기간 내에 재심을 신청하지 아니하거나 행정소송을 제기하지 아니한 때에는 그 구제명령, 기각결정 또는 재심판정은 확정된다.
7. 기각결정 또는 재심판정이 확정된 때에는 관계 당사자는 이에 따라야 한다.

기본서 p.203~207

정답 ①

04 **근로기준법령상 부당해고 등의 구제신청에 관한 설명으로 옳지 않은 것은?** 제19회

① 사용자가 근로자에게 부당해고 등을 하면 근로자는 노동위원회에 구제를 신청할 수 있다.

② 노동위원회는 부당해고 등이 성립한다고 판정하면 사용자에게 구제명령을 하여야 하며, 부당해고 등이 성립하지 아니한다고 판정하면 구제신청을 기각하는 결정을 하여야 한다.

③ 지방노동위원회의 구제명령이나 기각결정에 불복하는 사용자나 근로자는 구제명령서나 기각결정서를 통지받은 날부터 10일 이내에 중앙노동위원회에 재심을 신청할 수 있다.

④ 노동위원회의 구제명령, 기각결정 또는 재심판정은 중앙노동위원회에 대한 재심신청이나 행정소송 제기에 의하여 그 효력이 정지된다.

⑤ 행정소송을 제기하여 확정된 구제명령 또는 구제명령을 내용으로 하는 재심판정을 이행하지 아니한 자는 1년 이하의 징역 또는 1천만원 이하의 벌금에 처한다.

종합

05 **근로기준법령상 해고에 관한 설명으로 옳지 않은 것은?** 제22회

① 사용자가 경영상 이유에 의하여 근로자를 해고하려면 긴박한 경영상의 필요가 있어야 한다.

② 정부는 경영상 이유에 의해 해고된 근로자에 대하여 생계안정, 재취업, 직업훈련 등 필요한 조치를 우선적으로 취하여야 한다.

③ 사용자는 근로자를 해고하려면 해고사유와 해고시기를 서면으로 통지하여야 한다.

④ 사용자는 계속 근로한 기간이 3개월 미만인 근로자를 경영상의 이유에 의해 해고하려면 적어도 15일 전에 예고를 하여야 한다.

⑤ 부당해고의 구제신청은 부당해고가 있었던 날부터 3개월 이내에 하여야 한다.

정답 및 해설

04 ④ 노동위원회의 구제명령, 기각결정 또는 재심판정은 중앙노동위원회에 대한 재심신청이나 행정소송 제기에 의하여 그 효력이 정지되지 아니한다.

05 ④ 사용자는 근로자를 해고(경영상 이유에 의한 해고를 포함한다)하려면 적어도 30일 전에 예고를 하여야 하고, 30일 전에 예고를 하지 아니하였을 때에는 30일분 이상의 통상임금을 지급하여야 한다. 다만, 다음의 어느 하나에 해당하는 경우에는 그러하지 아니하다.

1. 근로자가 계속 근로한 기간이 3개월 미만인 경우
2. 천재 · 사변, 그 밖의 부득이한 사유로 사업을 계속하는 것이 불가능한 경우
3. 근로자가 고의로 사업에 막대한 지장을 초래하거나 재산상 손해를 끼친 경우로서 고용노동부령으로 정하는 사유에 해당하는 경우

고난도

06 근로기준법령상 부당해고 등의 구제절차에 관한 설명으로 옳은 것은? 제21회

① 사용자가 근로자에게 부당해고 등을 하면 근로자 및 노동조합은 노동위원회에 구제를 신청할 수 있다.

② 부당해고 등에 대한 구제신청은 부당해고 등이 있었던 날부터 6개월 이내에 하여야 한다.

③ 노동위원회의 구제명령, 기각결정 또는 재심판정은 중앙노동위원회에 대한 재심신청이나 행정소송 제기에 의하여 그 효력이 정지되지 아니한다.

④ 노동위원회는 이행강제금을 부과하기 40일 전까지 이행강제금을 부과·징수한다는 뜻을 사용자에게 미리 문서로써 알려주어야 한다.

⑤ 노동위원회는 구제명령을 받은 자가 구제명령을 이행하면 새로운 이행강제금을 부과하지 아니하되, 구제명령을 이행하기 전에 이미 부과된 이행강제금은 징수하지 아니한다.

07 근로기준법상 구제명령과 이행강제금에 관한 설명으로 옳지 않은 것은? 제25회

① 노동위원회는 부당해고가 성립한다고 판정하면 정년의 도래로 근로자가 원직복직이 불가능한 경우에도 사용자에게 구제명령을 하여야 한다.

② 지방노동위원회의 구제명령에 불복하는 사용자는 구제명령서를 통지받은 날부터 10일 이내에 중앙노동위원회에 재심을 신청할 수 있다.

③ 노동위원회의 구제명령은 중앙노동위원회에 대한 재심 신청에 의하여 그 효력이 정지되지 아니한다.

④ 노동위원회는 구제명령을 받은 자가 구제명령을 이행하면 구제명령을 이행하기 전에 이미 부과된 이행강제금을 징수할 수 없다.

⑤ 근로자는 구제명령을 받은 사용자가 이행기한까지 구제명령을 이행하지 아니하면 이행기한이 지난 때부터 15일 이내에 그 사실을 노동위원회에 알려줄 수 있다.

08 **근로기준법상 해고에 관한 설명으로 옳은 것은?** 제24회

① 사용자는 근로자를 해고하려면 적어도 20일 전에 예고를 하여야 한다.

② 근로자에 대한 해고는 해고사유와 해고시기를 밝히면 서면이 아닌 유선으로 통지하여도 효력이 있다.

③ 노동위원회는 부당해고 구제신청에 대한 심문을 할 때에 직권으로 증인을 출석하게 하여 필요한 사항을 질문할 수는 없다.

④ 지방노동위원회의 해고에 대한 구제명령은 행정소송 제기가 있으면 그 효력이 정지된다.

⑤ 노동위원회는 이행강제금을 부과하기 30일 전까지 이행강제금을 부과 · 징수한다는 뜻을 사용자에게 미리 문서로써 알려 주어야 한다.

정답 및 해설

06 ③ ① 사용자가 근로자에게 부당해고 등을 하면 근로자가 노동위원회에 구제를 신청할 수 있다.
② 부당해고 등에 대한 구제신청은 부당해고 등이 있었던 날부터 3개월 이내에 하여야 한다.
④ 노동위원회는 이행강제금을 부과하기 30일 전까지 이행강제금을 부과 · 징수한다는 뜻을 사용자에게 미리 문서로써 알려주어야 한다.
⑤ 노동위원회는 구제명령을 받은 자가 구제명령을 이행하면 새로운 이행강제금을 부과하지 아니하되, 구제명령을 이행하기 전에 이미 부과된 이행강제금은 징수하여야 한다.

07 ④ 노동위원회는 구제명령을 받은 자가 구제명령을 이행하면 구제명령을 이행하기 전에 이미 부과된 이행강제금을 징수할 수 있다.

08 ⑤ ① 사용자는 근로자를 해고하려면 적어도 30일 전에 예고를 하여야 한다.
② 사용자는 근로자를 해고하려면 해고사유와 해고시기를 서면으로 통지하여야 효력이 있다.
③ 노동위원회는 부당해고 구제신청에 대한 심문을 할 때에 직권으로 증인을 출석하게 하여 필요한 사항을 질문할 수는 있다.
④ 지방노동위원회의 해고에 대한 구제명령은 행정소송 제기에 의하여 그 효력이 정지되지 아니한다.

대표예제 24 최저임금법 ★★

최저임금법령상 최저임금제도에 관한 설명으로 옳지 않은 것은? 제16회

① 사용자는 최저임금을 이유로 종전의 임금수준을 낮추어서는 아니 된다.

② 최저임금의 적용을 받는 근로자와 사용자 사이의 근로계약 중 최저임금액에 미치지 못하는 금액을 임금으로 정한 부분은 무효로 하며, 이 경우 무효로 된 부분은 최저임금액과 동일한 임금을 지급하기로 한 것으로 본다.

③ 도급으로 사업을 행하는 경우 도급인이 책임져야 할 사유로 수급인이 근로자에게 최저임금액에 미치지 못하는 임금을 지급한 경우, 도급인은 해당 수급인과 연대(連帶)하여 책임을 진다.

④ 최저임금은 근로자의 생계비, 유사 근로자의 임금, 노동 생산성 및 소득분배율 등을 고려하여 정한다.

⑤ 최저임금법은 동거하는 친족만을 사용하는 사업에도 적용되지만 가사(家事)사용인에게는 적용되지 아니한다.

해설 | **최저임금법의 적용범위**

1. 이 법은 근로자를 사용하는 모든 사업 또는 사업장(이하 '사업'이라 한다)에 적용한다. 다만, 동거하는 친족만을 사용하는 사업과 가사(家事)사용인에게는 적용하지 아니한다.
2. 이 법은 선원법의 적용을 받는 선원과 선원을 사용하는 선박의 소유자에게는 적용하지 아니한다.

기본서 p.208~213 정답 ⑤

09 **최저임금법령에 관한 설명으로 옳지 않은 것은?**

① 사용자는 최저임금법에 따른 최저임금을 이유로 종전의 임금수준을 낮추어서는 아니 된다.

② 1년 이상의 기간을 정하여 근로계약을 체결하고 수습 중에 있는 근로자로서 수습을 시작한 날부터 3개월 이내인 사람에 대해서는 시간급 최저임금액(최저임금으로 정한 금액을 말한다)에서 100분의 20을 뺀 금액을 그 근로자의 시간급 최저임금액으로 한다.

③ 사용자는 최저임금의 적용을 받는 근로자에게 최저임금액 이상의 임금을 지급하여야 한다.

④ 고용노동부장관은 매년 8월 5일까지 최저임금을 결정하여야 한다. 이 경우 고용노동부장관은 대통령령으로 정하는 바에 따라 최저임금위원회에 심의를 요청하고, 위원회가 심의하여 의결한 최저임금안에 따라 최저임금을 결정하여야 한다.

⑤ 고시된 최저임금은 다음 연도 1월 1일부터 효력이 발생한다. 다만, 고용노동부장관은 사업의 종류별로 임금교섭시기 등을 고려하여 필요하다고 인정하면 효력발생시기를 따로 정할 수 있다.

정답 및 해설

09 ② 시간급 최저임금액에서 100분의 10을 뺀 금액을 그 근로자의 시간급 최저임금액으로 한다.

10 최저임금법령에 관한 설명으로 옳은 것은? 제15회

① 최저임금으로 정한 금액은 시간 · 일 · 주 또는 월을 단위로 하여 정한다. 이 경우 일 · 주 또는 월을 단위로 하여 최저임금액을 정할 때에는 시간급으로도 표시하여야 한다.

② 최저임금에 관한 심의와 그 밖에 최저임금에 관한 중요 사항을 심의하기 위하여 고용노동부에 근로감독위원회를 둔다.

③ 고용노동부장관이 고시한 최저임금은 해당 연도 1월 1일부터 효력이 발생한다. 다만, 고용노동부장관은 사업의 종류별로 임금교섭시기 등을 고려하여 필요하다고 인정하면 효력발생시기를 따로 정할 수 있다.

④ 도급으로 사업을 행하는 경우 도급인이 책임져야 할 사유로 수급인이 근로자에게 최저임금액에 미치지 못하는 임금을 지급한 경우, 도급인이 책임을 져야 하며 수급인에게 책임을 물을 수 없다.

⑤ 최저임금의 적용을 받는 사용자는 대통령령으로 정하는 바에 따라 해당 최저임금을 그 사업의 근로자가 쉽게 볼 수 있는 장소에 게시하거나, 그 외의 적당한 방법으로 근로자에게 널리 알려야 한다. 이 규정을 위반할 경우에는 500만원의 과태료에 처한다.

고난도

11 최저임금법령상 최저임금의 적용과 효력에 관한 설명으로 옳지 않은 것은? 제20회

① 신체장애로 근로능력이 현저히 낮은 자에 대해서는 사용자가 고용노동부장관의 인가를 받은 경우 최저임금의 효력을 적용하지 아니한다.

② 임금이 도급제나 그 밖에 이와 비슷한 형태로 정해진 경우에 근로시간을 파악하기 어렵다고 인정되면 해당 근로자의 생산고(生産高) 또는 업적의 일정단위에 의하여 최저임금액을 정한다.

③ 최저임금의 적용을 받는 근로자와 사용자 사이의 근로계약 중 최저임금액에 미치지 못하는 금액을 임금으로 정한 부분은 무효로 하며, 이 경우 무효로 된 부분은 최저임금법으로 정한 최저임금액과 동일한 임금을 지급하기로 한 것으로 본다.

④ 도급으로 사업을 행하는 경우 도급인이 책임져야 할 사유로 수급인이 근로자에게 최저임금액에 미치지 못하는 임금을 지급한 경우 도급인은 해당 수급인과 연대(連帶)하여 책임을 진다.

⑤ 최저임금의 적용을 받는 근로자가 자기의 사정으로 소정의 근로일의 근로를 하지 아니한 경우 근로하지 아니한 일에 대하여 사용자는 최저임금액의 2분의 1에 해당하는 임금을 지급하여야 한다.

종합

12 최저임금에 관한 설명으로 옳은 것은? 제22회

① 최저임금액을 일 · 주 또는 월을 단위로 하여 최저임금액을 정할 때에는 시간급(時間給)으로도 표시하여야 한다.

② 사용자는 최저임금법에 따른 최저임금을 이유로 종전의 임금수준을 낮출 수 있다.

③ 최저임금의 사업 종류별 구분은 최저임금위원회가 정한다.

④ 사용자를 대표하는 자는 고시된 최저임금안에 대하여 이의를 제기할 수 없다.

⑤ 고시된 최저임금은 다음 연도 3월 1일부터 효력이 발생하나, 고용노동부장관은 사업의 종류별로 임금교섭시기 등을 고려하여 필요하다고 인정하면 효력발생시기를 따로 정할 수 있다.

정답 및 해설

10 ① ② 최저임금에 관한 심의와 그 밖에 최저임금에 관한 중요 사항을 심의하기 위하여 고용노동부에 최저임금위원회를 둔다.
③ 고시된 최저임금은 다음 연도 1월 1일부터 효력이 발생한다.
④ 도급으로 사업을 행하는 경우 도급인이 책임져야 할 사유로 수급인이 근로자에게 최저임금액에 미치지 못하는 임금을 지급한 경우 도급인은 해당 수급인과 연대하여 책임을 진다.
⑤ 최저임금의 적용을 받는 사용자는 대통령령으로 정하는 바에 따라 해당 최저임금을 그 사업의 근로자가 쉽게 볼 수 있는 장소에 게시하거나, 그 외의 적당한 방법으로 근로자에게 널리 알려야 한다. 이 규정을 위반할 경우에는 100만원 이하의 과태료에 처한다.

11 ⑤ 최저임금의 적용을 받는 근로자가 자기의 사정으로 소정의 근로일의 근로를 하지 아니한 경우 근로하지 아니한 일에 대하여 사용자가 임금을 지급할 것을 강제하지 않는다.

12 ① ② 사용자는 최저임금법에 따른 최저임금을 이유로 종전의 임금수준을 낮출 수 없다.
③ 최저임금의 사업 종류별 구분은 최저임금위원회의 심의를 거쳐 고용노동부장관이 정한다.
④ 근로자를 대표하는 자나 사용자를 대표하는 자는 고시된 최저임금안에 대하여 이의가 있으면 고시된 날부터 10일 이내에 대통령령으로 정하는 바에 따라 고용노동부장관에게 이의를 제기할 수 있다.
⑤ 고시된 최저임금은 다음 연도 1월 1일부터 효력이 발생한다. 다만, 고용노동부장관은 사업의 종류별로 임금교섭시기 등을 고려하여 필요하다고 인정하면 효력발생시기를 따로 정할 수 있다.

대표예제 25 근로자퇴직급여 보장법 ★★

근로자퇴직급여 보장법령상 용어의 정의로 옳은 것은? 제14회

① 확정기여형 퇴직연금제도란 근로자가 지급받을 급여의 수준이 사전에 결정되어 있는 퇴직연금제도를 말한다.

② 확정급여형 퇴직연금제도란 급여의 지급을 위하여 사용자가 부담하여야 할 부담금의 수준이 사전에 결정되어 있는 퇴직연금제도를 말한다.

③ 개인형 퇴직연금제도란 가입자의 선택에 따라 가입자가 납입한 일시금이나 사용자 또는 가입자가 납입한 부담금을 적립 · 운영하기 위하여 설정한 퇴직연금제도로서 급여의 수준이나 부담금의 수준이 확정되지 아니한 퇴직연금제도를 말한다.

④ 급여란 퇴직급여제도나 개인형 퇴직연금제도에 의하여 근로자에게 지급되는 연금을 말하며, 일시금은 포함되지 않는다.

⑤ 가입자라 함은 퇴직연금제도에 가입한 근로자를 말하며, 개인형 퇴직연금제도에 가입한 근로자는 포함되지 않는다.

오답체크
① 확정기여형 퇴직연금이라 함은 급여의 지급을 위하여 사용자가 부담하여야 할 부담금액의 수준이 사전에 결정되어 있는 퇴직연금제도를 말한다.
② 확정급여형 퇴직연금이라 함은 근로자가 지급받을 급여의 수준이 사전에 결정되어 있는 퇴직연금제도를 말한다.
④ 급여란 퇴직급여제도나 개인형 퇴직연금제도에 의하여 근로자에게 지급되는 연금 또는 일시금을 말한다.
⑤ 가입자라 함은 퇴직연금제도에 가입한 근로자를 말한다. 개인형 퇴직연금제도도 퇴직연금제도에 포함되므로 개인형 퇴직연금제도에 가입한 근로자도 포함된다.

기본서 p.228~239

정답 ③

고난도

13 근로자퇴직급여 보장법령상 퇴직급여제도에 관한 설명으로 옳지 않은 것은? 제17회

① 확정급여형 퇴직연금제도의 가입자는 적립금의 운용방법을 스스로 선정할 수 있고, 반기마다 1회 이상 적립금의 운용방법을 변경할 수 있다.

② 사용자가 설정된 퇴직급여제도를 다른 종류의 퇴직급여제도로 변경하려면 근로자의 과반수가 가입한 노동조합이 있는 경우에는 그 노동조합의 동의를 받아야 한다.

③ 퇴직연금제도의 급여를 받을 권리는 무주택자인 가입자가 본인 명의로 주택을 구입하는 경우에 대통령령으로 정하는 한도에서 담보로 제공할 수 있다.

④ 상시 10명 미만의 근로자를 사용하는 사업의 경우, 사용자가 개별 근로자의 동의를 받거나 근로자의 요구에 따라 개인형 퇴직연금제도를 설정하는 경우에는 해당 근로자에 대하여 퇴직급여제도를 설정한 것으로 본다.

⑤ 사용자는 근로자가 퇴직한 경우에는 그 지급사유가 발생한 날부터 14일 이내에 퇴직금을 지급하여야 한다. 다만, 특별한 사정이 있는 경우에는 당사자간의 합의에 따라 지급기일을 연장할 수 있다.

정답 및 해설

13 ① 확정기여형 퇴직연금제도의 가입자는 적립금의 운용방법을 스스로 선정할 수 있고, 반기마다 1회 이상 적립금의 운용방법을 변경할 수 있다.

고난도

14 **근로자퇴직급여 보장법령상 퇴직급여제도에 관한 설명으로 옳은 것은?** 제21회

① 사용자는 근로자가 퇴직한 경우에는 그 지급사유가 발생한 날부터 14일 이내에 퇴직금을 지급하여야 하며, 특별한 사정이 있는 경우에도 당사자간의 합의로 그 지급기일을 연장할 수 없다.

② 확정급여형 퇴직연금제도의 설정 전에 해당 사업에서 제공한 근로기간에 대하여도 퇴직금을 미리 정산한 기간을 포함하여 가입기간으로 할 수 있다.

③ 확정급여형 퇴직연금제도의 가입자는 적립금의 운용방법을 스스로 선정할 수 있고, 반기마다 1회 이상 적립금의 운용방법을 변경할 수 있다.

④ 확정기여형 퇴직연금제도에 가입한 근로자는 중도인출을 신청한 날부터 거꾸로 계산하여 5년 이내에 채무자 회생 및 파산에 관한 법률에 따라 파산선고를 받은 경우 적립금을 중도인출할 수 있다.

⑤ 퇴직급여제도의 일시금을 수령한 사람은 개인형 퇴직연금제도를 설정할 수 없다.

15 **근로자퇴직급여 보장법령상 개인형 퇴직연금제도에 관한 설명으로 옳지 않은 것은?**

① 퇴직연금사업자는 개인형 퇴직연금제도를 운영할 수 있다.

② 퇴직급여제도의 일시금을 수령한 사람은 개인형 퇴직연금제도를 설정할 수 없다.

③ 확정급여형 퇴직연금제도 또는 확정기여형 퇴직연금제도의 가입자로서 자기의 부담으로 개인형 퇴직연금제도를 추가로 설정하려는 사람은 개인형 퇴직연금제도를 설정할 수 있다.

④ 개인형 퇴직연금제도를 설정한 사람은 자기의 부담으로 개인형 퇴직연금제도의 부담금을 납입한다.

⑤ 상시 10명 미만의 근로자를 사용하는 사업의 경우, 사용자가 개별 근로자의 동의를 받거나 근로자의 요구에 따라 개인형 퇴직연금제도를 설정하는 경우에는 해당 근로자에 대하여 퇴직급여제도를 설정한 것으로 본다.

종합

16 근로자퇴직급여 보장법령상 퇴직금에 관한 설명으로 옳지 않은 것은? 제13회

① 사용자는 그 지급사유가 발생한 날로부터 14일 이내에 원칙적으로 퇴직금을 지급하여야 한다.

② 근로자가 퇴직금을 받을 권리는 3년간 행사하지 않으면 시효로 인하여 소멸된다.

③ 사용자는 계속근로기간 1년에 대하여 30일분 이상의 통상임금을 퇴직하는 근로자에게 퇴직금으로 지급할 수 있는 제도를 설정하여야 한다.

④ 최종 3년간 퇴직금은 사용자의 총재산에 대한 질권 또는 저당권에 의하여 담보된 채권, 조세 · 공과금 및 다른 채권에 우선하여 변제되어야 한다.

⑤ 사용자는 주택구입 등 대통령령으로 정하는 사유로 근로자의 요구가 있는 경우, 근로자가 퇴직하기 전에 해당 근로자의 계속근로기간에 대한 퇴직금을 미리 정산하여 지급할 수 있다.

정답 및 해설

14 ④ ① 사용자는 근로자가 퇴직한 경우에는 그 지급사유가 발생한 날부터 14일 이내에 퇴직금을 지급하여야 한다. 다만, 특별한 사정이 있는 경우에는 당사자간의 합의에 따라 지급기일을 연장할 수 있다.
② 확정급여형 퇴직연금제도의 설정 전에 해당 사업에서 제공한 근로기간에 대하여도 가입기간으로 할 수 있다. 이 경우 퇴직금을 미리 정산한 기간은 제외한다.
③ 확정기여형 퇴직연금제도의 가입자는 적립금의 운용방법을 스스로 선정할 수 있고, 반기마다 1회 이상 적립금의 운용방법을 변경할 수 있다.
⑤ 퇴직급여제도의 일시금을 수령한 사람은 개인형 퇴직연금제도를 설정할 수 있다.

15 ② 퇴직급여제도의 일시금을 수령한 사람도 개인형 퇴직연금제도를 설정할 수 있다.

16 ③ 퇴직금제도를 설정하고자 하는 사용자는 계속근로기간 1년에 대하여 30일분 이상의 평균임금을 퇴직하는 근로자에게 퇴직금으로 지급할 수 있는 제도를 설정하여야 한다.

17 **근로자퇴직급여 보장법상 확정급여형 퇴직연금제도에 관한 설명으로 옳지 않은 것은?**

제25회

① 확정급여형 퇴직연금제도를 설정하려는 사용자는 근로자대표의 동의를 얻어 확정급여형 퇴직연금규약을 작성하여 고용노동부장관의 허가를 받아야 한다.
② 확정급여형 퇴직연금규약에는 퇴직연금사업자 선정에 관한 사항이 포함되어야 한다.
③ 급여 수준은 가입자의 퇴직일을 기준으로 산정한 일시금이 계속근로기간 1년에 대하여 30일분 이상의 평균임금이 되도록 하여야 한다.
④ 급여 종류를 연금으로 하는 경우 연금의 지급기간은 5년 이상이어야 한다.
⑤ 퇴직연금사업자는 매년 1회 이상 적립금액 및 운용수익률 등을 고용노동부령으로 정하는 바에 따라 가입자에게 알려야 한다.

대표예제 26 노동조합 및 노동관계조정법 ★★

노동조합 및 노동관계조정법령상 단체협약에 관한 내용으로 옳지 않은 것은? 제18회

① 행정관청은 단체협약 중 위법한 내용이 있는 경우에는 노동위원회의 의결을 얻어 그 사정을 명할 수 있다.
② 단체협약의 당사자는 단체협약의 체결일부터 30일 이내에 이를 행정관청에 신고하여야 한다.
③ 단체협약의 유효기간은 3년을 초과하지 않는 범위에서 노사가 합의하여 정할 수 있다.
④ 단체협약에 정한 근로조건 기타 근로자의 대우에 관한 기준에 위반하는 근로계약의 부분은 무효로 한다.
⑤ 하나의 사업 또는 사업장에 상시 사용되는 동종의 근로자 반수 이상이 하나의 단체협약의 적용을 받게 된 때에는 해당 사업 또는 사업장에 사용되는 다른 동종의 근로자에 대하여도 해당 단체협약이 적용된다.

해설 | 단체협약의 당사자는 단체협약의 체결일부터 15일 이내에 이를 행정관청에 신고하여야 한다.

보충 | 단체협약

1. 단체협약은 서면으로 작성하여 당사자 쌍방이 서명 또는 날인하여야 한다.
2. 단체협약의 당사자는 단체협약의 체결일부터 15일 이내에 이를 행정관청에 신고하여야 한다.
3. 행정관청은 단체협약 중 위법한 내용이 있는 경우에는 노동위원회의 의결을 얻어 그 시정을 명할 수 있다.
4. 단체협약의 유효기간은 3년을 초과하지 않는 범위에서 노사가 합의하여 정할 수 있다.
5. 단체협약에 그 유효기간을 정하지 아니한 경우 또는 4.의 기간을 초과하는 유효기간을 정한 경우에 그 유효기간은 3년으로 한다.

기본서 p.239~250

정답 ②

종합

18 노동조합 및 노동관계조정법상 사용자의 부당노동행위에 관한 설명으로 옳지 않은 것은?

① 사용자의 부당노동행위로 인하여 그 권리를 침해당한 근로자는 부당노동행위가 있은 날(계속하는 행위는 그 종료일)부터 3월 이내에 노동위원회에 신청한다.

② 노동위원회는 심문을 종료하고 부당노동행위가 성립한다고 판정한 때에는 사용자에게 구제명령을 발하여야 하며, 부당노동행위가 성립되지 아니한다고 판정한 때에는 그 구제신청을 기각하는 결정을 하여야 한다.

③ 근로자가 어느 노동조합에 가입하지 아니할 것 또는 탈퇴할 것을 고용조건으로 하거나 특정한 노동조합의 조합원이 될 것을 고용조건으로 하는 행위를 할 수 없다.

④ 부당노동행위를 위반한 자는 1년 이하의 징역 또는 1천만원 이하의 벌금에 처한다.

⑤ 중앙노동위원회의 재심판정에 대하여 관계 당사자는 그 재심판정서의 송달을 받은 날부터 15일 이내에 행정소송법이 정하는 바에 의하여 소를 제기할 수 있다.

정답 및 해설

17 ① 확정급여형 퇴직연금제도를 설정하려는 사용자는 근로자대표의 동의를 얻어 확정급여형 퇴직연금규약을 작성하여 고용노동부장관에게 신고하여야 한다.

18 ④ 부당노동행위를 위반한 자는 2년 이하의 징역 또는 2천만원 이하의 벌금에 처한다.

▶ 부당노동행위의 5가지 유형

1. 근로자가 노동조합에 가입 또는 가입하려고 하였거나 노동조합을 조직하려고 하였거나 기타 노동조합의 업무를 위한 정당한 행위를 한 것을 이유로 그 근로자를 해고하거나 그 근로자에게 불이익을 주는 행위
2. 근로자가 어느 노동조합에 가입하지 아니할 것 또는 탈퇴할 것을 고용조건으로 하거나 특정한 노동조합의 조합원이 될 것을 고용조건으로 하는 행위
3. 노동조합의 대표자 또는 노동조합으로부터 위임을 받은 자와의 단체협약 체결 기타의 단체교섭을 정당한 이유 없이 거부하거나 해태하는 행위
4. 근로자가 노동조합을 조직 또는 운영하는 것을 지배하거나 이에 개입하는 행위와 근로시간 면제한도를 초과하여 급여를 지급하거나 노동조합의 운영비를 원조하는 행위
5. 근로자가 정당한 단체행위에 참가한 것을 이유로 하거나 또는 노동위원회에 대하여 사용자가 부당노동행위의 규정을 위반한 것을 신고하거나 그에 관한 증언을 하거나 기타 행정관청에 증거를 제출한 것을 이유로 그 근로자를 해고하거나 그 근로자에게 불이익을 주는 행위

19 **노동조합 및 노동관계조정법령에 관한 설명으로 옳지 않은 것은?**

① 고용노동부장관, 특별시장 · 광역시장 · 특별자치시장 · 도지사 · 특별자치도지사 또는 시장 · 군수 · 구청장은 설립신고서를 접수한 때에는 3일 이내에 신고증을 교부하여야 한다.
② 노동조합이 신고증을 교부받은 경우에는 설립신고서가 접수된 때에 설립된 것으로 본다.
③ 노동조합은 설립신고된 사항 중 변경이 있는 때에는 그 날부터 30일 이내에 행정관청에 변경신고를 하여야 한다.
④ 노동조합의 회의록과 재정에 관한 장부와 서류는 2년간 보존하여야 한다.
⑤ 노동조합의 전임자는 단체협약으로 정하거나, 사용자의 동의가 있는 경우에는 근로계약 소정의 근로를 제공하지 아니하고 노동조합의 업무에만 종사할 수 있다.

20 **노동조합 및 노동관계조정법령상 노동조합 설립에 관한 설명으로 옳지 않은 것은?**

① 행정관청은 설립신고서를 접수한 때에는 보완을 요구하거나 반려하는 경우를 제외하고는 3일 이내에 신고증을 교부하여야 한다.
② 행정관청은 설립신고서 또는 규약이 기재사항의 누락 등으로 보완이 필요한 경우에는 대통령령이 정하는 바에 따라 20일 이내의 기간을 정하여 보완을 요구하여야 한다.
③ ②에 따라 설립신고서를 다시 접수한 행정관청은 3일 이내에 신고증을 교부하여야 한다.
④ 연합단체인 노동조합과 2 이상의 특별시 · 광역시 · 특별자치시 · 도 · 특별자치도에 걸치는 단위노동조합은 규약을 첨부한 신고서를 고용노동부장관에게 제출하여야 한다.
⑤ 노동조합이 신고증을 교부받은 경우에는 신고증이 교부된 때에 설립된 것으로 본다.

21 **노동조합 및 노동관계조정법령상 3년간 보존해야 할 서류는?**

① 조합원 명부
② 규약
③ 임원의 성명
④ 임원의 주소록
⑤ 재정에 관한 장부와 서류

대표예제 27 남녀고용평등과 일 · 가정 양립 지원에 관한 법률 ★★★

남녀고용평등과 일 · 가정 양립 지원에 관한 법률에 대한 설명으로 옳은 것은?

① 사업주는 근로자가 배우자의 출산을 이유로 휴가를 청구하는 경우에 5일의 휴가를 주어야 한다. 이 경우 사용한 휴가기간은 유급으로 한다.

② 사업주는 임신 중인 여성 근로자가 모성을 보호하거나 근로자가 만 9세 이하 또는 초등학교 2학년 이하의 자녀(입양한 자녀를 포함한다)를 양육하기 위하여 휴직(이하 '육아휴직'이라 한다)을 신청하는 경우에 이를 허용하여야 한다.

③ 육아휴직기간은 근속기간에 포함하지 않는다.

④ 사업주는 육아기 근로시간 단축을 하고 있는 근로자에게 단축된 근로시간 외에 연장근로를 요구할 수 없다. 다만, 그 근로자가 명시적으로 청구하는 경우에 사업주는 주 12시간 이내에서 연장근로를 시킬 수 있다.

⑤ 사업주는 성희롱 예방 교육을 여성가족부장관이 지정하는 기관에 위탁하여 실시할 수 있다.

오답체크 | ① 사업주는 근로자가 배우자의 출산을 이유로 휴가를 청구하는 경우에 10일의 휴가를 주어야 한다. 이 경우 사용한 휴가기간은 유급으로 한다.

② 사업주는 임신 중인 여성 근로자가 모성을 보호하거나 근로자가 만 8세 이하 또는 초등학교 2학년 이하의 자녀(입양한 자녀를 포함한다)를 양육하기 위하여 휴직을 신청하는 경우에 이를 허용하여야 한다.

③ 육아휴직기간은 근속기간에 포함한다.

⑤ 사업주는 성희롱 예방 교육을 고용노동부장관이 지정하는 기관에 위탁하여 실시할 수 있다.

기본서 p.213~227

정답 ④

제1편 행정실무 제3장

정답 및 해설

19 ④ 노동조합의 회의록과 재정에 관한 장부와 서류는 3년간 보존하여야 한다.

20 ⑤ 노동조합이 신고증을 교부받은 경우에는 설립신고서가 접수된 때에 설립된 것으로 본다.

21 ⑤ 회의록과 재정에 관한 장부와 서류는 3년간 보관하여야 한다.

22 **남녀고용평등과 일 · 가정 양립 지원에 관한 법률상 모성보호에 대한 설명으로 옳지 않은 것은?**

① 국가는 근로기준법에 따른 출산전후휴가 또는 유산 · 사산휴가를 사용한 근로자 중 일정한 요건에 해당하는 자에게 그 휴가기간에 대하여 평균임금에 상당하는 금액을 지급할 수 있다.

② 출산전후휴가 또는 유산 · 사산휴가에 지급된 출산전후휴가급여 등은 그 금액의 한도에서 근로기준법에 따라 사업주가 지급한 것으로 본다.

③ 여성근로자가 출산전후휴가급여 등을 받으려는 경우, 사업주는 관계 서류의 작성 · 확인 등 모든 절차에 적극 협력하여야 한다.

④ 사업주는 근로자가 배우자의 출산을 이유로 휴가를 청구하는 경우에 10일의 휴가를 주어야 한다. 이 경우 사용한 휴가기간은 유급으로 한다.

⑤ ④에 따른 배우자 출산휴가는 근로자의 배우자가 출산한 날부터 90일이 지나면 청구할 수 없다.

23 **남녀고용평등과 일 · 가정 양립 지원에 관한 법령상 육아휴직에 대한 설명으로 옳지 않은 것은?**

① 사업주는 임신 중인 여성 근로자가 모성을 보호하거나 근로자가 만 8세 이하 또는 초등학교 2학년 이하의 자녀(입양한 자녀를 포함한다)를 양육하기 위하여 휴직(이하 '육아휴직'이라 한다)을 신청하는 경우에 이를 허용하여야 한다. 다만, 육아휴직을 시작하려는 날의 전날까지 해당 사업에서 계속 근로한 기간이 5개월인 근로자의 경우에는 그러하지 아니하다.

② 육아휴직의 기간은 1년 이내로 하며, 그 기간은 근속기간에 포함한다.

③ 사업주는 사업을 계속할 수 없는 경우를 제외하고 육아휴직을 이유로 해고나 그 밖의 불리한 처우를 하여서는 아니 된다.

④ 사업주는 육아휴직을 마친 후에는 휴직 전과 같은 업무 또는 같은 수준의 임금을 지급하는 직무에 복귀시켜야 한다.

⑤ 기간제근로자 또는 파견근로자의 육아휴직기간은 기간제 및 단시간근로자 보호 등에 관한 법률에 따른 사용기간 또는 파견근로자보호 등에 관한 법률에 따른 근로자파견기간에서 제외한다.

24 남녀고용평등과 일 · 가정 양립 지원에 관한 법률상 육아기 근로시간 단축에 대한 설명으로 옳지 않은 것은?

① 사업주는 근로자가 만 8세 이하 또는 초등학교 2학년 이하의 자녀를 양육하기 위하여 육아기 근로시간 단축을 신청하는 경우에 이를 허용하여야 한다. 다만, 대체인력 채용이 불가능한 경우, 정상적인 사업 운영에 중대한 지장을 초래하는 경우 등 대통령령으로 정하는 경우에는 그러하지 아니하다.

② 해당 근로자에게 육아기 근로시간 단축을 허용하는 경우, 단축 후 근로시간은 주당 15시간 이상이어야 하고 35시간을 넘어서는 아니 된다.

③ 육아기 근로시간 단축의 기간은 1년 이내로 한다.

④ 육아기 근로시간 단축을 하고 있는 근로자에게 단축된 근로시간 외에 연장근로를 요구할 수 없고, 근로자가 명시적으로 청구하는 경우에도 연장근로를 시킬 수 없다.

⑤ 육아기 근로시간 단축을 한 근로자에 대하여 근로기준법에 따른 평균임금을 산정하는 경우에는 그 근로자의 육아기 근로시간 단축기간을 평균임금 산정기간에서 제외한다.

정답 및 해설

22 ① 출산전후휴가 또는 유산 · 사산휴가를 사용한 근로자 중 일정한 요건에 해당하는 자에게 그 휴가기간에 대하여 통상임금에 상당하는 금액을 지급할 수 있다.

23 ① 육아휴직을 시작하려는 날의 전날까지 해당 사업에서 계속 근로한 기간이 6개월 미만인 근로자의 경우에는 그러하지 아니하다.

24 ④ 근로자가 명시적으로 청구하는 경우에는 사업주는 주 12시간 이내에서 연장근로를 시킬 수 있다.

종합

25 남녀고용평등과 일 · 가정 양립 지원에 관한 법률에 대한 설명으로 옳지 않은 것은?

제19회

① 사업주는 근로자가 인공수정 또는 체외수정 등 난임치료를 받기 위하여 휴가를 청구하는 경우에 연간 3일 이내의 휴가를 주어야 하며, 이 경우 최초 1일은 유급으로 한다. 다만, 근로자가 청구한 시기에 휴가를 주는 것이 정상적인 사업 운영에 중대한 지장을 초래하는 경우에는 근로자와 협의하여 그 시기를 변경할 수 있다.

② 가족돌봄휴직 기간은 연간 최장 180일로 하며, 이를 나누어 사용할 수 있다.

③ 사업주는 성희롱 예방 교육을 고용노동부장관이 지정하는 기관에 위탁하여 실시할 수 있다.

④ 사업주는 사업을 계속할 수 없는 경우를 제외하고 육아휴직을 이유로 해고나 그 밖의 불리한 처우를 하여서는 아니 되며, 육아휴직기간에는 그 근로자를 해고하지 못한다.

⑤ 사업주는 임금 외에 근로자의 생활을 보조하기 위한 금품의 지급 또는 자금의 융자 등 복리후생에서 남녀를 차별하여서는 아니 된다.

종합

26 남녀고용평등과 일 · 가정 양립 지원에 관한 법률상 근로자의 가족돌봄 등을 위한 지원에 대한 설명으로 옳지 않은 것은?

① 사업주는 근로자가 부모, 배우자, 자녀 또는 배우자의 부모의 질병 · 사고 · 노령으로 인하여 그 가족을 돌보기 위한 휴직(가족돌봄휴직)을 신청하는 경우 이를 허용하여야 한다. 다만, 대체인력 채용이 불가능한 경우, 정상적인 사업 운영에 중대한 지장을 초래하는 경우 등 대통령령으로 정하는 경우에는 그러하지 아니하다.

② 가족돌봄휴직 기간은 연간 최장 90일로 하며, 이를 나누어 사용할 수 있다. 이 경우 나누어 사용하는 1회의 기간은 30일 이상이 되어야 한다.

③ 가족돌봄휴직 기간은 근속기간에 포함하고 근로기준법에 따른 평균임금 산정기간에도 포함된다.

④ 사업주는 가족돌봄휴직을 이유로 해당 근로자를 해고하거나 근로조건을 악화시키는 등 불리한 처우를 하여서는 아니 된다.

⑤ 고용노동부장관은 사업주가 가족돌봄휴직에 따른 조치를 하는 경우에는 고용 효과 등을 고려하여 필요한 지원을 할 수 있다.

종합

27 **남녀고용평등과 일 · 가정 양립 지원에 관한 법령상 직장 내 성희롱의 예방 및 벌칙에 대한 설명으로 옳지 않은 것은?** 제20회 수정

① 사업주는 직장 내 성희롱을 예방하고 근로자가 안전한 근로환경에서 일할 수 있는 여건을 조성하기 위하여 직장 내 성희롱의 예방을 위한 교육을 매년 실시하여야 한다.

② 성희롱 예방 교육기관은 고용노동부령으로 정하는 기관 중에서 지정하되, 고용노동부령으로 정하는 강사를 1명 이상 두어야 한다.

③ 고용노동부장관은 성희롱 예방 교육기관이 정당한 사유 없이 고용노동부령으로 정하는 강사를 6개월 이상 계속하여 두지 아니한 경우 그 지정을 취소할 수 있다.

④ 직장 내 성희롱 발생 사실을 신고한 근로자 및 피해근로자 등에게 불리한 처우를 한 경우에는 3년 이하의 징역 또는 3천만원 이하의 벌금에 처한다.

⑤ 근로자가 배우자의 출산을 이유로 휴가를 청구하였는데도 휴가를 주지 아니하거나 근로자가 사용한 휴가를 유급으로 하지 아니한 경우에는 500만원 이하의 과태료를 부과한다.

정답 및 해설

25 ② 가족돌봄휴직 기간은 연간 최장 90일로 하며, 이를 나누어 사용할 수 있다. 이 경우 나누어 사용하는 1회의 기간은 30일 이상이 되어야 한다.

26 ③ 가족돌봄휴직 기간은 근속기간에 포함한다. 다만, 근로기준법에 따른 평균임금 산정기간에서는 제외한다.

27 ③ 1. 고용노동부장관은 성희롱 예방 교육기관이 다음의 어느 하나에 해당하면 그 지정을 취소할 수 있다.
- 거짓이나 그 밖의 부정한 방법으로 지정을 받은 경우
- 정당한 사유 없이 강사를 3개월 이상 계속하여 두지 아니한 경우
- 2년 동안 직장 내 성희롱 예방 교육 실적이 없는 경우

2. 고용노동부장관은 1.에 따라 성희롱 예방 교육기관의 지정을 취소하려면 청문을 하여야 한다.

28 **남녀고용평등과 일 · 가정 양립 지원에 관한 법령상 직장 내 성희롱의 금지 및 예방에 관한 설명으로 옳지 않은 것은?** 제24회

① 사업주는 직장 내 성희롱 예방을 위한 교육을 연 1회 이상 하여야 한다.
② 사업주는 성희롱 예방 교육의 내용을 근로자가 자유롭게 열람할 수 있는 장소에 항상 게시하거나 갖추어 두어 근로자에게 널리 알려야 한다.
③ 사업주가 마련해야 하는 성희롱 예방지침에는 직장 내 성희롱 조사절차가 포함되어야 한다.
④ 직장 내 성희롱 발생사실을 조사한 사람은 해당 조사와 관련된 내용을 사업주에게 보고해서는 아니 된다.
⑤ 사업주가 해야 하는 직장 내 성희롱 예방을 위한 교육에는 직장 내 성희롱에 관한 법령이 포함되어야 한다.

29 **남녀고용평등과 일 · 가정 양립 지원에 관한 법령상 일 · 가정의 양립 지원에 관한 설명으로 옳은 것은?** 제25회

① 사업주는 육아휴직을 시작하려는 날의 전날까지 해당 사업에서 계속 근로한 기간이 5개월인 근로자가 육아휴직을 신청한 경우에 이를 허용하여야 한다.
② 가족돌봄휴가 기간은 근속기간에 포함하지만, 근로기준법에 따른 평균임금 산정기간에서는 제외한다.
③ 사업주가 근로자에게 육아기 근로시간 단축을 허용하는 경우 단축 후 근로시간은 주당 15시간 이상이어야 하고 30시간을 넘어서는 아니 된다.
④ 가족돌봄휴직 기간은 연간 최장 120일로 하며, 이를 나누어 사용할 경우 그 1회의 기간은 30일 이상이 되어야 한다.
⑤ 사업주는 육아기 근로시간 단축을 하고 있는 근로자가 단축된 근로시간 외에 연장근로를 명시적으로 청구하는 경우 주 15시간 이내에서 연장근로를 시킬 수 있다.

대표예제 28 산업재해보상보험법 ★★★

산업재해보상보험법상 심사청구에 관한 설명으로 옳은 것은?

① 보험급여결정 등에 불복하는 자는 근로복지공단에 심사청구를 할 수 있고, 심사청구는 그 보험급여결정 등을 한 근로복지공단의 소속기관을 거쳐 근로복지공단에 제기하여야 한다.

② 심사청구서를 받은 근로복지공단의 소속기관은 10일 이내에 의견서를 첨부하여 근로복지공단에 보내야 한다.

③ 심사청구를 심의하기 위하여 근로복지공단에 관계 전문가 등으로 구성되는 산업재해보상보험 재심사위원회를 둔다.

④ 근로복지공단은 심사청구서를 받은 날부터 60일 이내에 산업재해보상보험 심사위원회의 심의를 거쳐 심사청구에 대한 결정을 하여야 한다. 다만, 부득이한 사유로 그 기간 이내에 결정을 할 수 없으면 1차에 한하여 10일을 넘지 아니하는 범위에서 그 기간을 연장할 수 있다.

⑤ 보험급여결정 등에 대하여는 행정심판법에 따른 행정심판을 제기할 수 있다.

오답 체크 | ② 심사청구서를 받은 근로복지공단의 소속기관은 5일 이내에 의견서를 첨부하여 근로복지공단에 보내야 한다.

③ 심사청구를 심의하기 위하여 근로복지공단에 관계 전문가 등으로 구성되는 산업재해보상보험 심사위원회를 둔다.

④ 근로복지공단은 심사청구서를 받은 날부터 60일 이내에 산업재해보상보험 심사위원회의 심의를 거쳐 심사청구에 대한 결정을 하여야 한다. 다만, 부득이한 사유로 그 기간 이내에 결정을 할 수 없으면 1차에 한하여 20일을 넘지 아니하는 범위에서 그 기간을 연장할 수 있다.

⑤ 보험급여결정 등에 대하여는 행정심판법에 따른 행정심판을 제기할 수 없다.

기본서 p.255~265

정답 ①

정답 및 해설

28 ④ 직장 내 성희롱 발생사실을 조사한 사람은 해당 조사와 관련된 내용을 사업주에게 보고하여야 한다.

29 ② ① 사업주는 육아휴직을 시작하려는 날의 전날까지 해당 사업에서 계속 근로한 기간이 6개월 미만인 근로자가 육아휴직을 신청한 경우에는 허용하지 않아도 된다.

③ 사업주가 근로자에게 육아기 근로시간 단축을 허용하는 경우 단축 후 근로시간은 주당 15시간 이상이어야 하고 35시간을 넘어서는 아니 된다.

④ 가족돌봄휴직 기간은 연간 최장 90일로 하며, 이를 나누어 사용할 경우 그 1회의 기간은 30일 이상이 되어야 한다.

⑤ 사업주는 육아기 근로시간 단축을 하고 있는 근로자가 단축된 근로시간 외에 연장근로를 명시적으로 청구하는 경우 주 12시간 이내에서 연장근로를 시킬 수 있다.

고난도

30 **산업재해보상보험법령에 관한 설명으로 옳지 않은 것은?** 제15회 수정

① 요양급여를 받은 자가 치유 후 요양의 대상이 되었던 업무상의 부상 또는 질병이 재발하거나 치유 당시보다 상태가 악화되어 이를 치유하기 위한 적극적인 치료가 필요하다는 의학적 소견이 있으면 다시 요양급여를 받을 수 있다.

② 휴업급여는 업무상 사유로 부상을 당하거나 질병에 걸린 근로자에게 요양으로 취업하지 못한 기간에 대하여 지급하되, 1일당 지급액은 평균임금의 100분의 70에 상당하는 금액으로 한다. 다만, 취업하지 못한 기간이 3일 이내이면 지급하지 아니한다.

③ 장해보상연금, 유족보상연금, 진폐보상연금 또는 진폐유족연금의 지급은 그 지급사유가 발생한 달의 다음 달 초일부터 시작되며, 그 지급받을 권리가 소멸한 달의 말일에 끝난다.

④ 장해급여는 이 법에서 정한 장해등급에 따라 장해보상연금 또는 장해보상일시금으로 한다.

⑤ 장해는 업무상의 부상 또는 질병에 따른 정신적 또는 육체적 훼손으로 노동능력이 상실되거나 감소된 상태로서 그 부상 또는 질병이 치유되지 아니한 상태를 말한다.

31 **산업재해보상보험법령상 요양급여에 관한 설명으로 옳지 않은 것은?** 제16회

① 근로자가 업무상의 사유로 부상을 당하거나 질병에 걸린 경우에는 현금으로 요양비를 지급하여야 한다. 다만, 부득이한 경우에는 요양비에 갈음하여 법령에서 정하는 산재보험 의료기관에서 요양을 하게 할 수 있다.

② 근로자가 업무상의 사유로 부상을 당하거나 질병에 걸린 경우 그 부상 또는 질병이 3일 이내의 요양으로 치유될 수 있으면 요양급여를 지급하지 아니한다.

③ 요양급여의 신청을 한 자는 근로복지공단이 요양급여에 관한 결정을 하기 전에 국민건강보험법에 따른 요양급여 또는 의료급여법에 따른 의료급여를 받을 수 있다.

④ 간호 및 간병, 재활치료도 요양급여의 범위에 포함된다.

⑤ 근로자를 진료한 산재보험 의료기관은 그 근로자의 재해가 업무상의 재해로 판단되면 그 근로자의 동의를 받아 요양급여의 신청을 대행할 수 있다.

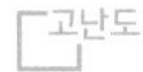

32 **산업재해보상보험법령상 보험급여결정 등에 대한 심사청구 및 재심사청구에 관한 설명으로 옳지 않은 것은?** 제21회

① 근로복지공단의 보험급여결정 등에 불복하는 자는 그 보험급여결정 등을 한 근로복지공단의 소속기관을 거쳐 산업재해보상보험 심사위원회에 심사청구를 할 수 있다.

② 근로복지공단이 심사청구에 대한 결정을 연장할 때에는 최초의 결정기간이 끝나기 7일 전까지 심사청구인 및 보험급여결정 등을 한 근로복지공단의 소속기관에 알려야 한다.

③ 근로복지공단의 보험급여결정에 대하여 심사청구기간이 지난 후에 제기된 심사청구는 산업재해보상보험 심사위원회의 심의를 거치지 아니할 수 있다.

④ 산업재해보상보험 심사위원회는 위원장 1명을 포함하여 150명 이내의 위원으로 구성하되, 위원 중 2명은 상임으로 한다.

⑤ 업무상 질병판정위원회의 심의를 거친 보험급여에 관한 결정에 불복하는 자는 심사청구를 하지 아니하고 재심사청구를 할 수 있다.

정답 및 해설

30 ⑤ ⑤는 장해가 아닌 중증요양상태에 관한 설명이다.

1. 치유란 부상 또는 질병이 완치되거나 치료의 효과를 더 이상 기대할 수 없고 그 증상이 고정된 상태에 이르게 된 것을 말한다.
2. 장해란 부상 또는 질병이 치유되었으나 정신적 또는 육체적 훼손으로 인하여 노동능력이 상실되거나 감소된 상태를 말한다.
3. 중증요양상태란 업무상의 부상 또는 질병에 따른 정신적 또는 육체적 훼손으로 노동능력이 상실되거나 감소된 상태로서 그 부상 또는 질병이 치유되지 아니한 상태를 말한다.

31 ① 요양급여는 산재보험 의료기관에서 요양을 하게 한다. 다만, 부득이한 경우에는 요양을 갈음하여 요양비를 지급할 수 있다.

32 ① 근로복지공단의 보험급여결정 등에 불복하는 자는 그 보험급여결정 등을 한 근로복지공단의 소속기관을 거쳐 근로복지공단에 심사청구를 할 수 있다.

33 산업재해보상보험법상 보험급여에 관한 설명으로 옳지 않은 것은? 제26회

① 업무상 사유로 인한 부상 또는 질병이 3일 이내의 요양으로 치유될 수 있으면 근로자에게 요양급여를 지급하지 아니한다.

② 장해보상연금 또는 진폐보상연금의 수급권자가 사망한 경우 그 수급권이 소멸한다.

③ 장해보상연금의 수급권자가 재요양을 받는 경우에도 그 연금의 지급을 정지하지 아니한다.

④ 근로자가 사망할 당시 그 근로자의 생계를 같이하고 있던 유족 중 25세 미만인 자녀는 유족보상연금 수급자격자에 해당한다.

⑤ 유족보상연금 수급자격자인 손자녀가 25세가 된 때에도 그 자격을 잃지 아니한다.

대표예제 29 국민건강보험법★

국민건강보험법상 가입자가 그 건강보험자격을 상실하게 되는 시기에 대한 내용 중 옳은 것은?

제9회

① 사망한 날

② 국적을 잃은 날

③ 국내에 거주하지 아니하게 된 날

④ 직장가입자의 피부양자가 된 날

⑤ 수급권자가 된 날의 다음 날

오답체크 | ①②③은 다음 날, ⑤는 그 날에 건강보험자격을 상실한다.

보충 | 국민건강보험 가입자의 자격상실시기

1. 사망한 날의 다음 날
2. 국적을 잃은 날의 다음 날
3. 국내에 거주하지 아니하게 된 날의 다음 날
4. 직장가입자의 피부양자가 된 날
5. 수급권자가 된 날
6. 국민건강보험의 적용을 받고 있던 자로서 유공자 등 의료보호대상자가 된 자가 국민건강보험의 적용배제신청을 한 날

기본서 p.292~302

정답 ④

고난도

34 국민건강보험법령에 관한 설명으로 옳은 것은? 제21회

① 고용기간이 3개월 미만인 일용근로자나 병역법에 따른 현역병(지원에 의하지 아니하고 임용된 하사를 포함한다), 전환복무된 사람 및 군 간부후보생은 직장가입자에서 제외된다.

② 가입자는 국적을 잃은 날, 직장가입자의 피부양자가 된 날, 수급권자가 된 날 건강보험자격을 상실한다.

③ 국내에 거주하는 피부양자가 있는 직장가입자가 국외에서 업무에 종사하고 있는 경우에는 보험료를 면제한다.

④ 국민건강보험료는 가입자의 자격을 취득한 날이 속하는 달의 다음 달부터 가입자의 자격을 잃은 날의 전날이 속하는 달까지 징수한다. 다만, 가입자의 자격을 매월 1일에 취득한 경우 또는 유공자 등 의료보호대상자 중 건강보험의 적용을 보험자에게 신청한 사람이 건강보험 적용 신청으로 가입자의 자격을 취득하는 경우에는 그 달부터 징수한다.

⑤ 과다납부된 본인일부부담금을 돌려받을 권리는 5년 동안 행사하지 아니하면 시효로 소멸한다.

제1편 행정실무 제3장

정답 및 해설

33 ⑤ 유족보상연금 수급자격자인 유족이 다음의 어느 하나에 해당하면 그 자격을 잃는다.

1. 사망한 경우
2. 재혼한 때(사망한 근로자의 배우자만 해당하며, 재혼에는 사실상 혼인관계에 있는 경우를 포함한다)
3. 사망한 근로자와의 친족관계가 끝난 경우
4. 자녀가 25세가 된 때
5. 손자녀가 25세가 된 때
6. 형제자매가 19세가 된 때
7. 장애인이었던 사람으로서 그 장애상태가 해소된 경우
8. 근로자가 사망할 당시 대한민국 국민이었던 유족보상연금 수급자격자가 국적을 상실하고 외국에서 거주하고 있거나 외국에서 거주하기 위하여 출국하는 경우
9. 대한민국 국민이 아닌 유족보상연금 수급자격자가 외국에서 거주하기 위하여 출국하는 경우

34 ④ ① 고용기간이 1개월 미만인 일용근로자나 병역법에 따른 현역병(지원에 의하지 아니하고 임용된 하사를 포함한다), 전환복무된 사람 및 군 간부후보생은 직장가입자에서 제외된다.

② 가입자는 국적을 잃은 날의 다음 날에, 직장가입자의 피부양자가 된 날에, 수급권자가 된 날에 건강보험자격을 상실한다.

③ 국내에 거주하는 피부양자가 없는 직장가입자가 국외에서 업무에 종사하고 있는 경우에는 보험료를 면제한다.

⑤ 과다납부된 본인일부부담금을 돌려받을 권리는 3년 동안 행사하지 아니하면 시효로 소멸한다.

35 국민건강보험법령에 관한 설명으로 옳지 않은 것은?

① 피부양자는 직장가입자에게 주로 생계를 의존하는 사람으로서 소득 및 재산이 보건복지부령으로 정하는 기준 이하에 해당하는 사람을 말한다.
② 자격을 잃은 경우 해당 직장가입자의 사용자는 그 내역을 보건복지부령이 정하는 바에 의하여 자격을 잃은 날부터 14일 이내에 보험자에게 신고하여야 한다.
③ 보험료는 가입자의 자격을 취득한 날이 속하는 달부터 가입자의 자격을 상실한 날의 전날이 속하는 달까지 징수한다.
④ 직장가입자의 보험료는 직장가입자와 해당 근로자가 소속되어 있는 사업장의 사업주가 각각 보험료액의 100분의 50씩 부담한다.
⑤ 이의신청에 대한 결정에 불복하는 자는 처분이 있음을 안 날부터 90일 이내에 건강보험분쟁조정위원회에 심판청구를 할 수 있다.

36 국민건강보험법령상 피부양자의 요건과 자격인정 기준을 충족하는 사람을 모두 고른 것은?

제23회

㉠ 직장가입자의 직계존속과 직계비속
㉡ 직장가입자의 배우자의 직계존속과 직계비속
㉢ 직장가입자의 형제자매
㉣ 직장가입자의 형제자매의 직계비속

① ㉠, ㉡
② ㉠, ㉢
③ ㉠, ㉡, ㉢
④ ㉠, ㉡, ㉣
⑤ ㉡, ㉢, ㉣

37 국민건강보험법상 가입자에 관한 설명으로 옳지 않은 것은?

제26회

① 가입자는 의료급여법에 따른 수급권자가 된 날의 다음 날에 그 자격을 잃는다.
② 병역법에 따른 현역병은 직장가입자에서 제외된다.
③ 유공자 등 의료보호대상자이었던 사람은 그 대상자에서 제외된 날에 직장가입자 또는 지역가입자의 자격을 얻는다.
④ 가입자는 국내에 거주하지 아니하게 된 날의 다음 날에 그 자격을 잃는다.
⑤ 직장가입자인 근로자 등은 그 사용관계가 끝난 날의 다음 날에 그 자격이 변동된다.

대표예제 30 국민연금법 ★★

국민연금법령에 관한 설명으로 옳지 않은 것은? 제15회

① 연금은 지급하여야 할 사유가 생긴 날이 속하는 달의 다음 달부터 수급권이 소멸한 날이 속하는 달까지 지급한다.

② 국민연금공단은 수급권이 소멸 또는 정지된 급여를 받은 자에 대하여 지급한 금액에 대통령령으로 정하는 이자를 더하여 환수하여야 한다.

③ 가입 중에 생긴 질병이나 부상으로 완치된 후에도 신체상 · 정신상의 장애가 있는 자에 대하여는 그 장애가 계속되는 동안 장애 정도에 따라 장애연금을 지급한다.

④ 가입자 또는 가입자였던 자가 고의로 질병 · 부상 또는 그 원인이 되는 사고를 일으켜 그로 인하여 장애를 입은 경우에는 그 장애를 지급사유로 하는 장애연금을 지급하지 아니할 수 있다.

⑤ 심사청구에 대한 결정에 불복하는 자는 그 결정통지를 받은 날부터 90일 이내에 국민연금재심사위원회에 재심사를 청구할 수 있다.

해설 | 국민연금공단은 급여를 받은 사람이 거짓이나 그 밖의 부정한 방법으로 급여를 받은 경우와 수급권 소멸사유를 공단에 신고하지 아니하거나 늦게 신고하여 급여가 잘못 지급된 경우에는 그 지급금액에 이자를 가산하여 환수한다.

기본서 p.281~291 정답 ②

정답 및 해설

35 ③ 보험료는 가입자의 자격을 취득한 날이 속하는 달의 다음 달부터 가입자의 자격을 상실한 날의 전날이 속하는 달까지 징수한다.

36 ③ 피부양자는 다음의 어느 하나에 해당하는 사람 중 직장가입자에게 주로 생계를 의존하는 사람으로서 소득 및 재산이 보건복지부령으로 정하는 기준 이하에 해당하는 사람을 말한다.
1. 직장가입자의 배우자
2. 직장가입자의 직계존속(배우자의 직계존속을 포함한다)
3. 직장가입자의 직계비속(배우자의 직계비속을 포함한다)과 그 배우자
4. 직장가입자의 형제자매

37 ① 가입자는 다음의 어느 하나에 해당하게 된 날에 그 자격을 잃는다.
1. 사망한 날의 다음 날
2. 국적을 잃은 날의 다음 날
3. 국내에 거주하지 아니하게 된 날의 다음 날
4. 직장가입자의 피부양자가 된 날
5. 수급권자가 된 날
6. 건강보험을 적용받고 있던 사람이 유공자 등 의료보호대상자가 되어 건강보험의 적용배제신청을 한 날

38 국민연금법상 국민연금에 관한 설명으로 옳지 않은 것은?

① 국민기초생활보장법에 의한 수급자는 국민연금 가입대상 제외자에 해당한다.
② 국민연금 가입기간이 20년 미만인 가입자로서 60세가 된 자는 65세가 될 때까지 보건복지부령으로 정하는 바에 따라 국민연금공단에 가입을 신청하면 임의계속가입자가 될 수 있다.
③ 연금보험료는 납부의무자가 다음 달 10일까지 내야 한다.
④ 가입기간이 10년 이상인 가입자 또는 가입자였던 사람이 사망하면 그 유족에게 유족연금을 지급한다.
⑤ 심사청구에 대한 결정에 불복하는 자는 그 결정통지를 받은 날부터 180일 이내에 국민연금 재심사위원회에 재심사를 청구할 수 있다.

고난도

39 국민연금법상 국민연금에 관한 설명으로 옳지 않은 것은?

① 급여를 지급받을 권리는 그 급여 전액에 대하여 지급이 정지되어 있는 동안은 시효가 진행되지 아니한다.
② 연금보험료, 환수금 그 밖에 이 법에 따른 징수금을 징수하거나 환수할 권리는 5년간, 급여(가입기간이 10년 미만인 자가 60세가 된 때에 따른 반환일시금은 제외한다)를 받거나 과오납금을 반환받을 수급권자 또는 가입자 등의 권리는 3년간, 가입기간이 10년 미만인 자가 60세가 된 때에 따른 반환일시금을 지급받을 권리는 10년간 행사하지 아니하면 각각 소멸시효가 완성된다.
③ 가입자 또는 가입자였던 자가 사망한 때에 유족이 없으면 그 배우자 · 자녀 · 부모 · 손자녀 · 조부모 또는 형제자매에게 사망일시금을 지급한다. 다만, 가입자 또는 가입자였던 자가 사망한 때에 실종 등으로 인하여 행방을 알 수 없는 자에게는 사망일시금을 지급하지 아니한다.
④ 사용자는 해당 사업장의 근로자나 사용자 본인이 사업장가입자의 자격을 취득하거나 사업장가입자의 자격을 상실하면 그 사유가 발생한 날이 속하는 달의 다음 달 15일까지 서류를 공단에 제출하여야 한다.
⑤ 가입기간이 10년 미만인 자가 60세가 된 때에는 본인의 청구에 의하여 반환일시금을 지급받을 수 있다.

종합

40 국민연금법령에 관한 설명으로 옳지 않은 것은?

① 부담금이란 사업장가입자의 사용자가 부담하는 금액을 말하고, 기여금이란 사업장가입자가 부담하는 금액을 말한다.

② 국민연금법을 적용할 때 배우자, 남편 또는 아내에는 사실상의 혼인관계에 있는 자를 포함한다.

③ 심사청구는 그 처분이 있음을 안 날부터 90일 이내에 문서로 하여야 하며, 처분이 있은 날부터 180일을 경과하면 이를 제기하지 못한다. 다만, 정당한 사유로 그 기간에 심사청구를 할 수 없었음을 증명하면 그 기간이 지난 후에도 심사청구를 할 수 있다.

④ 장애연금 수급권자에게 다시 장애연금을 지급하여야 할 장애가 발생한 때에는 전후의 장애를 병합(倂合)한 장애 정도에 따라 장애연금을 지급한다. 다만, 전후의 장애를 병합한 장애 정도에 따른 장애연금이 전의 장애연금보다 적으면 전의 장애연금을 지급한다.

⑤ 급여의 지급이나 과오납금 등의 반환청구에 관한 기간을 계산할 때 그 서류의 송달에 들어간 일수도 그 기간에 산입한다.

41 국민연금법령상 사업장가입자가 가입자격을 상실하는 시기가 다른 하나는?

① 국적을 상실하거나 국외로 이주한 때

② 사용관계가 끝난 때

③ 60세가 된 때

④ 국민연금 가입대상 제외자에 해당하게 된 때

⑤ 사망한 때

정답 및 해설

38 ⑤ 심사청구에 대한 결정에 불복하는 자는 그 결정통지를 받은 날부터 90일 이내에 국민연금 재심사위원회에 재심사를 청구할 수 있다.

39 ② 연금보험료, 환수금 그 밖에 이 법에 따른 징수금을 징수하거나 환수할 권리는 3년간, 급여를 받거나 과오납금을 반환받을 수급권자 또는 가입자 등의 권리는 5년간, 반환일시금을 지급받을 권리는 10년간 행사하지 아니하면 각각 소멸시효가 완성된다.

40 ⑤ 급여의 지급이나 과오납금 등의 반환청구에 관한 기간을 계산할 때 그 서류의 송달에 들어간 일수는 그 기간에 산입하지 아니한다.

41 ④ 사업장가입자는 다음에 해당하게 된 날의 다음 날에 자격을 상실한다. 다만, 5.의 경우에는 그에 해당하게 된 날에 자격을 상실한다.

1. 사망한 때
2. 국적을 상실하거나 국외로 이주한 때
3. 사용관계가 끝난 때
4. 60세가 된 때
5. 국민연금 가입대상 제외자(공무원연금법, 군인연금법 및 사립학교교직원 연금법을 적용받는 공무원, 군인 및 사립학교교직원, 그 밖에 대통령령으로 정하는 자)에 해당하게 된 때

42 국민연금법령상 용어정의로 옳지 않은 것은?

① 소득은 일정한 기간 근로를 제공하여 얻은 수입에서 대통령령으로 정하는 비과세소득을 제외한 금액 또는 사업 및 자산을 운영하여 얻는 수입에서 필요경비를 제외한 금액을 말한다.

② 평균소득월액은 매년 사업장가입자 및 지역가입자 전원(全員)의 기준소득월액을 평균한 금액을 말한다.

③ 기준소득월액은 연금보험료와 급여를 산정하기 위하여 국민연금 가입자의 소득월액을 기준으로 하여 정하는 금액을 말한다.

④ 사업장가입자는 사업장에 고용된 근로자 및 사용자로서 국민연금에 가입된 자를 말한다.

⑤ 기여금은 사업장가입자의 사용자가 부담하는 금액을 말한다.

고난도

43 국민연금법상 연금급여에 관한 설명으로 옳은 것은?

제22회

① 국민연금법상 급여의 종류는 노령연금, 장애연금, 유족연금의 3가지로 구분된다.

② 유족연금 등의 수급권자가 될 수 있는 자를 고의로 사망하게 한 유족에게는 사망에 따라 발생되는 유족연금 등의 일부를 지급하지 아니할 수 있다.

③ 수급권자의 청구가 없더라도 급여원인이 발생하면 공단은 급여를 지급한다.

④ 연금액은 지급사유에 따라 기본연금액과 부양가족연금액을 기초로 산정한다.

⑤ 장애연금의 수급권자가 정당한 사유 없이 국민연금법에 따른 공단의 진단요구에 응하지 아니한 때에는 급여의 전부의 지급을 정지한다.

대표예제 31 **고용보험법 ★★★**

고용보험법상 고용안정 · 직업능력개발사업이 적용되는 자는?

① 1개월간 소정근로시간이 60시간 미만인 자
② 별정우체국법에 따른 별정우체국 직원
③ 국가공무원법에 의한 공무원
④ 사립학교교직원 연금법의 적용을 받는 자
⑤ 65세 이후에 고용되는 자

해설 | 65세 이후에 고용되는 자는 고용보험법상 고용안정 · 직업능력개발사업의 적용대상자이다.
보충 | 고용보험법 적용 제외대상자

1. 다음의 어느 하나에 해당하는 자에게는 고용보험법을 적용하지 아니한다.
   - 해당 사업에서 1개월간 소정근로시간이 60시간 미만이거나 1주간의 소정근로시간이 15시간 미만인 근로자
   - 국가공무원법 및 지방공무원법에 의한 공무원. 다만, 별정직 공무원 및 임기제 공무원의 경우는 본인의 의사에 따라 고용보험(실업급여에 한한다)에 가입할 수 있다.
   - 사립학교교직원 연금법의 적용을 받는 자
   - 별정우체국법에 의한 별정우체국 직원
2. 1.에도 불구하고 다음의 어느 하나에 해당하는 근로자는 고용보험법 적용대상으로 한다.
   - 해당 사업에서 3개월 이상 계속하여 근로를 제공하는 근로자
   - 일용근로자

기본서 p.265~280

정답 ⑤

정답 및 해설

42 ⑤ 부담금은 사업장가입자의 사용자가 부담하는 금액을 말하고, 기여금은 사업장가입자가 부담하는 금액을 말한다.

43 ④ ① 국민연금법상 급여의 종류는 노령연금, 장애연금, 유족연금, 반환일시금의 4가지로 구분된다.
② 다음의 어느 하나에 해당하는 사람에게는 사망에 따라 발생되는 유족연금, 미지급급여, 반환일시금 및 사망일시금(이하 '유족연금 등'이라 한다)을 지급하지 아니한다.
1. 가입자 또는 가입자였던 자를 고의로 사망하게 한 유족
2. 유족연금 등의 수급권자가 될 수 있는 자를 고의로 사망하게 한 유족
3. 다른 유족연금 등의 수급권자를 고의로 사망하게 한 유족연금 등의 수급권자
③ 급여는 수급권자의 청구에 따라 공단이 지급한다.
⑤ 장애연금의 수급권자가 정당한 사유 없이 국민연금법에 따른 공단의 진단요구에 응하지 아니한 때에는 급여의 전부 또는 일부의 지급을 정지한다.

종합

44 고용보험법령에 관한 설명으로 옳지 않은 것은?

① 구직급여의 산정 기초가 되는 임금일액(기초일액)은 수급자격의 인정과 관련된 마지막 이직 당시 근로기준법에 따라 산정된 평균임금으로 한다.

② 출산전후휴가급여 등은 근로기준법의 통상임금에 해당하는 금액을 지급한다.

③ 육아휴직급여는 육아휴직 시작일을 기준으로 한 월 통상임금의 100분의 50에 해당하는 금액을 월별 지급액으로 한다. 다만, 해당 금액이 150만원을 넘는 경우에는 150만원으로 하고, 해당 금액이 70만원보다 적은 경우에는 70만원으로 한다.

④ 사업주는 피보험자를 자신의 하나의 사업에서 다른 사업으로 전보시켰을 때에는 전보일부터 14일 이내에 고용노동부장관에게 신고하여야 한다.

⑤ 사업주는 고용노동부장관에게 그 사업에 고용된 근로자의 피보험자격 취득 및 상실에 관한 사항을 그 사유가 발생한 날이 속하는 달의 다음 달 15일까지 신고한다.

45 고용보험법상 심사청구와 재심사청구에 관한 설명으로 옳지 않은 것은?

① 피보험자격의 취득·상실에 대한 확인, 실업급여 및 육아휴직급여와 출산전후휴가급여 등에 관한 처분에 이의가 있는 자는 고용보험심사관에게 심사를 청구할 수 있다.

② 심사의 청구는 확인 또는 처분이 있음을 안 날부터 90일 이내에 제기하여야 한다.

③ 고용보험심사관은 심사청구를 받으면 30일 이내에 그 심사청구에 대한 결정을 하여야 한다. 다만, 부득이한 사정으로 그 기간에 결정할 수 없을 때에는 1차에 한하여 10일을 넘지 아니하는 범위에서 그 기간을 연장할 수 있다.

④ 재심사의 청구는 심사청구에 대한 결정이 있음을 안 날부터 180일 이내에 제기하여야 한다.

⑤ 심사 및 재심사의 청구는 시효중단에 관하여 재판상의 청구로 본다.

46 고용보험법령상 취업촉진수당의 종류로 옳지 않은 것은?

① 조기재취업수당
② 직업능력개발수당
③ 육아휴직수당
④ 광역 구직활동비
⑤ 이주비

47 고용보험법상 취업촉진수당의 종류에 해당하는 것을 모두 고른 것은? 제25회

㉠ 훈련연장급여
㉡ 직업능력개발수당
㉢ 광역 구직활동비
㉣ 이주비

① ㉠, ㉡
② ㉡, ㉢
③ ㉢, ㉣
④ ㉠, ㉡, ㉢
⑤ ㉡, ㉢, ㉣

48 고용보험법상 고용보험법의 적용 제외대상인 사람을 모두 고른 것은? 제26회

㉠ 사립학교교직원 연금법의 적용을 받는 사람
㉡ 1주간의 소정근로시간이 15시간 미만인 일용근로자
㉢ 별정우체국법에 따른 별정우체국 직원

① ㉠
② ㉡
③ ㉠, ㉢
④ ㉡, ㉢
⑤ ㉠, ㉡, ㉢

정답 및 해설

44 ③ 육아휴직급여는 육아휴직 시작일을 기준으로 한 월 통상임금의 100분의 80에 해당하는 금액을 월별 지급액으로 한다. 다만, 해당 금액이 150만원을 넘는 경우에는 150만원으로 하고, 해당 금액이 70만원보다 적은 경우에는 70만원으로 한다.

45 ④ 재심사의 청구는 심사청구에 대한 결정이 있음을 안 날부터 90일 이내에 제기하여야 한다.

46 ③ 취업촉진수당의 종류에는 조기재취업수당, 직업능력개발수당, 광역 구직활동비, 이주비 등이 있다.

47 ⑤ 취업촉진수당의 종류에는 조기재취업수당, 직업능력개발수당, 광역 구직활동비, 이주비 등이 있다.

48 ③ 다음의 어느 하나에 해당하는 사람에게는 고용보험법을 적용하지 아니한다.

1. 해당 사업에서 1개월간 소정근로시간이 60시간 미만이거나 1주간의 소정근로시간이 15시간 미만인 근로자. 다만, 다음의 어느 하나에 해당하는 근로자는 고용보험법 적용대상으로 한다.
   - 해당 사업에서 3개월 이상 계속하여 근로를 제공하는 근로자
   - 일용근로자
2. 국가공무원법과 지방공무원법에 따른 공무원. 다만, 별정직 공무원, 국가공무원법 및 지방공무원법에 따른 임기제 공무원의 경우는 본인의 의사에 따라 고용보험(실업급여에 한정한다)에 가입할 수 있다.
3. 사립학교교직원 연금법의 적용을 받는 사람
4. 별정우체국법에 따른 별정우체국 직원

종합

49 고용보험법령에 관한 설명으로 옳지 않은 것은? 제15회 수정

① 실업의 인정을 받으려는 수급자격자는 이 법에 따라 실업의 신고를 한 날부터 계산하기 시작하여 1주부터 4주의 범위에서 직업안정기관의 장이 지정한 날에 출석하여 재취업을 위한 노력을 하였음을 신고하여야 한다.

② 구직급여의 산정 기초가 되는 임금일액(기초일액)은 수급자격의 인정과 관련된 마지막 이직 당시 근로기준법에 따라 산정된 통상임금으로 한다.

③ 근로자인 피보험자가 이 법에 따른 적용 제외 근로자에 해당하게 된 경우에는 그 적용 제외 대상자가 된 날에, 근로자인 피보험자가 고용보험 및 산업재해보상보험의 보험료징수 등에 관한 법률에 따라 보험관계가 소멸한 경우에는 그 보험관계가 소멸한 날에 피보험자격을 상실한다.

④ 수급자격자가 소정급여일수 내에 임신 · 출산 · 육아의 사유로 수급기간을 연장한 경우에는 그 기간만큼 구직급여를 유예하여 지급한다.

⑤ 고용노동부장관은 남녀고용평등과 일 · 가정 양립 지원에 관한 법률에 따른 육아기 근로시간 단축을 30일 이상 실시한 피보험자 중 육아기 근로시간 단축을 시작한 날 이전에 피보험 단위기간이 합산하여 180일 이상인 피보험자에게 육아기 근로시간 단축 급여를 지급한다.

50 고용보험법령상 구직급여에 관한 설명으로 옳지 않은 것은?

① 구직급여를 지급받으려는 자는 이직 후 지체 없이 고용노동부에 출석하여 실업을 신고하여야 한다.

② 구직급여의 산정 기초가 되는 임금일액은 수급자격의 인정과 관련된 마지막 이직 당시 근로기준법에 따라 산정된 평균임금으로 한다.

③ 구직급여의 산정 기초가 되는 임금일액이 11만원을 초과하는 경우에는 11만원을 해당 임금일액으로 한다.

④ 실업의 신고일부터 계산하기 시작하여 7일간은 대기기간으로 보아 구직급여를 지급하지 아니한다. 다만, 최종 이직 당시 건설일용근로자였던 사람에 대해서는 실업의 신고일부터 계산하여 구직급여를 지급한다.

⑤ 구직급여의 소정급여일수는 대기기간이 끝난 다음 날부터 계산하기 시작하여 피보험기간과 연령에 따라 정한 일수가 되는 날까지로 한다.

51 고용보험법상의 내용으로 옳지 않은 것은?

① 고용보험 및 산업재해보상보험의 보험료징수 등에 관한 법률에 따라 보험에 가입되거나 가입된 것으로 보는 근로자는 피보험자에 해당된다.
② 근로자인 피보험자가 이직한 경우에는 이직한 날의 다음 날에 피보험자격을 상실한다.
③ 근로자인 피보험자가 고용보험 및 산업재해보상보험의 보험료징수 등에 관한 법률에 따라 보험관계가 소멸한 경우에는 그 보험관계가 소멸한 날에 피보험자격을 상실한다.
④ 실업급여를 받을 권리는 양도 또는 압류하거나 담보로 제공할 수 있다.
⑤ 근로자가 보험관계가 성립되어 있는 둘 이상의 사업에 동시에 고용되어 있는 경우에는 고용노동부령으로 정하는 바에 따라 그중 한 사업의 근로자로서의 피보험자격을 취득한다.

고난도

52 고용보험법상의 실업급여에 관한 설명으로 옳지 않은 것은? 제22회

① 구직급여는 실업급여에 포함된다.
② 취업촉진수당에는 이주비는 포함되지만 조기재취업수당은 포함되지 않는다.
③ 실업급여수급계좌의 해당 금융기관은 고용보험법에 따른 실업급여만이 실업급여 수급계좌에 입금되도록 관리하여야 한다.
④ 실업급여를 받을 권리는 양도할 수 없다.
⑤ 실업급여로서 지급된 금품에 대하여는 국가나 지방자치단체의 공과금(국세기본법 또는 지방세기본법에 따른 공과금을 말한다)을 부과하지 아니한다.

정답 및 해설

49 ② 구직급여의 산정 기초가 되는 임금일액(기초일액)은 수급자격의 인정과 관련된 마지막 이직 당시 근로기준법에 따라 산정된 평균임금으로 한다.

50 ① 구직급여를 지급받으려는 자는 이직 후 지체 없이 직업안정기관에 출석하여 실업을 신고하여야 한다.

51 ④ 실업급여를 받을 권리는 양도 또는 압류하거나 담보로 제공할 수 없다.

52 ② 취업촉진수당의 종류에는 조기(早期)재취업수당, 직업능력개발수당, 광역 구직활동비, 이주비가 있다.

53 **고용보험법상 용어정의 및 피보험자의 관리에 관한 설명으로 옳지 않은 것은? (권한의 위임 · 위탁은 고려하지 않음)** 제24회

① 일용근로자란 3개월 미만 동안 고용되는 사람을 말한다.

② 실업의 인정이란 직업안정기관의 장이 이 법에 따른 수급자격자가 실업한 상태에서 적극적으로 직업을 구하기 위하여 노력하고 있다고 인정하는 것을 말한다.

③ 근로자인 피보험자가 이 법에 따른 적용 제외 근로자에 해당하게 된 경우에는 그 적용 제외 대상자가 된 날에 그 피보험자격을 상실한다.

④ 이 법에 따른 적용 제외 근로자였던 사람이 이 법의 적용을 받게 된 경우에는 그 적용을 받게 된 날에 피보험자격을 취득한 것으로 본다.

⑤ 사업주는 그 사업에 고용된 근로자의 피보험자격의 취득 및 상실 등에 관한 사항을 대통령령으로 정하는 바에 따라 고용노동부장관에게 신고하여야 한다.

대표예제 32 고용보험 및 산업재해보상보험의 보험료징수 등에 관한 법률 ★

고용보험 및 산업재해보상보험의 보험료징수 등에 관한 법률상 보험관계의 성립 및 소멸에 대한 설명으로 옳지 않은 것은? 제14회

① 산업재해보상보험의 적용을 받은 사업의 사업주는 당연히 산업재해보상보험의 보험가입자가 된다.

② 산업재해보상보험법의 적용을 받지 아니하는 사업의 사업주는 근로복지공단의 승인을 얻어 산업재해보상보험에 가입할 수 있다.

③ 산업재해보상보험에 가입한 사업주가 보험계약을 해지하고자 할 때에는 근로복지공단의 승인을 얻어야 한다.

④ ③의 경우 보험계약의 해지는 그 보험계약이 성립한 보험연도가 종료된 이후에 하여야 한다.

⑤ 근로복지공단은 사업의 실체가 없는 등의 사유로 계속하여 보험관계를 유지할 수 없다고 인정하는 경우에도 그 보험관계를 소멸시킬 수 없다.

해설 | 근로복지공단은 사업의 실체가 없는 등의 사유로 계속하여 보험관계를 유지할 수 없다고 인정하는 경우에는 그 보험관계를 <u>소멸시킬 수 있다</u>.

기본서 p.250~255

정답 ⑤

54 고용보험 및 산업재해보상보험의 보험료징수 등에 관한 법률에 대한 설명으로 옳지 않은 것은?

① 고용보험법을 적용하지 아니하는 사업의 경우에는 공단이 그 사업의 사업주로부터 보험가입승인신청서를 접수한 날에 성립한다.

② 사업 실체가 없는 등의 사유로 계속하여 보험관계를 유지할 수 없다고 인정하는 경우에 공단이 보험관계를 소멸시키는 경우에는 그 소멸을 결정 · 통지한 날의 다음 날에 소멸한다.

③ 사업주는 당연히 보험가입자가 된 경우에는 그 보험관계가 성립한 날부터 14일 이내에 사업의 폐업 · 종료 등으로 인하여 보험관계가 소멸한 경우에는, 그 보험관계가 소멸한 날부터 14일 이내에 공단에 보험관계의 성립 또는 소멸신고를 하여야 한다.

④ 보험에 가입한 사업주는 그 이름, 사업의 소재지 등 대통령령으로 정하는 사항이 변경된 경우에는 그 날부터 14일 이내에 그 변경사항을 공단에 신고하여야 한다.

⑤ 보험료 등의 고지 및 수납, 보험료 등 체납관리에 해당하는 징수업무는 국민건강보험공단이 고용노동부장관으로부터 위탁을 받아 수행한다.

정답 및 해설

53 ① 일용근로자란 1개월 미만 동안 고용되는 사람을 말한다.

54 ① 고용보험법을 적용하지 아니하는 사업의 경우에는 공단이 그 사업의 사업주로부터 보험가입승인신청서를 접수한 날의 다음 날에 성립한다.

제3장 주관식 기입형 문제

01 **근로기준법상 해고의 예고에 관한 설명이다. (   ) 안에 들어갈 용어와 숫자를 순서대로 각각 쓰시오.**

> 사용자는 근로자를 해고(경영상 이유에 의한 해고를 포함한다)하려면 적어도 30일 전에 예고를 하여야 하고, 30일 전에 예고를 하지 아니하였을 때에는 30일분 이상의 (   )을(를) 지급하여야 한다. 다만, 다음의 어느 하나에 해당하는 경우에는 그러하지 아니하다.
> 1. 근로자가 계속 근로한 기간이 (   )개월 미만인 경우
> 2. 천재·사변, 그 밖의 부득이한 사유로 사업을 계속하는 것이 불가능한 경우
> 3. 근로자가 고의로 사업에 막대한 지장을 초래하거나 재산상 손해를 끼친 경우로서 고용노동부령으로 정하는 사유에 해당하는 경우

02 **근로기준법령상 (   ) 안에 들어갈 용어를 쓰시오.**

> 연차유급휴가는 (   )년간 행사하지 아니하면 소멸된다. 다만, 사용자의 귀책사유로 사용하지 못한 경우에는 그러하지 아니하다.

03 **근로기준법상 휴업수당에 관한 설명이다. ㉠과 ㉡에 공통으로 들어갈 용어를 쓰시오.**

> 사용자의 귀책사유로 휴업하는 경우에 사용자는 휴업기간 동안 그 근로자에게 (㉠)임금의 100분의 70 이상의 수당을 지급하여야 한다. 다만, (㉠)임금의 100분의 70에 해당하는 금액이 (㉡)임금을 초과하는 경우에는 (㉡)임금을 휴업수당으로 지급할 수 있다.

04 근로기준법상 연차유급휴가에 관한 설명이다. ( ) 안에 들어갈 숫자와 용어를 순서대로 각각 쓰시오.

3년 이상 계속 근로한 근로자로서 ( )년간 80% 이상 출근한 자에 대하여, 사용자는 15일의 유급휴가에 최초 1년을 초과하는 계속근로연수 매 ( )년에 대하여 1일을 가산한 유급휴가를 주어야 한다. 이 경우 ( )을(를) 포함한 총휴가일수는 25일을 한도로 한다.

05 근로기준법상 부당해고 등의 구제절차에 관한 설명이다. ( ) 안에 들어갈 숫자와 용어를 순서대로 각각 쓰시오.

- 구제신청은 부당해고 등이 있었던 날부터 ( )개월 이내에 하여야 한다
- 지방노동위원회의 구제명령이나 기각결정에 불복하는 사용자나 근로자는 구제명령서나 기각결정서를 통지받은 날부터 ( )일 이내에 중앙노동위원회에 재심을 신청할 수 있다.
- 중앙노동위원회의 재심판정에 대하여 사용자나 근로자는 재심판정서를 송달받은 날부터 ( )일 이내에 행정소송법의 규정에 따라 소(訴)를 제기할 수 있다.

06 근로기준법상 이행강제금에 관한 내용이다. ( ) 안에 들어갈 숫자를 순서대로 각각 쓰시오.

제20회

노동위원회는 최초의 구제명령을 한 날을 기준으로 매년 ( )회의 범위에서 구제명령이 이행될 때까지 반복하여 이행강제금을 부과 · 징수할 수 있다. 이 경우 이행강제금은 ( )년을 초과하여 부과 · 징수하지 못한다.

정답 및 해설

01 통상임금, 3
02 1
03 ㉠ 평균, ㉡ 통상
04 1, 2, 가산휴가
05 3, 10, 15
06 2, 2

07 최저임금법령에 관한 설명이다. (　　) 안에 들어갈 숫자를 순서대로 각각 쓰시오.

최저임금법에 따라 1년 이상의 기간을 정하여 근로계약을 체결하고 수습 중에 있는 근로자로서 수습을 시작한 날부터 (　　)개월 이내인 사람에 대해서는 시간급 최저임금액에서 100분의 (　　)을(를) 뺀 금액을 그 근로자의 시간급 최저임금액으로 한다.

08 최저임금법령상 최저임금의 효력발생에 관한 설명이다. (　　) 안에 들어갈 숫자와 용어를 순서대로 각각 쓰시오.

고시된 최저임금은 다음 연도 1월 (　　)일부터 효력이 발생한다. 다만, (　　)은(는) 사업의 종류별로 임금교섭시기 등을 고려하여 필요하다고 인정하면 효력발생시기를 따로 정할 수 있다.

09 최저임금법상 최저임금액에 관한 내용이다. (　　) 안에 들어갈 용어를 쓰시오. 제24회

최저임금액은 시간 · 일(日) · 주(週) 또는 월(月)을 단위로 하여 정한다. 이 경우 일 · 주 또는 월을 단위로 하여 최저임금액을 정할 때에는 (　　)(으)로도 표시하여야 한다.

10 최저임금법상 최저임금액과 최저임금의 효력에 관한 내용이다. (　　) 안에 들어갈 아라비아 숫자와 용어를 쓰시오. 제25회

제5조【최저임금액】① 〈생략〉

② 1년 이상의 기간을 정하여 근로계약을 체결하고 수습 중에 있는 근로자로서 수습을 시작한 날부터 (㉠)개월 이내인 사람에 대하여는 대통령령으로 정하는 바에 따라 제1항에 따른 최저임금액과 다른 금액으로 최저임금액을 정할 수 있다. 다만, 단순노무업무로 고용노동부장관이 정하여 고시한 직종에 종사하는 근로자는 제외한다.

제6조【최저임금의 효력】① 〈생략〉

② 〈생략〉

③ 최저임금의 적용을 받는 근로자와 사용자 사이의 근로계약 중 최저임금액에 미치지 못하는 금액을 임금으로 정한 부분은 (㉡)(으)로 하며, 이 경우 (㉡)(으)로 된 부분은 이 법으로 정한 최저임금액과 동일한 임금을 지급하기로 한 것으로 본다.

11 최저임금법령상 수습 중에 있는 근로자에 대한 최저임금액에 관한 내용이다. ( ) 안에 들어갈 아라비아 숫자를 쓰시오.

제26회

1년 이상의 기간을 정하여 근로계약을 체결하고 수습 중에 있는 근로자로서 수습을 시작한 날부터 (㉠)개월 이내인 사람에 대해서는 시간급 최저임금액(최저임금으로 정한 금액을 말한다)에서 100분의 (㉡)을(를) 뺀 금액을 그 근로자의 시간급 최저임금액으로 한다.

고난도

12 근로자퇴직급여 보장법령상 용어에 관한 설명이다. ( ) 안에 들어갈 용어와 숫자를 순서대로 각각 쓰시오.

- (   ) 퇴직연금이라 함은 근로자가 지급받을 급여의 수준이 사전에 결정되어 있는 퇴직연금을 말한다.
- (   ) 퇴직연금이라 함은 급여의 지급을 위하여 사용자가 부담하여야 할 부담금의 수준이 사전에 결정되어 있는 퇴직연금을 말한다.

13 근로자퇴직급여 보장법상 퇴직급여에 관한 내용이다. ( ) 안에 들어갈 숫자를 쓰시오.

제23회

사용자에게 지급의무가 있는 '퇴직급여 등'은 사용자의 총재산에 대하여 질권 또는 저당권에 의하여 담보된 채권을 제외하고는 조세 · 공과금 및 다른 채권에 우선하여 변제되어야 한다. 다만, 질권 또는 저당권에 우선하는 조세 · 공과금에 대하여는 그러하지 아니하다. 그럼에도 불구하고 최종 (   )년간의 퇴직급여 등은 사용자의 총재산에 대하여 질권 또는 저당권에 의하여 담보된 채권, 조세 · 공과금 및 다른 채권에 우선하여 변제되어야 한다.

정답 및 해설

07 3, 10
08 1, 고용노동부장관
09 시간급
10 ㉠ 3, ㉡ 무효
11 ㉠ 3, ㉡ 10
12 확정급여형, 확정기여형
13 3

14 근로자퇴직급여 보장법령상 퇴직급여제도의 설정에 관한 규정이다. (　　) 안에 들어갈 숫자를 순서대로 각각 쓰시오. 제19회

> 사용자는 퇴직하는 근로자에게 급여를 지급하기 위하여 퇴직급여제도 중 하나 이상의 제도를 설정하여야 한다. 다만, 계속근로기간이 (　　)년 미만인 근로자, 4주간을 평균하여 1주간의 소정근로시간이 (　　)시간 미만인 근로자에 대하여는 그러하지 아니하다.

15 근로자퇴직급여 보장법령상 확정급여형 퇴직연금제도에 관한 설명이다. (　　) 안에 들어갈 숫자와 용어를 순서대로 각각 쓰시오.

> 급여 수준은 가입자의 퇴직일을 기준으로 산정한 일시금이 계속근로기간 1년에 대하여 (　　)일분 이상의 (　　)에 상당하는 금액 이상이 되도록 하여야 한다.

16 근로자퇴직급여 보장법의 용어정의에 관한 내용이다. (　　) 안에 들어갈 용어를 쓰시오. 제22회

> (　　) 퇴직연금제도란 가입자의 선택에 따라 가입자가 납입한 일시금이나 사용자 또는 가입자가 납입한 부담금을 적립·운용하기 위하여 설정한 퇴직연금제도로서 급여의 수준이나 부담금의 수준이 확정되지 아니한 퇴직연금제도를 말한다.

17 노동조합 및 노동관계조정법상 노동조합의 설립신고에 관한 설명이다. (　　) 안에 들어갈 용어를 순서대로 각각 쓰시오.

> 노동조합을 설립하고자 하는 자는 신고서에 규약을 첨부하여 (　　)인 노동조합과 2 이상의 특별시·광역시·특별자치시·도·특별자치도에 걸치는 단위노동조합은 (　　)장관에게, 2 이상의 시·군·구(자치구를 말한다)에 걸치는 단위노동조합은 특별시장·광역시장·도지사에게, 그 외의 노동조합은 특별자치시장·특별자치도지사·시장·군수·구청장(자치구의 구청장을 말한다)에게 제출하여야 한다.

18 노동조합 및 노동관계조정법령에 관한 설명이다. (   ) 안에 들어갈 숫자를 순서대로 각각 쓰시오.

- 사용자의 부당노동행위로 인한 구제의 신청은 부당노동행위가 있은 날[계속하는 행위는 그 종료일(終了日)]부터 (   )월 이내에 이를 행하여야 한다.
- 지방노동위원회 또는 특별노동위원회의 구제명령 또는 기각결정에 불복이 있는 관계 당사자는 그 명령서 또는 결정서의 송달을 받은 날부터 (   )일 이내에 중앙노동위원회에 그 재심을 신청할 수 있다.
- 중앙노동위원회의 재심판정에 대하여 관계 당사자는 그 재심판정서의 송달을 받은 날부터 (   )일 이내에 행정소송법이 정하는 바에 의하여 소를 제기할 수 있다.

19 노동조합 및 노동관계조정법상 부당노동행위에 관한 내용이다. (   ) 안에 들어갈 용어를 쓰시오.

제26회

사용자는 근로자가 어느 노동조합에 가입하지 아니할 것 또는 탈퇴할 것을 고용조건으로 하거나 특정한 노동조합의 조합원이 될 것을 고용조건으로 하는 행위를 할 수 없다. 다만, 노동조합이 당해 사업장에 종사하는 근로자의 3분의 2 이상을 대표하고 있을 때에는 근로자가 그 노동조합의 조합원이 될 것을 고용조건으로 하는 (   )의 체결은 예외로 한다.

정답 및 해설

14 1, 15
15 30, 평균임금
16 개인형
17 연합단체, 고용노동부
18 3, 10, 15
19 단체협약

20 노동조합 및 노동관계조정법령상 단체협약에 관한 설명이다. ㉠과 ㉡에 들어갈 숫자를 쓰시오.

- 단체협약의 당사자는 단체협약의 체결일부터 (㉠)일 이내에 이를 행정관청에 신고하여야 한다.
- 단체협약의 유효기간은 (㉡)년을 초과하지 않는 범위에서 노사가 합의하여 정할 수 있다.

21 남녀고용평등과 일 · 가정 양립 지원에 관한 법률에 대한 설명이다. (   ) 안에 들어갈 숫자를 순서대로 각각 쓰시오.

고용노동부장관은 성희롱 예방 교육기관이 다음의 어느 하나에 해당하면 그 지정을 취소할 수 있다.
1. 거짓이나 그 밖의 부정한 방법으로 지정을 받은 경우
2. 정당한 사유 없이 강사를 (   )개월 이상 계속하여 두지 아니한 경우
3. (   )년 동안 직장 내 성희롱 예방 교육 실적이 없는 경우

22 남녀고용평등과 일 · 가정 양립 지원에 관한 법률상 모성보호에 관한 내용이다. (   ) 안에 들어갈 용어 또는 숫자를 쓰시오.

제23회

사업주는 근로자가 인공수정 또는 체외수정 등 (㉠)(을)를 받기 위하여 휴가를 청구하는 경우에 연간 (㉡)일 이내의 휴가를 주어야 하며, 이 경우 최초 1일은 유급으로 한다. 다만, 근로자가 청구한 시기에 휴가를 주는 것이 정상적인 사업 운영에 중대한 지장을 초래하는 경우에는 근로자와 협의하여 그 시기를 변경할 수 있다.

23 남녀고용평등과 일 · 가정 양립 지원에 관한 법령상 직장 내 성희롱 예방 교육에 관한 내용이다. (   ) 안에 들어갈 숫자를 쓰시오.

제22회

상시 (   )명 미만의 근로자를 고용하는 사업의 사업주는 근로자가 알 수 있도록 홍보물을 게시하거나 배포하는 방법으로 직장 내 성희롱 예방 교육을 할 수 있다.

24 남녀고용평등과 일 · 가정 양립 지원에 관한 법률에 대한 설명이다. ( ) 안에 들어갈 숫자를 순서대로 각각 쓰시오.

- 사업주는 근로자가 배우자의 출산을 이유로 휴가를 청구하는 경우에 ( )일의 휴가를 주어야 한다. 이 경우 사용한 휴가기간은 유급으로 한다.
- 배우자 출산휴가는 근로자의 배우자가 출산한 날부터 ( )일이 지나면 청구할 수 없다.

25 남녀고용평등과 일 · 가정 양립 지원에 관한 법률상 배우자 출산휴가에 관한 내용이다. ( ) 안에 들어갈 아라비아 숫자와 용어를 쓰시오.

제26회

제18조의2【배우자 출산휴가】① 사업주는 근로자가 배우자의 출산을 이유로 휴가(이하 '배우자 출산휴가'라 한다)를 청구하는 경우에 (㉠)일의 휴가를 주어야 한다. 이 경우 사용한 휴가기간은 (㉡)(으)로 한다.
② 제1항 후단에도 불구하고 출산전후휴가급여 등이 지급된 경우에는 그 금액의 한도에서 지급의 책임을 면한다.
③ 배우자 출산휴가는 근로자의 배우자가 출산한 날부터 (㉢)일이 지나면 청구할 수 없다.

26 남녀고용평등과 일 · 가정 양립 지원에 관한 법률에 대한 설명이다. ( ) 안에 들어갈 숫자를 순서대로 각각 쓰시오.

사업주가 해당 근로자에게 육아기 근로시간 단축을 허용하는 경우 단축 후 근로시간은 주당 ( )시간 이상이어야 하고 ( )시간을 넘어서는 아니 된다.

정답 및 해설

20 ㉠ 15, ㉡ 3
21 3, 2
22 ㉠ 난임치료, ㉡ 3
23 10
24 10, 90
25 ㉠ 10, ㉡ 유급, ㉢ 90
26 15, 35

27 남녀고용평등과 일 · 가정 양립 지원에 관한 법률에 대한 설명이다. (　　) 안에 들어갈 숫자를 순서대로 각각 쓰시오.

- 가족돌봄휴직 기간은 연간 최장 (　　)일로 하며, 이를 나누어 사용할 수 있을 것. 이 경우 나누어 사용하는 1회의 기간은 30일 이상이 되어야 한다.
- 가족돌봄휴가 기간은 연간 최장 (　　)일로 하며, 일단위로 사용할 수 있을 것. 다만, 가족돌봄휴가 기간은 가족돌봄휴직 기간에 포함된다.

28 남녀고용평등과 일 · 가정 양립 지원에 관한 법률에 대한 설명이다. (　　) 안에 들어갈 숫자를 순서대로 각각 쓰시오.

- 사업주가 해당 근로자에게 근로시간 단축을 허용하는 경우 단축 후 근로시간은 주당 15시간 이상이어야 하고 (　　)시간을 넘어서는 아니 된다.
- 근로시간 단축의 기간은 1년 이내로 한다. 다만, 55세 이상의 근로자가 은퇴를 준비하기 위한 경우로서 합리적 이유가 있는 경우에 추가로 (　　)년의 범위 안에서 근로시간 단축의 기간을 연장할 수 있다.

29 산업재해보상보험법상 휴업급여에 관한 내용이다. (　　) 안에 들어갈 숫자를 순서대로 쓰시오.

제22회

휴업급여는 업무상 사유로 부상을 당하거나 질병에 걸린 근로자에게 요양으로 취업하지 못한 기간에 대하여 지급하되, 1일당 지급액은 평균임금의 100분의 (　　)에 상당하는 금액으로 한다. 다만, 취업하지 못한 기간이 (　　)일 이내이면 지급하지 아니한다.

30 산업재해보상보험법상 요양급여와 휴업급여에 관한 내용이다. (　　) 안에 들어갈 숫자를 순서대로 쓰시오.

제20회

- 요양급여의 경우 업무상의 사유로 인한 근로자의 부상 또는 질병이 (　　)일 이내의 요양으로 치유될 수 있으면 지급하지 아니한다.
- 휴업급여의 경우 1일당 지급액은 평균임금의 100분의 (　　)에 상당하는 금액으로 한다. 다만, 취업하지 못한 기간이 3일 이내이면 지급하지 아니한다.

31 산업재해보상보험법상 장례비에 관한 내용이다. ( ) 안에 들어갈 아라비아 숫자를 쓰시오.

제24회

장례비는 근로자가 업무상의 사유로 사망한 경우에 지급하되, 평균임금의 (㉠)일분에 상당하는 금액을 그 장례를 지낸 유족에게 지급한다. 다만, 장례를 지낼 유족이 없거나 그 밖에 부득이한 사유로 유족이 아닌 사람이 장례를 지낸 경우에는 평균임금의 (㉡)일분에 상당하는 금액의 범위에서 실제 드는 비용을 그 장례를 지낸 사람에게 지급한다.

32 산업재해보상보험법상 보험급여에 관한 내용이다. ( ) 안에 들어갈 용어를 쓰시오.

제25회

제66조【(㉠)】① 요양급여를 받는 근로자가 요양을 시작한 지 2년이 지난 날 이후에 다음 각 호의 요건 모두에 해당하는 상태가 계속되면 휴업급여 대신 (㉠)(을)를 그 근로자에게 지급한다.

1. 그 부상이나 질병이 치유되지 아니한 상태일 것
2. 그 부상이나 질병에 따른 중증요양상태의 정도가 대통령령으로 정하는 중증요양상태 등급기준에 해당할 것
3. 요양으로 인하여 취업하지 못하였을 것

33 산업재해보상보험법령에 관한 설명이다. ( ) 안에 들어갈 용어를 쓰시오.

( )는 부상 또는 질병이 치유되었으나 정신적 또는 육체적 훼손으로 인하여 노동능력이 상실되거나 감소된 상태를 말한다.

정답 및 해설

27 90, 10
28 30, 2
29 70, 3
30 3, 70
31 ㉠ 120, ㉡ 120
32 상병보상연금
33 장해

34 고용보험법령상 구직급여에 관한 설명이다. ㉠에 들어갈 숫자를 쓰시오.

구직급여의 산정 기초가 되는 임금일액이 (㉠)만원을 초과하는 경우에는 (㉠)만원을 해당 임금일액으로 한다.

35 고용보험법상 실업급여의 기초가 되는 입금일액에 관한 내용이다. (   ) 안에 들어갈 용어를 쓰시오.

제24회

구직급여의 산정 기초가 되는 임금일액은 고용보험법 제43조 제1항에 따른 수급자격의 인정과 관련된 마지막 이직 당시 근로기준법 제2조 제1항 제6호에 따라 산정된 (   )(으)로 한다. 다만, 마지막 이직일 이전 3개월 이내에 피보험자격을 취득한 사실이 2회 이상인 경우에는 마지막 이직일 이전 3개월간(일용근로자의 경우에는 마지막 이직일 이전 4개월 중 최종 1개월을 제외한 기간)에 그 근로자에게 지급된 임금 총액을 그 산정의 기준이 되는 3개월의 총일수로 나눈 금액을 기초일액으로 한다.

36 고용보험법상 구직급여에 관한 내용이다. (   ) 안에 들어갈 아라비아 숫자를 쓰시오.

제25회

제48조 【수급기간 및 수급일수】 ① 구직급여는 이 법에 따로 규정이 있는 경우 외에는 그 구직급여의 수급자격과 관련된 이직일의 다음 날부터 계산하기 시작하여 (㉠)개월 내에 제50조 제1항에 따른 소정급여일수를 한도로 하여 지급한다.

제49조 【대기기간】 제44조에도 불구하고 제42조에 따른 실업의 신고일부터 계산하기 시작하여 (㉡)일간은 대기기간으로 보아 구직급여를 지급하지 아니한다. 다만, 최종 이직 당시 건설일용근로자였던 사람에 대해서는 제42조에 따른 실업의 신고일부터 계산하여 구직급여를 지급한다.

▶ 제44조 【실업의 인정】 ① 구직급여는 수급자격자가 실업한 상태에 있는 날 중에서 직업안정기관의 장으로부터 실업의 인정을 받은 날에 대하여 지급한다.

37 고용보험법령상 육아휴직급여에 관한 설명이다. (　　) 안에 들어갈 숫자를 순서대로 각각 쓰시오.

육아휴직급여는 육아휴직 시작일을 기준으로 한 월 통상임금의 100분의 80에 해당하는 금액을 월별 지급액으로 한다. 다만, 해당 금액이 150만원을 넘는 경우에는 (　　)만원으로 하고, 해당 금액이 70만원보다 적은 경우에는 (　　)만원으로 한다.

38 고용보험법령에 관한 설명이다. ㉠과 ㉡에 들어갈 용어를 쓰시오.

피보험자는 다음의 어느 하나에 해당하는 날에 각각 그 피보험자격을 상실한다.
1.~2. 〈생략〉
3. 근로자인 피보험자가 사망한 경우에는 사망한 날의 다음 날
4. 근로자인 피보험자가 (㉠)한 경우에는 (㉡)한 날의 다음 날

39 고용보험법령에 관한 설명이다. (　　) 안에 들어갈 용어를 쓰시오.

취업촉진수당의 종류에는 조기(早期)재취업수당, 직업능력개발수당, 광역 구직활동비, (　　) 이(가) 있다.

정답 및 해설

34 11
35 평균임금
36 ㉠ 12, ㉡ 7
37 150, 70
38 ㉠ 이직, ㉡ 이직
39 이주비

40 국민연금법령상 재심사청구에 관한 설명이다. ( ) 안에 들어갈 숫자와 용어를 순서대로 각각 쓰시오.

> 심사청구에 대한 결정에 불복하는 자는 그 결정통지를 받은 날부터 ( )일 이내에 대통령령으로 정하는 사항을 적은 재심사청구서에 따라 ( )에 재심사를 청구할 수 있다.

고난도

41 국민연금법령에 관한 설명이다. ( ) 안에 들어갈 숫자를 순서대로 쓰시오.

> 연금보험료, 환수금, 그 밖의 이 법에 따른 징수금을 징수하거나 환수할 공단의 권리는 ( )년간, 급여(가입기간이 10년 미만인 자가 60세가 된 때에 따른 반환일시금은 제외한다)를 받거나 과오납금을 반환받을 수급권자 또는 가입자 등의 권리는 ( )년간 행사하지 아니하면 각각 소멸시효가 완성된다.

고난도

42 국민건강보험법령에 관한 설명이다. ㉠에 공통으로 들어갈 용어와 ㉡에 들어갈 용어를 쓰시오.

> 가입자 및 피부양자의 자격 · 보험료 등 · 보험급여 및 보험급여비용에 관한 공단의 처분에 이의가 있는 자는 처분이 있음을 안 날부터 90일 이내에 문서로 공단에 (㉠)을(를) 할 수 있고, (㉠)에 대한 결정에 불복이 있는 자는 처분이 있음을 안 날부터 90일 이내에 (㉡)에 심판청구를 할 수 있다.

43 국민건강보험법령에 관한 설명이다. ( ) 안에 들어갈 숫자를 쓰시오.

> 보험료는 가입자의 자격을 취득한 날이 속하는 달의 다음 달부터 가입자의 자격을 잃은 날의 전날이 속하는 달까지 징수한다. 다만, 가입자의 자격을 매월 ( )일에 취득한 경우 또는 건강보험 적용 신청으로 가입자의 자격을 취득하는 경우에는 그 달부터 징수한다.

44 국민건강보험법상 국민건강보험 가입자격에 관한 내용이다. ( ) 안에 들어갈 아라비아 숫자를 쓰시오.

제24회

• 가입자의 자격이 변동된 경우 직장가입자의 사용자와 지역가입자의 세대주는 그 명세를 보건복지부령으로 정하는 바에 따라 자격이 변동된 날부터 (㉠)일 이내에 보험자에게 신고하여야 한다.
• 가입자의 자격을 잃은 경우 직장가입자의 사용자와 지역가입자의 세대주는 그 명세를 보건복지부령으로 정하는 바에 따라 자격을 잃은 날부터 (㉡)일 이내에 보험자에게 신고하여야 한다.

45 국민건강보험법상 보험료에 관한 내용이다. ( ) 안에 들어갈 아라비아 숫자와 용어를 쓰시오.

제25회

제73조【보험료율 등】 ① 직장가입자의 보험료율은 1천분의 (㉠)의 범위에서 심의위원회의 의결을 거쳐 대통령령으로 정한다.

제78조【보험료의 납부기한】 ① 제77조 제1항 및 제2항에 따라 보험료 납부의무가 있는 자는 가입자에 대한 그 달의 보험료를 그 다음 달 (㉡)일까지 납부하여야 한다. 다만, 직장가입자의 소득월액보험료 및 지역가입자의 보험료는 보건복지부령으로 정하는 바에 따라 (㉢)별로 납부할 수 있다.

정답 및 해설

40 90, 국민연금 재심사위원회

41 3, 5

42 ㉠ 이의신청, ㉡ 건강보험 분쟁조정위원회

43 1

44 ㉠ 14, ㉡ 14

45 ㉠ 80, ㉡ 10, ㉢ 분기

제4장 대외업무 및 리모델링

대표예제 33 행위허가 및 신고기준 ★★

공동주택관리법령상 공동주택 관리주체가 시장·군수·구청장의 허가를 받거나 신고를 하여야 하는 행위는? 제14회 수정

① 공동주택의 창틀·문틀의 교체

② 공동주택의 세대 내 천장·벽·바닥의 마감재 교체

③ 공동주택의 급·배수관 등 배관설비의 교체

④ 공동주택의 대수선

⑤ 세대 내 난방설비의 교체(시설물의 파손·철거를 제외한다)

해설 | 공동주택의 대수선은 시장·군수·구청장의 허가가 있어야 한다.

보충 | 다음의 경미한 행위는 허가 또는 신고 없이 할 수 있다.

1. 창틀·문틀의 교체
2. 세대 내 천장·벽·바닥의 마감재 교체
3. 급·배수관 등 배관설비의 교체
4. 세대 내 난방설비의 교체(시설물의 파손·철거를 제외한다)
5. 구내통신선로설비, 경비실과 통화가 가능한 구내전화, 지능형 홈네크워크설비, 방송수신을 위한 공동수신설비 또는 영상정보처리기기의 교체
6. 보안등, 자전거보관소 또는 안내표지판의 교체
7. 폐기물보관시설(재활용품 분류보관시설을 포함한다), 택배보관함 또는 우편함의 교체
8. 조경시설 중 수목(樹木)의 일부 제거 및 교체
9. 주민운동시설의 교체(다른 운동종목을 위한 시설로 변경하는 것을 말하며, 면적이 변경되는 경우에는 제외한다)
10. 부대시설 중 각종 설비나 장비의 수선·유지·보수를 위한 부품의 일부 교체
11. 그 밖에 1.부터 10.까지의 규정에서 정한 사항과 유사한 행위로서 시장·군수·구청장이 인정하는 행위

기본서 p.321~330 정답 ④

01 **공동주택관리법령상 공동주택의 전유부분의 시설물 또는 설비를 철거하는 경우 필요한 동의요건은?**

① 해당 동에 거주하는 입주자 3분의 2 이상의 동의
② 해당 동에 거주하는 입주자 등 3분의 2 이상의 동의
③ 해당 동에 거주하는 입주자 등 2분의 1 이상의 동의
④ 전체 입주자 3분의 2 이상의 동의
⑤ 전체 입주자 등 3분의 2 이상의 동의

02 **공동주택관리법령상 시장 · 군수 · 구청장의 허가와 신고를 필요로 하는 공동주택 등의 행위변경에 관한 설명으로 옳지 않은 것은?**

① 입주자 공유가 아닌 복리시설을 용도변경하고자 하는 경우에는 주택건설기준 등에 관한 규정에 따른 부대시설이나 복리시설로 용도를 변경하는 경우로서 신고를 필요로 한다.
② 부대시설 및 입주자 공유인 복리시설의 건축물 내부를 파손 · 철거하고자 하는 경우에는 시설물 또는 설비의 철거로 구조안전에 이상이 없다고 시장 · 군수 · 구청장이 인정하는 경우로서 전체 입주자 등 2분의 1 이상의 동의를 받은 후 허가를 얻어야 한다.
③ 공동주택을 개축하고자 하는 경우에는 해당 동의 입주자 3분의 2 이상의 동의 후 허가를 얻어야 한다.
④ 공동주택의 용도폐지는 위해의 방지를 위하여 시장 · 군수 · 구청장이 부득이하다고 인정하는 경우로서 해당 동의 입주자 등 2분의 1 이상의 동의 후 허가를 받아야 한다.
⑤ 부대시설 및 입주자 공유인 복리시설을 대수선하고자 하는 경우에는 전체 입주자 3분의 2 이상의 동의 후 허가를 얻어야 한다.

정답 및 해설

01 ③ 공동주택 전유부분의 시설물 또는 설비를 철거하는 경우에는 해당 동에 거주하는 입주자 등 2분의 1 이상의 동의가 필요하다.

02 ④ 공동주택의 용도폐지는 위해의 방지를 위하여 시장 · 군수 · 구청장이 부득이하다고 인정하는 경우로서 해당 동의 입주자 3분의 2 이상의 동의 후 허가를 받아야 한다.

03 **공동주택관리법령상 위해의 방지 등을 위하여 시장 · 군수 · 구청장이 부득이하다고 인정하는 경우로서 전체 입주자 3분의 2 이상의 동의를 받은 후 시장 · 군수 · 구청장의 허가를 받아야 하는 행위는?**

① 입주자 공유가 아닌 복리시설의 용도변경
② 세대구분형 공동주택의 설치
③ 입주자 공유인 복리시설의 용도폐지
④ 공동주택의 증축 · 증설
⑤ 복리시설의 개축

04 **공동주택관리법령상 공동주택의 관리에 있어 시장 · 군수 · 구청장의 허가를 받거나 신고를 받아야 할 사항을 정하고 있다. 다음 중 공동주택관리법 시행령 [별표 3]에서 정하고 있는 신고기준은?**

① 전체 입주자 3분의 2 이상의 동의를 얻은 후 부대시설 및 입주자 공유인 복리시설을 증축하는 행위
② 위해의 방지 등을 위하여 시장 · 군수 · 구청장이 부득이하다고 인정하는 경우로서 입주자 공유가 아닌 복리시설을 용도폐지하는 행위
③ 해당 동의 입주자 3분의 2 이상의 동의를 얻은 후 공동주택을 대수선하는 행위
④ 시설물 또는 설비의 철거로 구조안전에 이상이 없다고 시장 · 군수 · 구청장이 인정하는 경우로서 공동주택의 공용부분을 파손 · 철거하는 행위
⑤ 주택건설기준 등에 관한 규정에 따른 설치기준에 적합한 범위에서 부대시설이나 입주자 공유가 아닌 복리시설로 용도변경하는 행위

05 공동주택관리법령상 공동주택의 관리에 있어 시장 · 군수 · 구청장의 허가를 받거나 신고를 받아야 할 사항을 정하고 있다. 다음 중 공동주택관리법 시행령 [별표 3]에서 정하고 있는 허가기준은?

① 주차장에 환경친화적 자동차의 개발 및 보급 촉진에 관한 법률에 따른 전기자동차의 고정형 충전기 및 충전 전용 주차구획을 설치하는 행위
② 공동주택 및 입주자 공유가 아닌 복리시설에서 주택법에 따른 사용검사를 받은 면적의 10%의 범위에서 유치원을 증축(주택건설기준 등에 관한 규정에서 정한 부대시설 · 복리시설의 설치기준에 적합한 경우로 한정한다)하는 행위
③ 노약자나 장애인의 편리를 위한 부대시설 및 입주자 공유인 복리시설의 계단의 단층 철거 행위
④ 주택건설기준 등에 관한 규정에 적합한 범위 안에서 관리사무소를 사용검사를 받은 면적 또는 규모의 10%의 범위에서 파손 · 철거 또는 증축 · 증설하는 행위
⑤ 부대시설 및 입주자 공유인 복리시설에서 구조안전에 지장이 없다고 시장 · 군수 · 구청장이 인정하는 경우로서 건축물 내부를 증설하는 경우 전체 입주자 등의 2분의 1 이상의 동의를 받은 행위

정답 및 해설

03 ③ 부대시설 및 입주자 공유인 복리시설의 용도폐지는 위해의 방지 등을 위하여 시장 · 군수 · 구청장이 부득이하다고 인정하는 경우로서 전체 입주자 3분의 2 이상의 동의 후 허가를 받아야 한다.

04 ⑤ 주택건설기준 등에 관한 규정에 따른 설치기준에 적합한 범위에서 부대시설이나 입주자 공유가 아닌 복리시설로 용도변경하는 행위는 신고를 필요로 한다.

05 ⑤ 부대시설 및 입주자 공유인 복리시설에서 구조안전에 지장이 없다고 시장 · 군수 · 구청장이 인정하는 경우로서 건축물 내부를 증축 · 증설하는 경우 전체 입주자 등의 2분의 1 이상의 동의를 받은 행위는 시장 · 군수 · 구청장의 허가를 받아야 한다.

06 **공동주택관리법령상 부대시설 및 입주자 공유인 복리시설의 증축 · 증설에 관한 기준 중 주택건설기준 등에 관한 규정에 적합한 범위 내에서 입주자대표회의의 동의를 받아 신고만으로 사용검사를 받은 면적 또는 규모의 10%의 범위에서 증축 · 증설할 수 없는 시설은?**

① 주택단지 안의 도로
② 어린이놀이터
③ 경비실
④ 어린이집
⑤ 경비실과 통화가 가능한 구내전화

07 **공동주택관리법령상 공동주택 등에 대한 시장 · 군수 · 구청장의 허가 및 신고기준에 관한 설명으로 옳지 않은 것은?**

① 공동주택에서 노약자나 장애인의 편리를 위한 계단의 단층철거 등 경미한 행위는 입주자대표회의의 동의 후 신고를 하여야 한다.
② 부대시설 및 입주자 공유인 복리시설의 증축은 전체 입주자의 3분의 2 이상의 동의 후 허가를 받아야 한다.
③ 부대시설 및 입주자 공유인 복리시설의 파손 · 철거는 건축물인 부대시설 또는 복리시설을 전부 철거하는 경우로서 전체 입주자 3분의 2 이상의 동의를 얻은 후 허가를 받아야 한다.
④ 공동주택에 대한 용도폐지는 위해의 방지 등을 위하여 시장 · 군수 · 구청장이 부득이하다고 인정하는 경우로서 해당 동의 입주자 3분의 2 이상의 동의를 얻은 후 허가를 받아야 한다.
⑤ 입주자 공유가 아닌 복리시설의 증축 · 증설의 규정 중 사용검사를 받은 면적의 10%의 범위에서 유치원을 증축(주택건설기준 등에 관한 규정에서 정한 부대시설 · 복리시설의 설치기준에 적합한 경우로 한정한다)하거나 장애인 · 노인 · 임산부 등의 편의증진보장에 관한 법률에 따른 편의시설을 설치하려는 경우 허가를 받아야 한다.

08 공동주택관리법령상 시장 · 군수 · 구청장의 허가 또는 신고를 필요로 하는 행위에 대한 설명으로 옳은 것은?

① 부대시설 및 입주자 공유인 복리시설에서 전체 입주자 4분의 3의 동의를 얻어 주민운동시설, 주택단지 안의 도로 및 어린이놀이터를 각각 전체 면적의 2분의 1 범위에서 주차장 용도로 변경하는 경우[2013년 12월 17일 이전에 종전의 주택건설촉진법 및 종전의 주택법 제16조에 따른 사업계획승인을 신청하거나 건축법 제11조에 따른 건축허가를 받아 건축한 20세대 이상의 공동주택으로 한정한다]로서 그 용도변경의 필요성을 시장 · 군수 · 구청장이 인정하는 경우에는 허가를 받아야 한다.

② 공동주택에 대한 노약자 및 장애인의 편리를 위한 계단의 단층철거는 해당 동에 거주하는 입주자 등의 2분의 1 이상의 동의 후 신고를 하여야 한다.

③ 어린이놀이터를 사용검사를 받은 면적 또는 규모의 10%의 범위에서 파손 · 철거하려면 입주자대표회의의 동의 후 신고를 하여야 한다.

④ 입주자 공유가 아닌 복리시설의 용도변경은 주택건설기준 등에 관한 규정에 따른 부대시설이나 입주자 공유가 아닌 복리시설로 용도를 변경하는 경우로서 허가를 받아야 한다.

⑤ 부대시설 및 입주자 공유인 복리시설의 용도폐지는 위해의 방지를 위하여 시장 · 군수 · 구청장이 부득이하다고 인정하는 경우로서 전체 입주자 2분의 1 이상의 동의를 받은 후 허가를 받아야 한다.

제1편 행정실무

제4장

정답 및 해설

06 ④ 사용검사를 받은 면적 또는 규모의 10%의 범위에서 증축 · 증설할 수 있는 시설은 다음과 같다.

1. 주차장, 조경시설, 어린이놀이터, 관리사무소, 경비원 등 근로자 휴게시설, 경비실, 경로당 또는 입주자 집회소
2. 대문 · 담장 또는 공중화장실
3. 경비실과 통화가 가능한 구내전화 또는 영상정보처리기기
4. 보안등, 자전거보관소 또는 안내표지판
5. 옹벽, 축대[문주(門柱)를 포함한다] 또는 주택단지 안의 도로
6. 폐기물보관시설(재활용품 분류보관시설을 포함한다), 택배보관함 또는 우편함
7. 주민운동시설(실외에 설치된 시설로 한정한다)

07 ⑤ 입주자 공유가 아닌 복리시설의 증축 · 증설의 규정 중 사용검사를 받은 면적의 10%의 범위에서 유치원을 증축(주택건설기준 등에 관한 규정에서 정한 부대시설 · 복리시설의 설치기준에 적합한 경우로 한정한다)하거나 장애인 · 노인 · 임산부 등의 편의증진보장에 관한 법률에 따른 편의시설을 설치하려는 경우는 허가가 아닌 신고를 필요로 하는 행위변경이다.

08 ③ ① 전체 입주자 3분의 2 이상의 동의를 받아야 한다.
② 공동주택에 대한 노약자 및 장애인의 편리를 위한 계단의 단층철거는 입주자대표회의의 동의 후 신고를 하여야 한다.
④ 입주자 공유가 아닌 복리시설의 용도변경은 주택건설기준 등에 관한 규정에 따른 부대시설이나 입주자 공유가 아닌 복리시설로 용도를 변경하는 경우로서 신고를 하여야 한다.
⑤ 전체 입주자 3분의 2 이상의 동의 후 허가를 받아야 한다.

09 **공동주택관리법령상 위해의 방지를 위하여 시장 · 군수 · 구청장이 부득이하다고 인정하는 경우로서 해당 동 입주자의 3분의 2 이상의 동의를 받아야 하는 행위는?**

① 공동주택의 재축
② 공동주택의 파손
③ 공동주택의 용도변경
④ 공동주택의 대수선
⑤ 공동주택의 용도폐지

10 **공동주택관리법령상 시장 · 군수 · 구청장의 허가를 받아야 하는 공동주택 등의 행위허가 기준에 관한 설명으로 옳지 않은 것은?**

① 공동주택의 전유부분을 파손하고자 할 때는 시설물 또는 설비의 철거로 구조안전에 이상이 없다고 시장 · 군수 · 구청장이 인정하는 경우로서 해당 동에 거주하는 입주자 등의 2분의 1 이상의 동의를 얻어야 한다.
② 공동주택을 개축하고자 할 때는 해당 동의 입주자 3분의 2 이상의 동의를 얻어야 한다.
③ 입주자 공유가 아닌 복리시설의 용도폐지는 위해의 방지 등을 위하여 시장 · 군수 · 구청장이 부득이하다고 인정하는 경우로서 전체 입주자 3분의 2 이상의 동의를 얻어야 한다.
④ 부대시설 및 입주자 공유인 복리시설에서 위해의 방지를 위하여 시설물 또는 설비를 철거하는 경우에는 시장 · 군수 · 구청장이 부득이하다고 인정하는 경우로서 전체 입주자 등 2분의 1 이상의 동의를 얻어야 한다.
⑤ 부대시설 및 입주자 공유인 복리시설을 대수선하고자 할 때는 전체 입주자 3분의 2 이상의 동의를 얻어야 한다.

11 **공동주택관리법령상 공동주택의 관리주체가 관할 특별자치시장 · 특별자치도지사 · 시장 · 군수 · 구청장(자치구의 구청장을 말한다)의 허가를 받거나 신고를 하여야 하는 행위를 모두 고른 것은?** 제20회

> ㉠ 급 · 배수관 등 배관설비의 교체
> ㉡ 지능형 홈네트워크설비의 교체
> ㉢ 공동주택을 사업계획에 따른 용도 외의 용도에 사용하는 행위
> ㉣ 공동주택의 효율적 관리에 지장을 주는 공동주택의 용도폐지

① ㉠, ㉢
② ㉢, ㉣
③ ㉠, ㉡, ㉣
④ ㉠, ㉢, ㉣
⑤ ㉡, ㉢, ㉣

12 **공동주택관리법령상 부대시설 및 입주자 공유인 복리시설의 용도변경의 허가기준으로 주차장으로 용도변경할 수 있는 대상시설은?**

① 조경시설
② 주민운동시설
③ 자전거보관소
④ 폐기물보관시설
⑤ 축대

정답 및 해설

09 ⑤ 설문은 공동주택의 용도폐지에 관한 설명이다.

10 ③ 입주자 공유가 아닌 복리시설의 용도폐지는 위해의 방지 등을 위하여 시장 · 군수 · 구청장이 부득이하다고 인정하는 경우로서 가능하고, 동의요건은 필요하지 않다.

11 ② 공동주택을 사업계획에 따른 용도 외의 용도에 사용하는 행위와 공동주택의 효율적 관리에 지장을 주는 공동주택의 용도폐지는 특별자치시장 · 특별자치도지사 · 시장 · 군수 · 구청장(자치구의 구청장을 말한다)의 허가를 받거나 신고를 하여야 한다.

12 ② 주민운동시설, 주택단지 안의 도로 및 어린이놀이터가 있다.

13 **공동주택관리법령상 공동주택의 행위허가 또는 신고의 기준 중 허가기준을 정하고 있지 않은 것은?** 제19회 수정

① 입주자 공유가 아닌 복리시설의 용도변경
② 입주자 공유가 아닌 복리시설의 철거
③ 입주자 공유가 아닌 복리시설의 대수선
④ 부대시설 및 입주자 공유인 복리시설의 대수선
⑤ 공동주택의 대수선

14 **공동주택관리법령상 공동주택의 용도변경 등에 관한 설명으로 옳지 않은 것은?**

① 공동주택의 용도변경 허가는 전체 입주자 3분의 2 이상의 동의를 얻어야 한다.
② 공동주택의 용도변경은 법령의 개정이나 여건의 변동 등으로 인하여 주택건설기준 등에 관한 규정에 의한 주택의 건설기준에 부적합하게 된 공동주택의 전유부분을 동규정에 적합한 시설로 용도를 변경하는 것이어야 한다.
③ 공동주택의 개축은 해당 동의 입주자 3분의 2 이상의 동의를 얻어야 한다.
④ 부대시설 및 입주자 공유인 복리시설의 대수선에서 내력벽에 배관을 설치하는 경우에는 전체 입주자 등 2분의 1 이상의 동의를 얻어야 한다.
⑤ 노약자나 장애인의 편리를 위한 계단의 단층철거는 입주자대표회의의 동의를 얻은 후 허가를 받아야 한다.

대표예제 34 리모델링 ★★

주택법령상 리모델링에 관한 설명으로 옳은 것은?

① 소유자 5분의 4 이상의 동의를 얻은 입주자대표회의는 시장·군수·구청장의 허가를 얻어 공동주택에 대한 리모델링을 시행할 수 있다.

② 설립인가를 받은 리모델링주택조합의 총회 또는 소유자 전원의 동의를 받은 입주자대표회의는 시공자 선정을 위하여 시·도지사가 정하는 경쟁입찰의 방법으로 2회 이상 경쟁입찰을 하였으나, 입찰자의 수가 해당 경쟁입찰의 방법에서 정하는 최저 입찰자 수에 미달하여 경쟁입찰의 방법으로 시공자를 선정할 수 없게 된 경우에는 경쟁입찰의 방법으로 시공자를 선정하지 않을 수 있다.

③ 시장·군수·구청장의 인가를 받아 설립된 리모델링주택조합은 그 리모델링 결의에 찬성하지 아니하는 자의 주택 및 토지에 대하여 매도청구를 할 수 없다.

④ 공동주택의 리모델링에 있어서 일부 공용부분의 면적을 전유부분의 면적으로 변경하는 경우에 소유자의 나머지 공용부분의 면적은 권리변동계획에 의한다.

⑤ 입주자 공유가 아닌 복리시설 등의 증축규정 중 주택과 주택 외의 시설을 동일 건축물로 건축한 경우는 주택의 증축면적비율의 범위 안에서 증축할 수 있다.

오답체크

① 소유자 전원의 동의를 얻은 입주자대표회의는 시장·군수·구청장의 허가를 얻어 공동주택에 대한 리모델링을 시행할 수 있다.

② 설립인가를 받은 리모델링주택조합의 총회 또는 소유자 전원의 동의를 받은 입주자대표회의는 시공자 선정을 위하여 국토교통부장관이 정하는 경쟁입찰의 방법으로 2회 이상 경쟁입찰을 하였으나, 입찰자의 수가 해당 경쟁입찰의 방법에서 정하는 최저 입찰자수에 미달하여 경쟁입찰의 방법으로 시공자를 선정할 수 없게 된 경우에는 경쟁입찰의 방법으로 시공자를 선정하지 않을 수 있다.

③ 시장·군수·구청장의 인가를 받아 설립된 리모델링주택조합은 그 리모델링 결의에 찬성하지 아니하는 자의 주택 및 토지에 대하여 매도청구를 할 수 있다.

④ 공동주택의 리모델링에 있어서 일부 공용부분의 면적을 전유부분의 면적으로 변경하는 경우에도 소유자의 나머지 공용부분의 면적은 변하지 아니한 것으로 본다.

기본서 p.330~341

정답 ⑤

정답 및 해설

13 ① 입주자 공유가 아닌 복리시설의 용도변경은 신고기준만을 정하고 있다.

14 ⑤ 노약자나 장애인의 편리를 위한 계단의 단층철거는 입주자대표회의의 동의를 얻은 후 시장·군수·구청장의 신고를 필요로 한다.

15 주택법령상 리모델링의 정의에 관한 설명으로 옳지 않은 것은?

① 건축물의 노후화 억제 또는 기능 향상 등을 위한 대수선 또는 증축하는 행위를 말한다.

② 증축은 사용검사일 또는 건축법 제22조에 따른 사용승인일부터 15년[15년 이상 20년 미만의 연수 중 특별시 · 광역시 · 도 또는 특별자치도(시 · 도)의 조례로 정하는 경우에는 그 연수로 한다]이 경과된 공동주택이 가능하다.

③ 증축범위는 각 세대의 주거전용면적[건축법 제38조에 따른 건축물대장 중 집합건축물대장의 전유부분(專有部分) 면적을 말한다]의 30% 이내(세대의 주거전용면적이 $85m^2$ 미만인 경우에는 40% 이내)에서 증축이 가능하다.

④ 각 세대의 증축 가능면적을 합산한 면적의 범위에서 기존 세대수의 30% 이내에서 세대수를 증가하는 증축행위가 가능하다.

⑤ 수직증축형 리모델링의 대상이 되는 기존 건축물의 층수가 15층 이상인 경우 3개 층까지 증축할 수 있다.

16 주택법령상 리모델링 안전진단에 관한 설명으로 옳지 않은 것은?

① 증축형 리모델링을 하려는 자는 시장 · 군수 · 구청장에게 안전진단을 요청하여야 하며, 안전진단을 요청받은 시장 · 군수 · 구청장은 해당 건축물의 증축 가능 여부의 확인 등을 위하여 안전진단을 실시하여야 한다.

② 시장 · 군수 · 구청장은 안전진단을 실시하는 경우에는 안전진단전문기관, 국토안전관리원, 한국건설기술연구원 등에 안전진단을 의뢰하여야 하며, 안전진단을 의뢰받은 기관은 리모델링을 하려는 자가 추천한 건축구조기술사와 함께 안전진단을 실시하여야 한다.

③ 시장 · 군수 · 구청장이 안전진단으로 건축물 구조의 안전에 위험이 있다고 평가하여 도시 및 주거환경정비법에 따른 재건축사업 및 빈집 및 소규모주택 정비에 관한 특례법에 따른 소규모재건축사업의 시행이 필요하다고 결정한 건축물은 증축형 리모델링을 하여서는 아니 된다.

④ 안전진단을 의뢰받은 기관은 국토교통부장관이 정하여 고시하는 기준에 따라 안전진단을 실시하고, 안전진단 결과보고서를 작성하여 안전진단을 요청한 자와 시장 · 군수 · 구청장에게 제출하여야 한다.

⑤ ④에 따라 안전진단전문기관으로부터 안전진단 결과보고서를 제출받은 시장 · 군수 · 구청장은 필요하다고 인정하는 경우에는 대한건축사협회에 안전진단 결과보고서의 적정성에 대한 검토를 의뢰할 수 있다.

17 **주택법령상 리모델링에 해당하는 행위에 관한 설명이다. (　　) 안에 들어갈 내용을 순서대로 나열한 것은? (단, 임시사용승인을 받은 경우 및 조례는 고려하지 않음)**

> 건축물의 노후화 억제 또는 기능 향상 등을 위한 행위로서, 주택법에 따른 사용검사일 또는 건축법에 따른 사용승인일부터 (　　)이 경과된 공동주택을 각 세대의 주거전용면적의 (　　) 이내(세대의 주거전용면적이 85m^2 미만인 경우에는 40% 이내)에서 증축하는 행위

① 20년, 10%
② 20년, 20%
③ 20년, 30%
④ 15년, 20%
⑤ 15년, 30%

제1편 행정실무

제4장

정답 및 해설

15 ④ 기존 세대수의 15% 이내에서 세대수를 증가하는 증축행위가 가능하다.

16 ⑤ ④에 따라 안전진단전문기관으로부터 안전진단 결과보고서를 제출받은 시장 · 군수 · 구청장은 필요하다고 인정하는 경우에는 국토안전관리원 또는 한국건설기술연구원에 안전진단 결과보고서의 적정성에 대한 검토를 의뢰할 수 있다.

17 ⑤ 건축물의 노후화 억제 또는 기능 향상 등을 위한 행위로서, 주택법에 따른 사용검사일 또는 건축법에 따른 사용승인일부터 15년이 경과된 공동주택을 각 세대의 주거전용면적의 30% 이내(세대의 주거전용면적이 85m^2 미만인 경우에는 40% 이내)에서 증축하는 행위

18 **주택법령상 증축형 리모델링의 안전진단에 관한 설명으로 옳지 않은 것은?**

① 증축하는 리모델링(증축형 리모델링)을 하려는 자는 시장 · 군수 · 구청장에게 안전진단을 요청하여야 하며, 안전진단을 요청받은 시장 · 군수 · 구청장은 해당 건축물의 증축 가능 여부의 확인 등을 위하여 안전진단을 실시하여야 한다.

② 안전진단을 실시하는 경우에 시장 · 군수 · 구청장은 안전진단전문기관, 국토안전관리원, 등록한 해당 분야의 기술사에 안전진단을 의뢰하여야 하며, 안전진단을 의뢰받은 기관은 리모델링을 하려는 자가 추천한 건축구조기술사(구조설계를 담당할 자를 말한다)와 함께 안전진단을 실시하여야 한다.

③ 시장 · 군수 · 구청장은 안전진단을 한 경우에는 제출받은 안전진단 결과보고서, 적정성 검토결과 및 리모델링 기본계획을 고려하여 안전진단을 요청한 자에게 증축 가능 여부를 통보하여야 한다.

④ 시장 · 군수 · 구청장은 수직증축형 리모델링을 허가한 후에 해당 건축물의 구조안전성 등에 대한 상세 확인을 위하여 안전진단을 실시하여야 한다.

⑤ 시장 · 군수 · 구청장은 안전진단을 실시하는 비용의 전부 또는 일부를 리모델링을 하려는 자에게 부담하게 할 수 있다.

19 **주택법령상 리모델링에 해당하는 행위에 관한 설명이다. (　　) 안에 들어갈 내용을 순서대로 나열한 것은? (단, 임시사용승인을 받은 경우 및 조례는 고려하지 않음)**

> 건축물의 노후화 억제 또는 기능 향상 등을 위한 행위로서, 주택법에 따른 사용검사일 또는 건축법에 따른 사용승인일부터 15년이 경과된 공동주택을 각 세대의 주거전용면적의 (　　)% 이내[세대의 주거전용면적이 85m^2 미만인 경우에는 (　　)% 이내]에서 증축하는 행위

① 20, 10
② 20, 30
③ 30, 20
④ 30, 40
⑤ 40, 50

고난도

20 주택법령상 리모델링 기본계획 수립 등에 관한 설명으로 옳지 않은 것은?

① 리모델링 기본계획이란 세대수 증가형 리모델링으로 인한 도시과밀, 이주수요 집중 등을 체계적으로 관리하기 위하여 수립하는 계획을 말한다.

② 특별시장 · 광역시장 및 대도시의 시장은 관할 구역에 대하여 리모델링 기본계획을 10년 단위로 수립하여야 한다.

③ 특별시장 · 광역시장 및 대도시의 시장은 리모델링 기본계획을 수립하거나 변경하려면 14일 이상 주민에게 공람하고, 지방의회의 의견을 들어야 한다. 이 경우 지방의회는 의견 제시를 요청받은 날부터 30일 이내에 의견을 제시하여야 하며, 30일 이내에 의견을 제시하지 아니하는 경우에는 이의가 없는 것으로 본다.

④ 특별시장 · 광역시장 및 대도시의 시장은 리모델링 기본계획을 수립하거나 변경하려면 관계 행정기관의 장과 협의한 후 국토의 계획 및 이용에 관한 법률에 따라 설치된 시 · 도 도시계획위원회 또는 시 · 군 · 구 도시계획위원회의 심의를 거쳐야 한다.

⑤ 특별시장 · 광역시장 및 대도시의 시장은 10년마다 리모델링 기본계획의 타당성 여부를 검토하여 그 결과를 리모델링 기본계획에 반영하여야 한다.

정답 및 해설

18 ② 시장 · 군수 · 구청장은 안전진단전문기관, 국토안전관리원, 한국건설기술연구원에 안전진단을 의뢰하여야 한다.

19 ④ 리모델링에는 사용검사일(주택단지 안의 공동주택 전부에 대하여 임시사용승인을 받은 경우에는 그 임시사용승인일을 말한다) 또는 건축법에 따른 사용승인일부터 15년(15년 이상 20년 미만의 연수 중 특별시 · 광역시 · 특별자치시 · 도 또는 특별자치도의 조례로 정하는 경우에는 그 연수로 한다)이 경과된 공동주택을 각 세대의 주거전용면적(건축법에 따른 건축물대장 중 집합 건축물대장의 전유부분의 면적을 말한다)의 30% 이내(세대의 주거전용면적이 85m^2 미만인 경우에는 40% 이내)에서 증축하는 행위가 포함된다.

20 ⑤ 특별시장 · 광역시장 및 대도시의 시장은 5년마다 리모델링 기본계획의 타당성 여부를 검토하여 그 결과를 리모델링 기본계획에 반영하여야 한다.

종합

21 주택법령상 수직증축형 리모델링에 관한 설명으로 옳지 않은 것은?

① 수직증축형 리모델링(세대수가 증가되지 아니하는 리모델링을 포함한다)의 감리자는 감리업무 수행 중에 수직증축형 리모델링 허가시 제출한 구조도 또는 구조계산서와 다르게 시공하고자 하는 경우 건축구조기술사(해당 건축물의 리모델링 구조설계를 담당한 자를 말한다)의 협력을 받아야 한다.

② 감리자에게 협력한 건축구조기술사는 매월 감리보고서 및 최종 감리보고서에 감리자와 함께 서명날인하여야 한다.

③ 수직증축형 리모델링을 하려는 자는 감리자에게 협력한 건축구조기술사에게 적정한 대가를 지급하여야 한다.

④ 시장·군수·구청장은 수직증축형 리모델링을 하려는 자가 건축법에 따른 건축위원회의 심의를 요청하는 경우 구조계획상 증축범위의 적정성 등에 대하여 국토안전관리원, 한국건설기술연구원에 안전성 검토를 의뢰하여야 한다.

⑤ ④에 따라 검토의뢰를 받은 전문기관은 국토교통부장관이 정하여 고시하는 검토기준에 따라 검토한 결과를 안전성 검토를 의뢰받은 날부터 30일 이내에 시장·군수·구청장에게 제출하여야 한다.

정답 및 해설

21 ② 건축구조기술사는 분기별 감리보고서 및 최종 감리보고서에 감리자와 함께 서명날인하여야 한다.

제4장 주관식 기입형 문제

01 **공동주택관리법령상 부대시설 및 입주자 공유인 복리시설의 허가기준에 관한 내용이다. (　　) 안에 들어갈 숫자와 용어를 순서대로 각각 쓰시오.**

> 부대시설 및 입주자 공유인 복리시설에서 전체 입주자 (　　)분의 2 이상의 동의를 얻어 주민운동시설, 주택단지 안의 도로 및 (　　)을(를) 각각 전체 면적의 4분의 3 범위에서 주차장 용도로 변경하는 경우(2013년 12월 17일 이전에 종전의 주택건설촉진법 및 종전의 주택법 제16조에 따른 사업계획승인을 신청하거나 건축법 제11조에 따른 건축허가를 받아 건축한 20세대 이상의 공동주택으로 한정한다)로서 그 용도변경의 필요성을 시장 · 군수 · 구청장이 인정하는 경우에는 허가를 받아야 한다.

02 **공동주택관리법령상 세대구분형 공동주택의 설치에 관한 설명이다. (　　) 안에 들어갈 용어와 숫자를 순서대로 쓰시오.**

> 주택법 시행령 제9조 제1항 제2호의 요건을 충족하는 경우로서 다음 각 목의 구분에 따른 요건을 충족하는 경우
> 가. 대수선이 포함된 경우
> 　1) (　　)에 배관설비를 설치하는 경우: 해당 동에 거주하는 입주자 등 2분의 1 이상의 동의를 받은 경우
> 　2) 그 밖의 경우: 해당 동 입주자 3분의 (　　) 이상의 동의를 받은 경우
> 나. 〈생략〉

정답 및 해설

01 3, 어린이놀이터
02 내력벽, 2

03 공동주택관리법령상 공동주택 및 입주자 공유가 아닌 복리시설의 증축 · 증설에 대한 신고 기준에 관한 설명이다. (　　) 안에 들어갈 용어와 숫자를 순서대로 각각 쓰시오.

주택법 제49조에 따른 (　　)을(를) 받은 면적의 (　　)%의 범위에서 (　　)을(를) 증축(주택건설기준 등에 관한 규정에 따른 설치기준에 적합한 경우로 한정한다)하거나 장애인 · 노인 · 임산부 등의 편의증진 보장에 관한 법률 제2조 제2호의 편의시설을 설치하려는 경우에는 시장 · 군수 · 구청장에게 신고를 하여야 한다.

종합

04 주택법령상 리모델링의 정의에 관한 설명이다. (　　) 안에 들어갈 용어와 숫자를 순서대로 각각 쓰시오.

건축물의 노후화 억제 또는 기능 향상 등을 위한 다음의 어느 하나에 해당하는 행위를 말한다.

① (　　)

② 〈생략〉

③ ②에 따른 각 세대의 증축 가능 면적을 합산한 면적의 범위에서 기존 세대수의 (　　)% 이내에서 세대수를 증가하는 증축 행위가 가능하다.

05 주택법령상 수직증축형 리모델링의 허용요건에 관한 설명이다. (　　) 안에 들어갈 숫자를 순서대로 각각 쓰시오.

제19회 수정

주택법 제2조 제25호 다목 1)에서 '대통령령으로 정하는 범위'란 다음의 구분에 따른 범위를 말한다.

- 수직으로 증축하는 행위(이하 '수직증축형 리모델링'이라 한다)의 대상이 되는 기존 건축물의 층수가 15층 이상인 경우: (　　)개 층
- 수직증축형 리모델링의 대상이 되는 기존 건축물의 층수가 (　　)층 이하인 경우: 2개 층

06 주택법령상 리모델링주택조합의 리모델링 동의비율에 관한 설명이다. (　) 안에 들어갈 숫자를 순서대로 각각 쓰시오.

> 주택단지 전체 구분소유자 및 의결권의 각 (　　)% 이상의 동의와 각 동별 구분소유자 및 의결권의 각 (　　)% 이상의 동의를 받아야 하며, 동을 리모델링하는 경우에는 그 동의 구분소유자 및 의결권의 각 (　　)% 이상의 동의를 받아야 한다.

07 주택법령상 리모델링주택조합에 관한 설명이다. (　) 안에 들어갈 숫자와 용어를 순서대로 각각 쓰시오.

> • 리모델링주택조합은 설립인가를 받은 날부터 (　　)년 이내에 허가를 신청하여야 한다.
> • 인가를 받아 설립된 리모델링주택조합은 그 리모델링 결의에 찬성하지 아니하는 자의 주택 및 토지에 대하여 (　　)을(를) 할 수 있다.

08 주택법령상 공동주택 리모델링에 따른 특례에 관한 규정이다. (　) 안에 들어갈 용어를 순서대로 각각 쓰시오.

> 공동주택의 소유자가 리모델링에 의하여 전유부분의 면적이 늘거나 줄어드는 경우에는 집합건물의 소유 및 관리에 관한 법률 제12조 및 제20조 제1항에도 불구하고 (　　)은(는) 변하지 아니하는 것으로 본다. 다만, 세대수 증가를 수반하는 리모델링의 경우에는 (　　)에 따른다.

정답 및 해설

03 사용검사, 10, 유치원
04 대수선, 15
05 3, 14
06 75, 50, 75
07 2, 매도청구
08 대지사용권, 권리변동계획

09 주택법령상 리모델링 기본계획에 관한 설명이다. ( ) 안에 들어갈 숫자를 순서대로 각각 쓰시오.

특별시장 · 광역시장 및 대도시의 시장은 관할 구역에 대하여 리모델링 기본계획을 ( )년 단위로 수립하고 ( )년마다 리모델링 기본계획의 타당성 여부를 검토하여 그 결과를 리모델링 기본계획에 반영하여야 한다.

정답 및 해설

09 10, 5

제5장 공동주택 회계관리

대표예제 35 **관리비★★**

공동주택관리법령상 관리비 중 일반관리비 구성내역에 대한 설명으로 옳지 않은 것은?

① 인건비: 급여 · 제 수당 · 상여금 · 퇴직금 · 산재보험료 · 고용보험료 · 국민연금 · 국민건강보험료 및 식대 등 복리후생비
② 제 사무비: 관리용품 구입비 · 일반사무용품비 · 도서인쇄비 · 교통통신비 등 관리사무에 직접 소요되는 비용
③ 제세공과금: 관리기구가 사용한 전기료 · 통신료 · 우편료 및 관리기구에 부과되는 세금 등
④ 차량 유지비: 연료비 · 수리비 및 보험료 등 차량 유지에 직접 소요되는 비용
⑤ 그 밖의 부대비용: 회계감사비 그 밖에 관리업무에 소요되는 비용

해설 | 관리용품 구입비는 일반관리비 중 '그 밖의 부대비용'에 속한다.

기본서 p.349~354 정답 ②

종합

01 공동주택관리법령에 의할 경우 '관리비 등'의 설명으로 옳지 않은 것은?

① 소화기충약비는 일반관리비로 부과한다.
② 관리기구가 사용한 전기료 · 통신료 등은 일반관리비로 부과한다.
③ 급탕용 유류대는 급탕비로 부과한다.
④ 승강기 유지관리업무를 직영으로 운영할 때 승강기전기료는 공동시설의 전기료로 부과한다.
⑤ 냉방 · 난방시설의 청소비는 수선유지비로 부과한다.

정답 및 해설

01 ① 소화기충약비는 수선유지비의 구성내역으로 수선유지비로 부과한다.

02 **공동주택관리법령상 의무관리대상 공동주택의 일반관리비 중 인건비에 해당하지 않는 것은?**

제25회

① 퇴직금
② 상여금
③ 국민연금
④ 산재보험료
⑤ 교육훈련비

03 **공동주택관리법령상 공동주택의 관리주체는 입주자 및 사용자가 납부하는 대통령령으로 정하는 사용료 등을 입주자 및 사용자를 대행하여 그 사용료 등을 받을 자에게 납부할 수 있다. 납부대행 항목으로 옳지 않은 것은?**

① 입주자대표회의 운영경비
② 생활폐기물 수수료
③ 지능형 홈네크워크설비 유지비
④ 정화조오물 수수료
⑤ 공동주택단지 안의 건물 전체를 대상으로 하는 보험료

종합

04 **공동주택관리법령상 '관리비 등'에 관한 설명으로 옳지 않은 것은?**

① 재난 및 재해 등의 예방에 따른 비용은 관리비와 구분하여 징수하여야 한다.
② 위탁관리수수료는 관리비 비목에 포함된다.
③ 관리주체는 관리비 등을 입주자대표회의가 지정하는 금융기관에 예치하여 관리하되, 장기수선충당금은 별도의 계좌로 예치 · 관리하여야 한다. 이 경우 계좌는 관리사무소장의 직인 외에 입주자대표회의의 회장의 인감을 복수로 등록할 수 있다.
④ 관리소에서 사용하는 차량의 유류대는 관리비 중 일반관리비로 고지한다.
⑤ 관리주체는 인양기 등 공용시설물의 사용료를 해당 시설의 사용자에게 따로 부과할 수 있다.

05 공동주택관리법령상 관리비 항목에 관한 설명으로 옳지 않은 것은?

① 일반관리비

② 지능형 홈네크워크설비 유지비(지능형 홈네크워크설비가 설치된 경우만 해당한다)

③ 지역난방방식인 공동주택의 난방비와 급탕비

④ 수선유지비(냉방 · 난방시설의 청소비를 포함한다)

⑤ 승강기 유지비

정답 및 해설

02 ⑤ 인건비의 구성명세에는 급여, 제수당, 상여금, 퇴직금, 산재보험료, 고용보험료, 국민연금, 국민건강보험료 및 식대 등 복리후생비가 있다.

03 ③ 지능형 홈네트워크설비 유지비는 사용료가 아닌 관리비로 부과한다.

▶ 납부대행 항목(사용료)

1. 전기료(공동시설의 전기료를 포함)
2. 수도료(공동시설의 수도료를 포함)
3. 가스료
4. 지역난방방식인 공동주택의 난방비와 급탕비
5. 정화조오물 수수료
6. 생활폐기물 수수료
7. 건물 전체를 대상으로 하는 보험료
8. 입주자대표회의 운영경비
9. 선거관리위원회 운영경비

04 ① 재난 및 재해 등의 예방에 따른 비용은 관리비 중 수선유지비로 부과한다.

05 ③ 지역난방방식인 공동주택의 난방비와 급탕비는 사용료 항목으로 분류된다.

06 **공동주택관리법령상 관리비에 포함하여 징수할 수 있는 항목 및 구성내역으로 옳은 것을 모두 고른 것은?**

> ㉠ 관리기구에 부과되는 세금
> ㉡ 안전진단 실시비용
> ㉢ 지능형 홈네크워크설비의 유지 및 관리에 직접 소요되는 비용
> ㉣ 냉방 · 난방시설의 청소비
> ㉤ 장기수선충당금

① ㉠, ㉡, ㉢
② ㉠, ㉢, ㉣
③ ㉡, ㉢, ㉤
④ ㉡, ㉢, ㉣
⑤ ㉡, ㉣, ㉤

07 **공동주택관리법령상 공동주택의 관리주체는 입주자 및 사용자가 납부하는 사용료 등을 대행하여 납부할 수 있다. 그 대상이 되는 사용료 등으로 옳은 것으로만 짝지어진 것은?**

제15회 수정

> ㉠ 장기수선충당금
> ㉡ 입주자대표회의 운영경비
> ㉢ 선거관리위원회 운영경비
> ㉣ 공동주택단지 안의 건물 전체를 대상으로 하는 보험료
> ㉤ 하자의 원인이 사업주체 외의 자에게 있는 경우의 안전진단 실시비용

① ㉠, ㉡, ㉢
② ㉠, ㉡, ㉤
③ ㉠, ㉣, ㉤
④ ㉡, ㉢, ㉣
⑤ ㉢, ㉣, ㉤

08 공동주택관리법령상 관리주체가 관리비와 구분하여 징수하여야 하는 것을 모두 고른 것은? 제24회

> ㉠ 경비비
> ㉡ 장기수선충당금
> ㉢ 위탁관리수수료
> ㉣ 급탕비
> ㉤ 안전진단 실시비용(하자원인이 사업주체 외의 자에게 있는 경우)

① ㉠, ㉡
② ㉡, ㉢
③ ㉡, ㉤
④ ㉠, ㉢, ㉣
⑤ ㉡, ㉢, ㉤

정답 및 해설

06 ② ㉠㉢㉣은 관리비에 포함하여 징수할 수 있는 항목이다.
㉡ 안전진단 실시비용과 ㉤ 장기수선충당금은 관리비와 구분하여 징수한다.

07 ④ ㉡㉢㉣은 사용료 항목이다.
㉠㉤은 관리비와 구분하여 징수하는 항목이다.

08 ③ 관리주체는 다음의 비용에 대해서는 관리비와 구분하여 징수하여야 한다.
1. 장기수선충당금
2. 안전진단 실시비용(하자원인이 사업주체 외의 자에게 있는 경우)

09 공동주택관리법령상 관리주체가 입주자 등을 대행하여 그 사용료 등을 받을 자에게 납부할 수 있는 항목으로만 바르게 짝지어진 것은?

㉠ 승강기 유지에 소요되는 전기료
㉡ 안전진단 실시비용
㉢ 생활폐기물 수수료
㉣ 지역난방방식인 공동주택의 난방비와 급탕비
㉤ 관리용품 구입비
㉥ 관리기구가 사용한 전기료
㉦ 장기수선충당금
㉧ 인양기 등 공용시설물의 사용료

① ㉡, ㉣
② ㉠, ㉡, ㉤
③ ㉠, ㉢, ㉣
④ ㉠, ㉣, ㉥
⑤ ㉡, ㉥, ㉧

종합

10 공동주택관리법령상 공동주택관리비 등에 관한 설명으로 옳지 않은 것은?

① 청소, 경비, 소독, 승강기 유지, 지능형 홈네트워크, 수선 · 유지(냉방 · 난방시설의 청소를 포함한다)를 위한 용역 및 공사는 입주자대표회의가 사업자를 선정하고 집행한다.
② 의무관리대상 공동주택의 관리주체는 관리비 등의 징수 · 보관 · 예치 · 집행 등 모든 거래행위에 관하여 장부를 월별로 작성하여 그 증빙서류와 함께 보관하여야 한다.
③ ②에 따라 작성된 장부와 그 증빙서류는 회계연도 종료 후 5년간 보관하여야 한다.
④ 잡수입이란 재활용품의 매각 수입, 복리시설의 이용료 등 공동주택을 관리하면서 부수적으로 발생하는 수입을 말한다.
⑤ 관리주체는 관리비 등을 통합하여 부과하는 때에는 그 수입 및 집행 세부내용을 쉽게 알 수 있도록 정리하여 입주자 등에게 알려주어야 한다.

종합

11 **공동주택관리법령상 의무관리대상 공동주택의 관리비 등에 관한 설명 중 옳은 것으로만 짝지어진 것은?**

제15회 수정

> ㉠ 관리비 등을 입주자 등에게 부과한 관리주체는 그 명세를 다음 달 말일까지 해당 공동주택단지의 인터넷 홈페이지 및 동별 게시판과 공동주택관리정보시스템에 공개해야 한다. 잡수입의 경우에는 공개하지 않아도 된다.
> ㉡ 관리주체는 보수를 요하는 시설(누수되는 시설을 포함한다)이 2세대 이상의 공동사용에 제공되는 것인 경우에는 이를 직접 보수하고, 해당 입주자 등에게 그 비용을 따로 부과할 수 있다.
> ㉢ 관리주체는 관리비 등을 입주자대표회의가 지정하는 금융기관에 예치하여 관리하되, 장기수선충당금도 관리비 등을 예치한 계좌에 같이 예치하여 관리하여야 한다.
> ㉣ 난방비는 난방 및 급탕에 소요된 원가(유류대, 난방비 및 급탕용수비)에서 급탕비를 뺀 금액이며, 급탕비는 급탕용 유류대 및 급탕용수비로 구성된다.
> ㉤ 수선유지비에는 냉방 · 난방시설의 청소비, 소화기충약비 등 공동으로 이용하는 시설의 보수유지비 및 제반 검사비가 포함된다.

① ㉠, ㉡, ㉢　　② ㉠, ㉢, ㉣　　③ ㉠, ㉣, ㉤
④ ㉡, ㉢, ㉤　　⑤ ㉡, ㉣, ㉤

제1편 행정실무

제5장

정답 및 해설

09 ③ ㉠㉢㉣이 대행하여 납부할 수 있는 항목이다.
㉡㉦은 관리비와 구분하여 징수하는 항목, ㉤㉥은 관리비에 포함하여 징수하는 항목, ㉧은 관리비와 따로 구분하여 징수하는 항목이다.

▶ 사용료 등의 내용

1. 전기료(공동시설의 전기료를 포함한다)
2. 수도료(공동시설의 수도료를 포함한다)
3. 가스료
4. 지역난방방식인 공동주택의 난방비와 급탕비
5. 건물 전체를 대상으로 하는 보험료
6. 생활폐기물 수수료
7. 정화조오물 수수료
8. 입주자대표회의 운영경비
9. 선거관리위원회 운영경비

10 ① 청소, 경비, 소독, 승강기 유지, 지능형 홈네트워크, 수선 · 유지(냉방 · 난방시설의 청소를 포함한다)를 위한 용역 및 공사는 관리주체가 사업자를 선정하고 집행한다.

11 ⑤ ㉠ 관리비 등을 입주자 등에게 부과한 관리주체는 그 명세를 다음 달 말일까지 해당 공동주택단지의 인터넷 홈페이지 및 동별 게시판(통로별 게시판이 설치된 경우에는 이를 포함한다)과 공동주택관리정보시스템에 공개해야 한다. 잡수입의 경우에도 동일한 방법으로 공개해야 한다.
㉢ 관리주체는 관리비 등을 입주자대표회의가 지정하는 금융기관에 예치하여 관리하되, 장기수선충당금은 별도의 계좌로 예치 · 관리하여야 한다.

12 공동주택관리법령상 수선유지비 구성내역으로 옳지 않은 것은?

① 장기수선계획에서 제외되는 공동주택의 공용부분의 수선 · 보수에 소요되는 비용으로 보수용역시에는 용역금액, 직영시에는 자재 및 인건비
② 냉방 · 난방시설의 청소비, 소화기충약비 등 공동으로 이용하는 시설의 보수유지비 및 제반 검사비
③ 안전진단 실시비용
④ 재난 및 재해 등의 예방에 따른 비용
⑤ 건축물의 안전점검비용

13 공동주택관리법령상 의무관리대상 공동주택의 관리비 등에 관한 설명으로 옳지 않은 것은?

제19회

① 관리주체는 장기수선충당금에 대하여 관리비와 구분하여 징수하여야 한다.
② 관리주체는 주민공동시설, 인양기 등 공용시설물의 사용료를 해당 시설의 사용자에게 따로 부과할 수 있다.
③ 관리주체는 보수를 요하는 시설이 2세대 이상의 공동사용에 제공되는 것인 경우에는 이를 직접 보수하고, 해당 입주자 등에게 그 비용을 따로 부과할 수 있다.
④ 관리주체는 입주자 및 사용자가 납부하는 가스사용료 등을 입주자 및 사용자를 대행하여 그 사용료 등을 받을 자에게 납부할 수 있다.
⑤ 의무관리대상 공동주택의 관리주체는 모든 거래행위에 관하여 장부를 월별로 작성하여 그 증빙서류와 함께 해당 회계연도 종료일부터 3년간 보관하여야 한다.

14 공동주택관리법령상 국가 또는 지방자치단체가 관리주체인 경우 체납이 있을 때에 국세체납처분 또는 지방세체납처분의 예에 의하여 이를 강제징수할 수 있는 항목으로 옳은 것은?

㉠ 장기수선충당금	㉡ 관리비
㉢ 정화조오물 수수료	㉣ 안전진단 실시비용
㉤ 생활폐기물 수수료	㉥ 인양기 등 공용시설물의 사용료

① ㉠, ㉡
② ㉠, ㉤
③ ㉡, ㉢
④ ㉡, ㉣
⑤ ㉢, ㉥

정답 및 해설

12 ③ 안전진단 실시비용은 관리비와 구분징수 항목이다.

13 ⑤ 의무관리대상 공동주택의 관리주체는 모든 거래행위에 관하여 장부를 월별로 작성하여 그 증빙서류와 함께 해당 회계연도 종료일부터 5년간 보관하여야 한다.

14 ① 국가 또는 지방자치단체가 관리주체인 경우에는 장기수선충당금 및 관리비의 징수에 관하여 체납이 있을 때에는 국가 또는 지방자치단체가 국세체납처분 또는 지방세체납처분의 예에 의하여 이를 강제징수할 수 있다. 다만, 입주자가 장기간의 질병 그 밖에 부득이한 사유가 있어서 체납한 경우에는 그러하지 아니할 수 있다.

15 **공동주택관리법령상 공동주택의 관리비 및 회계운영 등에 관한 설명으로 옳지 않은 것은?** 제24회 수정

① 의무관리대상이 아닌 공동주택으로서 50세대 이상인 공동주택의 관리인이 관리비 등의 내역을 공개하는 경우, 공동주택관리정보시스템 공개는 생략할 수 있다.
② 관리주체는 해당 공동주택의 공용부분의 관리 및 운영 등에 필요한 경비(관리비예치금)를 공동주택의 사용자로부터 징수한다.
③ 관리주체는 보수가 필요한 시설이 2세대 이상의 공동사용에 제공되는 것인 경우, 직접 보수하고 해당 입주자 등에게 그 비용을 따로 부과할 수 있다.
④ 관리주체는 주민공동시설, 인양기 등 공용시설물의 이용료를 해당 시설의 이용자에게 따로 부과할 수 있다.
⑤ 지방자치단체인 관리주체가 관리하는 공동주택의 관리비가 체납된 경우 지방자치단체는 지방세 체납처분의 예에 따라 강제징수할 수 있다.

16 **공동주택관리법령상 의무관리대상 공동주택의 관리비 및 회계운영에 관한 설명으로 옳지 않은 것은?** 제26회

① 관리주체는 입주자 등이 납부하는 대통령령으로 정하는 사용료 등을 입주자 등을 대행하여 그 사용료 등을 받을 자에게 납부할 수 있다.
② 관리주체는 회계감사를 받은 경우에는 감사보고서의 결과를 제출받은 다음 날부터 2개월 이내에 입주자대표회의에 보고하고 해당 공동주택단지의 인터넷 홈페이지에 공개하여야 한다.
③ 공동주택의 소유자가 그 소유권을 상실한 경우 관리주체는 징수한 관리비예치금을 반환하여야 하되, 소유자가 관리비를 미납한 때에는 관리비예치금에서 정산한 후 그 잔액을 반환할 수 있다.
④ 관리주체는 보수가 필요한 시설이 2세대 이상의 공동사용에 제공되는 것인 경우에는 직접 보수하고 해당 입주자 등에게 그 비용을 따로 부과할 수 있다.
⑤ 관리주체는 다음 회계연도에 관한 관리비 등의 사업계획 및 예산안을 매 회계연도 개시 1개월 전까지 입주자대표회의에 제출하여 승인을 받아야 한다.

대표예제 36 관리비 산정방법★★

관리비 산정방법 중 월별 정산제와 비교하여 연간 예산제의 특징을 모두 고른 것은? 제14회

㉠ 가계부담의 균형
㉡ 사용자부담원칙에 부합
㉢ 물가변동에 적용 용이
㉣ 회계처리 간편
㉤ 매월 관리비 변동
㉥ 정산사무 번잡
㉦ 인건비 절약 가능

① ㉠, ㉢, ㉥
② ㉠, ㉣, ㉦
③ ㉡, ㉢, ㉥
④ ㉡, ㉣, ㉤
⑤ ㉢, ㉣, ㉦

해설 | ㉠㉣㉦은 연간 예산제의 특징에 관한 설명이고, ㉡㉢㉤㉥은 월별 정산제의 특징에 관한 설명이다.

보충 | 연간 예산제와 월별 정산제 비교

구분	연간 예산제	월별 정산제
장점	• 가계부담의 균형 • 정산사무가 간편 • 잔액 발생시 긴급비용 사용 • 인건비 절약 가능	• 사용자부담원칙에 부합 • 매월 정산하므로 회계처리에 대한 민원 배제 • 물가변동에 적용 용이
단점	• 사용자부담원칙에 위배 • 연말결산으로 회계처리에 대한 민원 잠재 • 물가변동에 대한 적용 곤란	• 가계부담 불균형 • 정산사무 번잡 • 긴급비용 발생시 별도징수 • 인건비 증가 우려

기본서 p.355

정답 ②

정답 및 해설

15 ② 관리주체는 해당 공동주택의 공용부분의 관리 및 운영 등에 필요한 경비(관리비예치금)를 공동주택의 소유자로부터 징수한다.

16 ② 관리주체는 회계감사를 받은 경우에는 감사보고서의 결과를 제출받은 날부터 1개월 이내에 입주자대표회의에 보고하고 해당 공동주택단지의 인터넷 홈페이지 및 동별 게시판에 공개하여야 한다.

제5장 주관식 기입형 문제

고난도

01 공동주택관리법령상 관리비 등의 공개방법에 관한 설명이다. (　　) 안에 들어갈 용어를 쓰시오.

> 관리비 등을 입주자 등에게 부과한 의무관리대상 공동주택의 관리주체는 그 명세를 다음 달 말일까지 해당 공동주택단지의 인터넷 홈페이지 및 동별 게시판과 공동주택관리정보시스템에 공개해야 한다. (　　)의 경우에도 동일한 방법으로 공개해야 한다.

02 공동주택관리법령상 관리비 등의 내역공개에 관한 설명이다. (　　) 안에 들어갈 숫자를 쓰시오.

> 의무관리대상이 아닌 공동주택으로서 (　　)세대(주택 외의 시설과 주택을 동일 건축물로 건축한 건축물의 경우 주택을 기준으로 한다) 이상인 공동주택의 관리인은 관리비 등의 내역을 공동주택관리법 제23조 제4항의 공개방법에 따라 공개하여야 한다.

03 공동주택관리법령상 관리주체의 회계감사에 관한 내용이다. (　　) 안에 들어갈 숫자를 순서대로 각각 쓰시오.

> 의무관리대상 공동주택의 관리주체는 대통령령으로 정하는 바에 따라 주식회사 등의 외부감사에 관한 법률 제2조 제7호에 따른 감사인의 회계감사를 매년 (　　)회 이상 받아야 한다. 다만, 다음의 구분에 따른 연도에는 그러하지 아니하다.
> 1. 300세대 이상인 공동주택: 해당 연도에 회계감사를 받지 아니하기로 입주자 등의 (　　) 분의 2 이상의 서면동의를 받은 경우 그 연도
> 2. 〈생략〉

04 다음에서 설명하고 있는 비용에 관한 공동주택관리법령상의 용어를 쓰시오. 제18회 수정

사업주체가 입주예정자의 과반수가 입주할 때까지 공동주택을 직접 관리하는 경우, 입주예정자와 체결한 관리계약에 의하여 징수할 수 있는 해당 공동주택의 공용부분의 관리 및 운영 등에 필요한 비용

05 공동주택관리법령상 회계감사에 관한 설명이다. (　) 안에 들어갈 숫자를 쓰시오.

의무관리대상 공동주택의 관리주체는 회계감사를 받은 경우에는 감사보고서 등 회계감사의 결과를 제출받은 날부터 (　　)개월 이내에 입주자대표회의에 보고하고 해당 공동주택단지의 인터넷 홈페이지 및 동별 게시판에 공개하여야 한다.

06 다음에서 설명하고 있는 경비에 관한 민간임대주택에 관한 특별법 시행령상의 용어를 쓰시오.

민간임대주택에 관한 특별법 시행령 제41조 제7항에 의해 임대사업자가 민간임대주택을 관리하는 데 필요한 경비를 임차인이 최초로 납부하기 전까지 민간임대주택의 유지관리 및 운영에 필요한 경비

정답 및 해설

01 잡수입
02 50
03 1, 3
04 관리비예치금
05 1
06 선수관리비

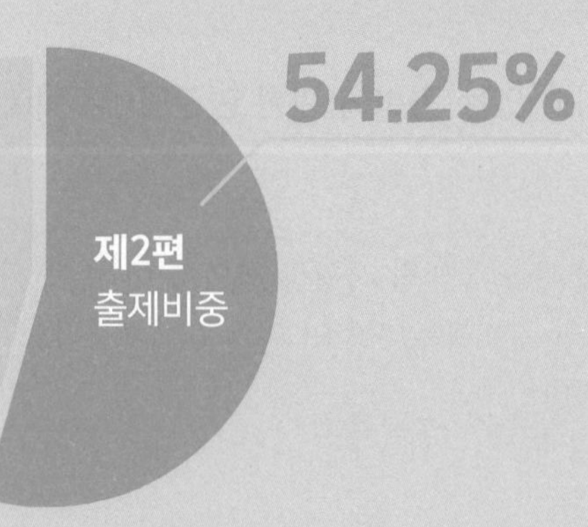

장별 출제비중

제2편
기술실무

제1장 건축물 및 시설물관리

대표예제 37 백화★

건축물의 외관을 해치는 백화에 관한 설명으로 옳지 않은 것은? 제7회

① 백화는 주로 시멘트의 가용성 성분이 용해되어 건물의 표면에 올라와 공기 중에 탄산가스 또는 유황성분과 결합하여 생긴다.
② 백화는 주로 여름철에 많이 발생되며, 기온이 높고 습도가 낮을 때 많이 발생한다.
③ 백화를 예방하기 위해서는 질이 좋고 잘 소성된 벽돌을 사용한다.
④ 묽은 염산으로 백화를 제거했을 때에는 반드시 물로 씻어내야 한다.
⑤ 세척제를 사용하기 전에 벽체 일부분에 바른 후 2주일 정도 경과한 후 그 효과를 보고 선택하여 백화를 제거한다.

해설 | 백화는 주로 겨울철에 많이 발생되며, 기온이 낮고 비가 온 뒤 습도가 비교적 높을 때 발생한다.

기본서 p.375 정답 ②

01 **건축물의 외벽 백화현상에 관한 설명으로 옳지 않은 것은?** 제13회

① 기온이 낮은 겨울철에 많이 생긴다.
② 습도가 비교적 낮을 때 발생한다.
③ 벽돌의 흡수율이 높거나 소성 불량시 발생한다.
④ 그늘진 면, 북쪽 면에서 많이 발생한다.
⑤ 시멘트 제품의 재령이 짧을 때 발생한다.

대표예제 38 결로★★

실내 표면결로현상에 관한 설명으로 옳지 않은 것은? 제17회

① 벽체 열저항이 작을수록 심해진다.
② 실내·외 온도차가 클수록 심해진다.
③ 열교현상이 발생할수록 심해진다.
④ 실내의 공기온도가 높을수록 심해진다.
⑤ 실내의 절대습도가 높을수록 심해진다.

해설 | 실내의 공기온도가 낮을수록 심해진다.

기본서 p.373~374 정답 ④

02 건축물의 결로에 관한 설명으로 옳지 않은 것은?

① 결로에는 내부결로와 표면결로가 있다.
② 유리창의 표면결로 발생에는 복층유리를 사용하면 효과가 있다.
③ 표면결로를 방지하기 위해서는 공기와의 접촉면을 노점온도 이상으로 유지하여야 한다.
④ 실내에서 표면결로를 방지하기 위해서는 수증기 발생을 억제하고, 환기를 통하여 수증기를 배출시킨다.
⑤ 구조체의 내부결로를 방지하기 위해서는 실외측에 방습층을 설치한다.

정답 및 해설

01 ② 백화는 습도가 비교적 높을 때 발생한다.
02 ⑤ 내부결로를 방지하기 위하여 설치하는 방습층은 구조체의 실내측에 설치한다.

03 **결로에 관한 설명으로 옳지 않은 것은?**

① 내부결로는 벽체 내부의 온도가 노점온도보다 높을 때 발생한다.
② 겨울철 내부결로를 방지하기 위해 방습층은 단열재의 실내측에 설치하는 것이 좋다.
③ 실내 수증기 발생을 억제할 경우 표면결로 방지에 효과가 있다.
④ 겨울철 외벽의 내부결로 방지를 위해서는 내단열보다 외단열이 유리하다.
⑤ 겨울철 외벽의 열관류율이 높은 경우 결로가 발생하기 쉽다.

04 **습공기가 냉각될 때 어느 정도의 온도에 다다르면 공기 중에 포함되어 있던 수증기가 작은 물방울로 변화하는데, 이때의 온도를 무엇이라 하는가?**

① 노점온도
② 상태온도
③ 엔탈피
④ 유효온도
⑤ 건구온도

05 **건축물의 표면결로 방지대책에 관한 설명으로 옳지 않은 것은?** 제24회

① 실내의 수증기 발생을 억제한다.
② 환기를 통해 실내 절대습도를 낮춘다.
③ 외벽의 단열강화를 통해 실내측 표면온도가 낮아지는 것을 방지한다.
④ 벽체의 실내측 표면온도를 실내공기의 노점온도보다 낮게 유지한다.
⑤ 외기에 접한 창의 경우 일반유리보다 로이(Low-E) 복층유리를 사용하면 표면결로 발생을 줄일 수 있다.

대표예제 39 균열★★

벽체의 균열원인 중 설계상의 미비로 인한 원인과 관련이 없는 것은?

① 벽의 길이, 높이, 두께 및 벽체의 강도 부족
② 철근량의 부족
③ 기초의 부동침하
④ 콘크리트의 건조·수축
⑤ 건물의 불균형배치

해설 | 콘크리트의 건조·수축의 경우는 시공상의 결함으로 인한 균열의 원인이다.
보충 | 설계상 미비로 인한 균열

1. 기초의 부동침하
2. 철근량의 부족
3. 건물의 평면·입면의 불균형 및 벽의 불합리한 배치
4. 문꼴 크기 및 불합리한 배치
5. 건물의 불균형 또는 큰 집중하중, 횡력, 충격
6. 벽의 길이, 높이, 두께 및 벽체의 강도 부족
7. 벽돌쌓기방법에서 통줄눈 사용
8. 옥상 물탱크의 불합리한 배치

기본서 p.371~373

정답 ④

06 철근콘크리트 구조물에서 시공상 하자에 의한 균열의 원인과 관계가 가장 먼 것은?

제16회

① 혼화제의 불균일한 분산
② 이음처리의 부정확
③ 거푸집의 변형
④ 경화 전의 진동과 재하
⑤ 콘크리트의 침하 및 블리딩(Bleeding)

정답 및 해설

03 ① 내부결로는 벽체 내부의 온도가 노점온도보다 낮을 때 발생한다.
04 ① 수증기를 함유한 공기의 냉각으로 수증기가 응축되어 이슬이 생기기 시작하는 온도를 노점온도라 한다.
05 ④ 표면결로를 방지하기 위해서는 벽체의 실내측 표면온도를 실내공기의 노점온도보다 높게 유지한다.
06 ⑤ 콘크리트의 침하 및 블리딩은 재료상 균열의 발생원인에 해당한다.

07 철근콘크리트의 균열원인 중 시공으로 인한 원인과 관련이 없는 것은?

① 경화 전의 진동 및 재하
② 불균일한 타설
③ 펌프 압송시 수량(水量)의 증가
④ 철근의 휨 및 피복 두께의 감소
⑤ 과도한 적재하중

대표예제 40 방수 ★★★

아스팔트방수와 시멘트액체방수의 비교에 관한 설명으로 옳지 않은 것은?

① 아스팔트방수는 시멘트액체방수에 비하여 수명이 길다.
② 아스팔트방수는 시멘트액체방수에 비하여 결함부 발견이 어렵다.
③ 아스팔트방수는 시멘트액체방수에 비하여 보수범위가 좁다.
④ 아스팔트방수는 시멘트액체방수에 비하여 가격이 고가이고 공사기간이 길다.
⑤ 아스팔트방수는 시멘트액체방수에 비하여 균열발생이 거의 생기지 않는다.

해설 | 아스팔트방수는 시멘트액체방수에 비하여 보수범위가 넓다.
보충 | 아스팔트방수와 시멘트액체방수의 비교

구분	아스팔트방수	시멘트액체방수
시공순서	AP ⇨ A ⇨ F ⇨ A ⇨ F ⇨ A ⇨ F ⇨ A (8층방수, 3겹방수)	• 1공정: 방수액 침투 ⇨ 시멘트풀 ⇨ 방수액 침투 ⇨ 시멘트모르타르 • 2공정: 1공정을 반복
방수수명	장기(신뢰도가 높다)	단기(신뢰도가 낮다)
외기영향	작음(둔감적)	큼(직감적)
방수층의 신축성	신축성이 큼	신축성이 거의 없음
균열발생	신축성이 커서 균열발생이 적음	신축성이 작아 균열발생이 많음
공사기간	장기	단기
공사비 · 보수비	고가	저가
보호누름	반드시 필요	하지 않아도 무방
방수층의 중량	무거움	가벼움
모체	모체가 나빠도 시공이 가능	모체가 나쁘면 방수성능에 영향이 큼
결함부 발견	용이하지 않음	용이함
보수범위	광범위하고 보호누름도 재시공하여야 함	국부적으로 보수가 가능
시공용이도	번잡	간단
바탕처리	완전건조	보통건조
규모	대규모	소규모

기본서 p.377~379

정답 ③

08 방수에 관한 설명 중 옳지 않은 것은?

① 멤브레인방수는 여러 층의 피막을 부착시켜 결함을 통하여 침입하는 수분을 차단하는 공법이다.
② 아스팔트방수는 침입도가 크며 연화점이 높은 것이 좋고, 누수시 우수유입의 위치확인이 곤란하다.
③ 합성고분자 시트방수는 신장성이 우수하고 상온시공이 가능하다.
④ 도막방수는 균일시공이 가능하다.
⑤ 벤토나이트 방수재는 물과 접촉하면 팽창하고, 건조하면 수축하는 성질이 있다.

09 옥상방수에 관한 설명으로 옳지 않은 것은? 제14회

① 옥상방수에 사용되는 아스팔트 재료는 지하실방수보다 연화점이 높고 침입도가 큰 것을 사용한다.
② 옥상방수의 바탕은 물의 고임 방지를 위하여 물흘림경사를 둔다.
③ 옥상방수층 누름 콘크리트 부위에는 온도에 의한 콘크리트의 수축 및 팽창에 대비하여 신축줄눈을 설치한다.
④ 아스팔트방수층의 부분적 보수를 위해서는 일반적으로 시멘트모르타르가 사용된다.
⑤ 시트방수의 결함 발생시에는 부분적 교체 및 보수가 가능하다.

정답 및 해설

07 ⑤ 과도한 적재하중은 설계상 미비에 의한 균열원인이다.
08 ④ 도막방수는 균일하게 시공하기 어렵다.
09 ④ 아스팔트방수는 부분적 보수를 할 수 없으며, 전면보수를 하여야 한다.

고난도

10 아스팔트의 양부를 판정하는 데 가장 중요한 요소는?

① 연화점
② 인화점
③ 시공연도
④ 마모도
⑤ 침입도

11 방수공사에 관한 설명으로 옳지 않은 것은?

① 보행용 시트방수는 상부 보호층이 필요하다.
② 벤토나이트방수는 지하외벽방수 등에 사용된다.
③ 아스팔트방수는 결함부 발견이 어렵고, 작업시 악취가 발생한다.
④ 시멘트액체방수는 모재 콘크리트의 균열발생시에도 방수성능이 우수하다.
⑤ 도막방수는 도료상의 방수재를 바탕면에 여러 번 칠하여 방수막을 만드는 공법이다.

12 방수에 관한 설명으로 옳지 않은 것은?

① 아스팔트방수는 시멘트액체방수에 비하여 광범위한 보수가 가능하고, 보수비용이 비싸다.
② 아스팔트방수는 열공법으로 시공하는 경우 화기에 대한 위험방지대책이 필요하다.
③ 아스팔트방수는 누수시 결함부위 발견이 어렵다.
④ 도막방수는 균일한 방수층 시공이 어려우나, 복잡한 형상의 시공에는 유리하다.
⑤ 도막방수는 단열을 필요로 하는 옥상층에 유리하고, 핀홀이 생길 우려가 없다.

대표예제 41 주택건설기준 등에 관한 규정★★

주택건설기준 등에 관한 규정에 의한 공동주택 각 세대간의 경계벽의 두께로 옳은 것은? (단, 경계벽은 내화구조이며, 시멘트모르타르 · 회반죽 · 석고프라스터 기타 이와 유사한 재료를 바른 후의 두께를 포함한다)

① 석조: 15cm
② 무근콘크리트조: 15cm
③ 철근콘크리트조: 12cm
④ 콘크리트블록조: 15cm
⑤ 조립식 주택 부재인 콘크리트판: 12cm

해설 | 공동주택 각 세대간의 경계벽 및 공동주택과 주택 외의 시설간의 경계벽은 내화구조로서 다음의 어느 하나에 해당하는 구조로 해야 한다.

1. 철근콘크리트조 또는 철골 · 철근콘크리트조로서 그 두께(시멘트모르타르 · 회반죽 · 석고프라스터 기타 이와 유사한 재료를 바른 후의 두께를 포함한다)가 15cm 이상인 것
2. 무근콘크리트조 · 콘크리트블록조 · 벽돌조 또는 석조로서 그 두께(시멘트모르타르 · 회반죽 · 석고프라스터 기타 이와 유사한 재료를 바른 후의 두께를 포함한다)가 20cm 이상인 것
3. 조립식 주택 부재인 콘크리트판으로서 그 두께가 12cm 이상인 것
4. 1. 내지 3. 외에 국토교통부장관이 정하여 고시하는 기준에 따라 한국건설기술연구원장이 차음성능을 인정하여 지정하는 구조인 것

기본서 p.381~404

정답 ⑤

정답 및 해설

10 ⑤ 아스팔트의 양부를 판정하는 데 가장 중요한 요소는 침입도이다.
11 ④ 시멘트액체방수는 모재 콘크리트의 균열발생시에 방수성능이 낮아진다.
12 ⑤ 도막방수는 단열을 필요로 하는 옥상층에 불리하고, 핀홀이 생길 우려가 있다.

13 주택건설기준 등에 관한 규정상 수해방지 등에 대한 설명으로 옳지 않은 것은?

① 주택단지에 높이 2m 이상의 옹벽 또는 축대가 있거나 이를 설치하는 경우에는 그 옹벽 등으로부터 건축물의 외곽부분까지를 해당 옹벽 등의 높이만큼 띄워야 한다.

② 옹벽 등의 기초보다 그 기초가 낮은 건축물의 경우에는 옹벽 등으로부터 건축물 외곽부분까지를 5m(3층 이하인 건축물은 3m) 이상 띄워야 한다.

③ 주택단지에는 배수구 · 집수구 및 집수정 등 우수의 배수에 필요한 시설을 설치하여야 한다.

④ 비탈면의 높이가 3m를 넘는 경우에는 높이 3m 이내마다 그 비탈면의 면적의 3분의 1 이상에 해당하는 면적의 단을 만든다.

⑤ 비탈면 아랫부분에 옹벽 또는 축대가 있는 경우에는 그 옹벽 등과 비탈면 사이에 너비 1m 이상의 단을 만든다.

종합

14 주택건설기준 등에 관한 규정 및 주택건설기준 등에 관한 규칙상 공동주택을 건설하는 주택단지 안의 도로에 대한 설명으로 옳지 않은 것은?

① 공동주택을 건설하는 주택단지에는 폭 1.5m 이상의 보도를 포함한 폭 7m 이상의 도로(보행자전용도로, 자전거도로는 제외한다)를 설치하여야 한다.

② 주택단지의 출입구 기타 차량의 속도를 제한할 필요가 있는 곳에는 높이 7.5cm 이상 10cm 이하, 너비 1m 이상인 과속방지턱을 설치하여야 한다.

③ 주택단지의 출입구, 기타 차량의 속도를 제한할 필요가 있는 곳에 설치하는 과속방지턱에는 운전자에게 그 시설의 위치를 알릴 수 있도록 반사성도료로 도색한 노면표지를 하여야 한다.

④ 주택단지 안의 도로통행의 안전을 위하여 필요하다고 인정되는 곳에는 도로반사경 · 교통안전표지판 · 방호울타리 · 조명시설, 기타 필요한 교통안전시설을 설치하여야 한다.

⑤ 공동주택을 건설하는 주택단지에 설치하는 도로는 해당 도로를 이용하는 공동주택의 세대수가 100세대 미만이고 막다른 도로인 경우로서 그 길이가 50m 미만인 경우에는 그 폭을 4m 이상으로 할 수 있다.

15 주택건설기준 등에 관한 규정상 복리시설에 대한 설명으로 옳지 않은 것은?

① 2,000세대 이상의 주택을 건설하는 주택단지에는 유치원을 설치할 수 있는 대지를 확보하여 그 시설의 설치희망자에게 분양하여 건축하게 하거나 유치원을 건축하여 이를 운영하고자 하는 자에게 공급하여야 한다.

② 100세대 이상의 주택을 건설하는 주택단지에는 기준에 적합한 면적 이상의 주민공동시설을 설치하여야 한다.

③ 지역특성, 주택유형 등을 고려하여 특별시 · 광역시 · 특별자치도 · 시 또는 군의 조례로 주민공동시설의 설치면적을 그 기준의 4분의 1 범위에서 강화하거나 완화하여 정할 수 있다.

④ 100세대 이상 1,000세대 미만은 세대당 2.5m^{2}를 더한 면적 이상의 주민공동시설을 설치하여야 한다.

⑤ 1,000세대 이상은 500m^{2}에 세대당 3m^{2}를 더한 면적 이상의 주민공동시설을 설치하여야 한다.

16 주택건설기준 등에 관한 규정상 유치원을 유치원 외의 용도의 시설과 복합으로 건축하는 시설이 아닌 것은?

① 의료시설
② 주민운동시설
③ 어린이집
④ 근린생활시설
⑤ 경로당

정답 및 해설

13 ④ 비탈면의 높이가 3m를 넘는 경우에는 높이 3m 이내마다 그 비탈면의 면적의 5분의 1 이상에 해당하는 면적의 단을 만든다.

14 ⑤ 공동주택을 건설하는 주택단지에 설치하는 도로는 해당 도로를 이용하는 공동주택의 세대수가 100세대 미만이고 막다른 도로인 경우로서 그 길이가 35m 미만인 경우에는 그 폭을 4m 이상으로 할 수 있다.

15 ⑤ 1,000세대 이상은 500m^{2}에 세대당 2m^{2}를 더한 면적 이상의 주민공동시설을 설치하여야 한다.

16 ⑤ 의료시설 · 주민운동시설 · 어린이집 · 종교집회장 및 근린생활시설에 한하여 이를 함께 설치할 수 있다.

17 **주택건설기준 등에 관한 규정상 주민운동시설과 작은도서관을 설치하여야 하는 세대규모로 옳은 것은?**

① 100세대 이상
② 200세대 이상
③ 300세대 이상
④ 450세대 이상
⑤ 500세대 이상

18 **주택건설기준 등에 관한 규정상 450세대인 공동주택의 관리사무소 등의 법정면적은 얼마인가?**

① $20m^2$ 이상
② $30m^2$ 이상
③ $40m^2$ 이상
④ $50m^2$ 이상
⑤ $60m^2$ 이상

종합

19 **주택건설기준 등에 관한 규정에 대한 설명으로 옳지 않은 것은?**

① 공동주택의 난방설비를 중앙집중난방방식으로 하는 경우에는 난방열이 각 세대에 균등하게 공급될 수 있도록 4층 이상 10층 이하의 건축물인 경우에는 2개소 이상, 10층을 넘는 건축물인 경우에는 10층을 넘는 5개 층마다 1개소를 더한 수 이상의 난방구획으로 구분하여 각 난방구획마다 따로 난방용 배관을 하여야 한다.
② 중복도에는 채광 및 통풍이 원활하도록 30m 이내마다 1개소 이상 외기에 면하는 개구부를 설치하여야 한다.
③ 세대당 전용면적이 $60m^2$ 이하인 주택의 경우에는 텔레비전방송 및 에프엠(FM)라디오방송 공동수신안테나와 연결된 단자를 1개소로 할 수 있다.
④ 주택단지 안의 각 동 옥상 출입문에는 소방시설 설치 및 관리에 관한 법률에 따른 성능인증 및 제품검사를 받은 비상문자동개폐장치를 설치하여야 한다. 다만, 대피공간이 없는 옥상의 출입문은 제외한다.
⑤ 전자출입시스템 및 비상문자동개폐장치는 화재 등 비상시에 소방시스템과 연동(連動)되어 잠김상태가 자동으로 풀려야 한다.

20 주택건설기준 등에 관한 규정상 A 아파트는 600세대, B 아파트는 700세대, C 아파트는 500세대이며 A · B · C 아파트 모두 공동으로 하나의 진입도로를 사용하는 경우, 그 진입도로의 폭은 몇 m 이상이어야 하는가?

① 6m
② 8m
③ 12m
④ 15m
⑤ 20m

21 주택법령과 주택건설기준 등에 관한 규정상 사업주체가 500세대 이상의 공동주택을 공급할 때 입주자 모집공고에 표시하여야 하는 공동주택 성능등급의 분류가 아닌 것은?

① 소음 관련 등급
② 교체 관련 등급
③ 환경 관련 등급
④ 생활환경 관련 등급
⑤ 화재 · 소방 관련 등급

정답 및 해설

17 ⑤ 500세대 이상의 주택단지에는 경로당, 어린이놀이터, 어린이집, 주민운동시설, 작은도서관, 다함께돌봄센터를 설치하여야 한다.

18 ② $10m^2 + (450 - 50) \times 0.05m^2 = 30m^2$
즉, 면적 $30m^2$ 이상의 관리사무소 등을 설치하여야 한다.

19 ② 중복도에는 채광 및 통풍이 원활하도록 40m 이내마다 1개소 이상 외기에 면하는 개구부를 설치하여야 한다.

20 ④ 총세대수가 1,800세대이므로 진입도로의 폭은 15m 이상이어야 한다.
▶ 진입도로의 폭 규정

주택단지의 총세대수	기간도로와 접하는 폭 또는 진입도로의 폭
300세대 미만	6m 이상
300세대 이상 500세대 미만	8m 이상
500세대 이상 1,000세대 미만	12m 이상
1,000세대 이상 2,000세대 미만	15m 이상
2,000세대 이상	20m 이상

21 ② 교체 관련 등급이 아닌 구조 관련 등급이 입주자 모집공고에 표시하여야 할 공동주택 성능등급의 분류이다.

대표예제 42 영상정보처리기기의 설치기준 ★★

주택건설기준 등에 관한 규정 및 주택건설기준 등에 관한 규칙상 공동주택관리법 제2조 제1항 제2호 가목부터 라목까지의 공동주택을 건설하는 주택단지에 설치되는 영상정보처리기기에 대한 설명으로 옳지 않은 것은?

① 승강기, 어린이놀이터 및 공동주택 각 동의 출입구마다 영상정보처리기기 카메라를 설치하여야 한다.

② 전체 또는 주요 부분이 조망되고 잘 식별될 수 있도록 설치하여야 한다.

③ 다채널의 카메라 신호를 1대의 녹화장치에 연결하여 감시할 경우에 연결된 카메라 신호가 전부 모니터 화면에 표시되어야 하며, 1채널의 감시화면의 대각선방향 크기는 최소한 5인치 이상이어야 한다.

④ 카메라 수와 녹화장치의 모니터 수가 같도록 설치하는 것을 원칙으로 한다.

⑤ 카메라의 해상도는 130만 화소 이상이어야 한다.

해설 | 다채널의 카메라 신호를 1대의 녹화장치에 연결하여 감시할 경우에 연결된 카메라 신호가 전부 모니터 화면에 표시되어야 하며, 1채널의 감시화면의 대각선방향 크기는 최소한 4인치 이상이어야 한다.

보충 | 영상정보처리기기의 설치기준

1. 공동주택관리법 제2조 제1항 제2호 가목부터 라목까지의 공동주택을 건설하는 주택단지에는 보안 및 방범 목적을 위한 개인정보 보호법 시행령에 따른 영상정보처리기기를 설치해야 한다.
   ㉠ 승강기, 어린이놀이터 및 공동주택 각 동의 출입구마다 개인정보 보호법 시행령에 따른 영상정보처리기기의 카메라를 설치할 것
   ㉡ 영상정보처리기기의 카메라는 전체 또는 주요 부분이 조망되고 잘 식별될 수 있도록 설치하되, 카메라의 해상도는 130만 화소 이상일 것
   ㉢ 영상정보처리기기의 카메라 수와 녹화장치의 모니터 수가 같도록 설치할 것. 다만, 모니터 화면이 다채널로 분할 가능하고 다음의 요건을 모두 충족하는 경우에는 그렇지 않다.
   - 다채널의 카메라 신호를 1대의 녹화장치에 연결하여 감시할 경우에 연결된 카메라 신호가 전부 모니터 화면에 표시되어야 하며, 1채널의 감시화면의 대각선방향 크기는 최소한 4인치 이상일 것
   - 다채널 신호를 표시한 모니터 화면은 채널별로 확대감시기능이 있을 것
   - 녹화된 화면의 재생이 가능하며 재생할 경우에 화면의 크기 조절 기능이 있을 것

   ㉣ 개인정보 보호법 시행령에 따른 네트워크 카메라를 설치하는 경우에는 다음의 요건을 모두 충족할 것
   - 인터넷 장애가 발생하더라도 영상정보가 끊어지지 않고 지속적으로 저장될 수 있도록 필요한 기술적 조치를 할 것
   - 서버 및 저장장치 등 주요 설비는 국내에 설치할 것
   - 공동주택관리법 시행규칙 [별표 1]의 장기수선계획의 수립기준에 따른 수선주기 이상으로 운영될 수 있도록 설치할 것
2. 공동주택단지에 개인정보 보호법 시행령에 따른 영상정보처리기기를 설치하거나 설치된 영상정보처리기기를 보수 또는 교체하려는 경우에는 장기수선계획에 반영하여야 한다.
3. 공동주택단지에 설치하는 영상정보처리기기는 다음의 기준에 적합하게 설치 및 관리해야 한다.
   ㉠ 영상정보처리기기를 설치 또는 교체하는 경우에는 주택건설기준 등에 관한 규칙에 따른 설치기준을 따를 것
   ㉡ 선명한 화질이 유지될 수 있도록 관리할 것
   ㉢ 촬영된 자료는 컴퓨터보안시스템을 설치하여 30일 이상 보관할 것

㉣ 영상정보처리기기가 고장난 경우에는 지체 없이 수리할 것
㉤ 영상정보처리기기의 안전관리자를 지정하여 관리할 것

4. 관리주체는 영상정보처리기기의 촬영자료를 보안 및 방범 목적 외의 용도로 활용하거나, 타인에게 열람하게 하거나 제공하여서는 아니 된다. 다만, 다음의 어느 하나에 해당하는 경우에는 촬영자료를 열람하게 하거나 제공할 수 있다.
㉠ 정보주체에게 열람 또는 제공하는 경우
㉡ 정보주체의 동의가 있는 경우
㉢ 범죄의 수사와 공소의 제기 및 유지에 필요한 경우
㉣ 범죄에 대한 재판업무 수행을 위하여 필요한 경우
㉤ 다른 법률에 특별한 규정이 있는 경우

기본서 p.392~394 정답 ③

22 **공동주택관리법령상 관리주체가 영상정보처리기기의 촬영자료를 타인에게 열람하게 하거나 제공할 수 있는 예외적인 규정으로 옳지 않은 것은?** 제15회 수정

① 정보주체에게 열람 또는 제공하는 경우
② 정보주체의 동의가 있는 경우
③ 입주자대표회의의 요청이 있는 경우
④ 범죄에 대한 재판업무 수행을 위하여 필요한 경우
⑤ 범죄의 수사와 공소의 제기 및 유지에 필요한 경우

정답 및 해설

22 ③ 관리주체는 영상정보처리기기의 촬영자료를 보안 및 방범 목적 외의 용도로 활용하거나 타인에게 열람하게 하거나 제공하여서는 아니 된다. 다만, 다음의 어느 하나에 해당하는 경우에는 촬영자료를 열람하게 하거나 제공할 수 있다.
1. 정보주체에게 열람 또는 제공하는 경우
2. 정보주체의 동의가 있는 경우
3. 범죄의 수사와 공소의 제기 및 유지에 필요한 경우
4. 범죄에 대한 재판업무 수행을 위하여 필요한 경우
5. 다른 법률에 특별한 규정이 있는 경우

23 **주택건설기준 등에 관한 규칙상 영상정보처리기기의 설치기준에 관한 규정의 일부이다. ( ) 안에 들어갈 숫자는?** 제17회 수정

> 제9조【영상정보처리기기의 설치기준】① 영 제39조에서 '국토교통부령으로 정하는 기준'이란 다음 각 호의 기준을 말한다.
> 1. 승강기, 어린이놀이터 및 공동주택 각 동의 출입구마다 영상정보처리기기의 카메라를 설치할 것
> 2. 영상정보처리기기의 카메라는 전체 또는 주요 부분이 조망되고 잘 식별될 수 있도록 설치하되, 카메라의 해상도는 ( )만 화소 이상일 것

① 100
② 110
③ 120
④ 130
⑤ 140

24 **주택건설기준 등에 관한 규칙상 주택의 부엌 · 욕실 및 화장실에 설치하는 배기설비에 관한 설명으로 옳지 않은 것은?** 제25회

① 배기구는 반자 또는 반자 아래 80cm 이내의 높이에 설치하고, 항상 개방될 수 있는 구조로 한다.
② 세대간 배기통을 서로 연결하고 직접 외기에 개방되도록 설치하여 연기나 냄새의 역류를 방지한다.
③ 배기구는 외기의 기류에 의하여 배기에 지장이 생기지 아니하는 구조로 한다.
④ 배기통에는 그 최상부 및 배기구를 제외하고 개구부를 두지 아니한다.
⑤ 부엌에 설치하는 배기구에는 전동환기설비를 설치한다.

25 **주차장법 시행규칙상 주차장의 구조 및 설비의 기준에 관한 설명으로 옳지 않은 것은?**

제25회

① 노외주차장 내부공간의 일산화탄소 농도는 주차장을 이용하는 차량이 가장 빈번한 시각의 앞뒤 8시간의 평균치가 100ppm 이하로 유지되어야 한다.

② 자주식 주차장으로서 지하식 노외주차장에서 주차구획(벽면에서부터 50cm 이내를 제외한 바닥면)의 최소 조도는 10lx 이상, 최대 조도는 최소 조도의 10배 이내이어야 한다.

③ 자주식 주차장으로서 지하식 노외주차장에서 사람이 출입하는 통로(벽면에서부터 50cm 이내를 제외한 바닥면)의 최소 조도는 50lx 이상이어야 한다.

④ 주차대수 30대를 초과하는 규모의 자주식 주차장으로서 지하식 노외주차장에는 관리사무소에서 주차장 내부 전체를 볼 수 있는 폐쇄회로 텔레비전(녹화장치를 포함한다) 또는 네트워크 카메라를 포함하는 방범설비를 설치·관리하여야 한다.

⑤ 주차장 내부 전체를 볼 수 있는 방범설비를 설치·관리하여야 하는 주차장에서 촬영된 자료는 컴퓨터보안시스템을 설치하여 1개월 이상 보관하여야 한다.

정답 및 해설

23 ④ 카메라의 해상도는 130만 화소 이상이어야 한다.

24 ② 세대간 배기통이 서로 연결되지 아니하고 직접 외기에 개방되도록 설치하여 연기나 냄새의 역류를 방지한다.

25 ① 노외주차장 내부공간의 일산화탄소 농도는 주차장을 이용하는 차량이 가장 빈번한 시각의 앞뒤 8시간의 평균치가 50ppm 이하로 유지되어야 한다.

26 **주택건설기준 등에 관한 규정상 공동주택을 건설하는 주택단지 안의 도로에 관한 설명으로 옳지 않은 것은?** 제26회

① 유선형(流線型) 도로로 설계하여 도로의 설계속도(도로설계의 기초가 되는 속도를 말한다) 시속 20km 이하가 되도록 하여야 한다.

② 폭 1.5m 이상의 보도를 포함한 폭 7m 이상의 도로(보행자전용도로, 자전거도로는 제외한다)를 설치하여야 한다.

③ 도로 노면의 요철(凹凸) 포장 또는 과속방지턱의 설치를 통하여 도로의 설계속도가 시속 20km 이하가 되도록 하여야 한다.

④ 300세대 이상의 경우 어린이 통학버스의 정차가 가능하도록 어린이 안전보호구역을 1개소 이상 설치하여야 한다.

⑤ 해당 도로를 이용하는 공동주택의 세대수가 100세대 미만이고 해당 도로가 막다른 도로로서 그 길이가 35m 미만인 경우 도로의 폭을 4m 이상으로 할 수 있다.

27 **주택건설기준 등에 관한 규칙상 주택단지에 비탈면이 있는 경우 수해방지에 관한 내용으로 옳지 않은 것은?** 제26회

① 사업계획승인권자가 건축물의 안전상 지장이 없다고 인정하지 않은 경우, 비탈면의 높이가 3m를 넘는 경우에는 높이 3m 이내마다 그 비탈면의 면적의 5분의 1 이상에 해당하는 면적의 단을 만들어야 한다.

② 토양의 유실을 막기 위하여 석재·합성수지재 또는 콘크리트를 사용한 배수로를 설치하여야 한다.

③ 비탈면의 안전을 위하여 필요한 경우에는 돌붙이기를 하거나 콘크리트격자블록 기타 비탈면 보호용 구조물을 설치하여야 한다.

④ 비탈면 아랫부분에 옹벽 또는 축대(이하 '옹벽 등'이라 한다)가 있는 경우에는 그 옹벽 등과 비탈면 사이에 너비 1m 이상의 단을 만들어야 한다.

⑤ 비탈면 윗부분에 옹벽 등이 있는 경우에는 그 옹벽 등과 비탈면 사이에 너비 1.5m 이상으로서 당해 옹벽 등의 높이의 3분의 1 이상에 해당하는 너비 이상의 단을 만들어야 한다.

정답 및 해설

26 ④ 500세대 이상의 경우 어린이 통학버스의 정차가 가능하도록 어린이 안전보호구역을 1개소 이상 설치하여야 한다.

27 ⑤ 비탈면 윗부분에 옹벽 등이 있는 경우에는 그 옹벽 등과 비탈면 사이에 너비 1.5m 이상으로서 당해 옹벽 등의 높이의 2분의 1 이상에 해당하는 너비 이상의 단을 만들어야 한다.

제1장 주관식 기입형 문제

01 주택건설기준 등에 관한 규정상 진입도로에 관한 설명이다. (　　) 안에 들어갈 숫자를 순서대로 각각 쓰시오.

공동주택을 건설하는 주택단지는 기간도로와 접하거나 기간도로로부터 해당 단지에 이르는 진입도로가 있어야 한다. 이 경우 기간도로와 접하는 폭 및 진입도로의 폭은 다음 표와 같다.

주택단지의 총세대수	기간도로와 접하는 폭 또는 진입도로의 폭
300세대 미만	6m 이상
300세대 이상 500세대 미만	(　　)m 이상
500세대 이상 1,000세대 미만	12m 이상
1,000세대 이상 2,000세대 미만	(　　)m 이상
2,000세대 이상	20m 이상

02 주택건설기준 등에 관한 규정상 주택단지 안의 도로에 관한 설명이다. (　　) 안에 들어갈 숫자를 순서대로 각각 쓰시오.

- 공동주택을 건설하는 주택단지에는 폭 1.5m 이상의 보도를 포함한 폭 (　　)m 이상의 도로(보행자전용도로, 자전거도로는 제외한다)를 설치하여야 한다.
- 주택단지 안의 도로는 유선형(流線型) 도로로 설계하거나, 도로 노면의 요철(凹凸) 포장 또는 과속방지턱의 설치 등을 통하여 도로의 설계속도(도로설계의 기초가 되는 속도를 말한다)가 시속 (　　)km 이하가 되도록 하여야 한다.

정답 및 해설

01 8, 15
02 7, 20

03 주택건설기준 등에 관한 규칙상 주택단지 안의 도로 중 보도에 관한 내용이다. ( ) 안에 들어갈 아라비아 숫자를 쓰시오.

제26회

보도는 보행자의 안전을 위하여 차도면보다 ( )cm 이상 높게 하거나 도로에 화단, 짧은 기둥, 그 밖에 이와 유사한 시설을 설치하여 차도와 구분되도록 설치할 것

04 주택건설기준 등에 관한 규정상 바닥구조에 관한 내용이다. ( ) 안에 들어갈 아라비아 숫자를 쓰시오.

제24회

제14조의2 【바닥구조】 공동주택의 세대 내의 층간바닥(화장실의 바닥은 제외한다. 이하 이 조에서 같다)은 다음 각 호의 기준을 모두 충족하여야 한다.

1. 콘크리트 슬래브 두께는 (㉠)mm[라멘구조(보와 기둥을 통해서 내력이 전달되는 구조를 말한다. 이하 이 조에서 같다)의 공동주택은 (㉡)mm] 이상으로 할 것. 다만, 법 제51조 제1항에 따라 인정받은 공업화주택의 층간바닥은 예외로 한다.

05 주택건설기준 등에 관한 규정상 공동주택 세대 내의 층간바닥구조에 관한 내용이다. ( ) 안에 들어갈 아라비아 숫자를 쓰시오.

제25회

제14조의2 【바닥구조】 공동주택의 세대 내의 층간바닥(화장실의 바닥은 제외한다. 이하 이 조에서 같다)은 다음 각 호의 기준을 모두 충족해야 한다.

1. 〈생략〉
2. 각 층간바닥의 경량충격음(비교적 가볍고 딱딱한 충격에 의한 바닥충격음을 말한다) 및 중량충격음(무겁고 부드러운 충격에 의한 바닥충격음을 말한다)이 각각 ( )dB 이하인 구조일 것. 다음 각 목의 층간바닥은 그렇지 않다.
   가. 라멘구조의 공동주택(법 제51조 제1항에 따라 인정받은 공업화주택은 제외한다)의 층간바닥
   나. 가목의 공동주택 외의 공동주택 중 발코니, 현관 등 국토교통부령으로 정하는 부분의 층간바닥

06 주택건설기준 등에 관한 규정상 옹벽 및 축대의 설치에 대한 설명이다. (　) 안에 들어갈 숫자를 쓰시오.

비탈면의 높이가 3m를 넘는 경우에는 높이 3m 이내마다 그 비탈면의 면적의 (　　)분의 1 이상에 해당하는 면적의 단을 만들 것

07 주택건설기준 등에 관한 규정상 관리사무소 등의 설치기준에 대한 설명이다. (　) 안에 들어갈 숫자를 순서대로 각각 쓰시오.

(　　)세대 이상의 공동주택을 건설하는 주택단지에는 다음의 시설을 모두 설치하되, 그 면적의 합계가 $10m^2$에 50세대를 넘는 매 세대마다 (　　)cm^2를 더한 면적 이상이 되도록 설치해야 한다. 다만, 그 면적의 합계가 $100m^2$를 초과하는 경우에는 설치면적을 $100m^2$로 할 수 있다.

① 관리사무소
② 경비원 등 공동주택 관리업무에 종사하는 근로자를 위한 휴게시설

08 주택건설기준 등에 관한 규정에 대한 설명이다. (　) 안에 들어갈 숫자를 쓰시오.

(　　)세대 이상의 공동주택을 건설하는 주택단지 안의 도로에는 어린이 통학버스의 정차가 가능하도록 국토교통부령으로 정하는 기준에 적합한 어린이 안전보호구역을 1개소 이상 설치하여야 한다.

정답 및 해설

03 10
04 ㉠ 210, ㉡ 150
05 49
06 5
07 50, 500
08 500

고난도

09 **주택건설기준 등에 관한 규정상 유치원의 설치에 대한 설명이다. (   ) 안에 들어갈 용어와 숫자를 순서대로 각각 쓰시오.**

> 유치원을 유치원 외의 용도의 시설과 복합으로 건축하는 경우에는 의료시설 · 주민운동시설 · 어린이집 · (   ) 및 근린생활시설(학교보건법에 의한 학교환경위생정화구역에 설치할 수 있는 시설에 한한다)에 한하여 이를 함께 설치할 수 있다. 이 경우 유치원 용도의 바닥면적의 합계는 해당 건축물 연면적의 (   )분의 1 이상이어야 한다.

10 **주택건설기준 등에 관한 규정상 에너지절약형 친환경주택의 건설기준에 관한 설명이다. (   ) 안에 들어갈 용어를 순서대로 각각 쓰시오.**

> (   )대상 공동주택을 건설하는 경우에는 다음의 어느 하나 이상의 기술을 이용하여 주택의 총에너지사용량 또는 총(   )을(를) 절감할 수 있는 에너지절약형 친환경주택으로 건설하여야 한다.

고난도

11 **주택법령 및 주택건설기준 등에 관한 규정상 공동주택 성능등급에 대한 설명이다. (   ) 안에 들어갈 숫자와 용어를 순서대로 각각 쓰시오.**

> 사업주체가 (   )세대 이상의 공동주택을 공급할 때에는 주택의 성능 및 품질을 입주자가 알 수 있도록 녹색건축물 조성 지원법에 따라 다음의 공동주택성능에 대한 등급을 발급받아 국토교통부령으로 정하는 방법으로 입주자 모집공고에 표시하여야 한다.
> 1. 경량충격음 · 중량충격음 · 화장실소음 · 경계소음 등 (   ) 관련 등급
> 2. 리모델링 등에 대비한 가변성 및 수리 용이성 등 구조 관련 등급
> 3. 조경 · 일조확보율 · 실내공기질 · 에너지절약 등 (   ) 관련 등급
> 4. 커뮤니티시설, 사회적 약자 배려, 홈네트워크, 방범안전 등 생활환경 관련 등급
> 5. 화재 · 소방 · 피난안전 등 화재 · 소방 관련 등급

12 주택법령상 (   ) 안에 공통으로 들어갈 용어를 쓰시오.

- 주택단지란 주택건설사업계획 또는 대지조성사업계획의 승인을 받아 주택과 그 (   ) 및 복리시설을 건설하거나 대지를 조성하는 데 사용되는 일단의 토지를 말한다.
- 주택에 딸린 주차장, 관리사무소, 담장 및 주택단지 안의 도로는 (   )에 해당한다.

13 주택건설기준 등에 관한 규정상 수해방지에 관한 내용이다. (   ) 안에 들어갈 용어를 쓰시오.

제25회

제30조【수해방지 등】① 〈생략〉
② 〈생략〉
③ 주택단지가 저지대 등 침수의 우려가 있는 지역인 경우에는 주택단지 안에 설치하는 (   )·전화국선용 단자함 기타 이와 유사한 전기 및 통신설비는 가능한 한 침수가 되지 아니하는 곳에 이를 설치하여야 한다.

정답 및 해설

09 종교집회장, 2
10 사업계획승인, 이산화탄소 배출량
11 500, 소음, 환경
12 부대시설
13 수전실

14 주택건설기준 등에 관한 규정의 세대간의 경계벽 등에 대한 기준이다. (　　) 안에 들어갈 숫자를 순서대로 쓰시오. 제20회

공동주택 각 세대간의 경계벽 및 공동주택과 주택 외의 시설간의 경계벽은 내화구조로서 다음 각 호의 어느 하나에 해당하는 구조로 해야 한다.

1. 철근콘크리트조 또는 철골 · 철근콘크리트조로서 그 두께(시멘트모르타르 · 회반죽 · 석고프라스터 기타 이와 유사한 재료를 바른 후의 두께를 포함한다)가 (　　)cm 이상인 것
2. 무근콘크리트조 · 콘크리트블록조 · 벽돌조 또는 석조로서 그 두께(시멘트모르타르 · 회반죽 · 석고프라스터 기타 이와 유사한 재료를 바른 후의 두께를 포함한다)가 (　　)cm 이상인 것

15 주택건설기준에 관한 규칙상 주차장에 대한 내용이다. (　　) 안에 공통으로 들어갈 숫자를 쓰시오.

환경친화적 자동차의 개발 및 보급 촉진에 관한 법률에 따른 전기자동차의 이동형 충전기를 이용할 수 있는 콘센트(각 콘센트별 이동형 충전기의 동시 이용이 가능하며, 사용자에게 요금을 부과하도록 설치된 것을 말한다)를 주차장법의 주차단위구획 총수에 (　　)%의 비율을 곱한 수(소수점 이하는 반올림한다) 이상 설치할 것. 다만, 지역의 전기자동차 보급률 등을 고려하여 필요한 경우에는 (　　)% 비율의 5분의 1의 범위에서 특별자치시 · 특별자치도 · 시 · 군 또는 자치구의 조례로 설치 기준을 강화하거나 완화할 수 있다.

정답 및 해설

14 15, 20
15 7

제2장 하자보수 및 장기수선계획 등

대표예제 43 **시설공사별 담보책임기간** ★★★

공동주택관리법령상 시설공사별 담보책임기간이 2년이 아닌 것은?

① 옥내가구공사
② 수장공사(건축물 내부 마무리공사)
③ 주방기구공사
④ 타일공사
⑤ 배관설비공사

해설 | 배관설비공사는 담보책임기간이 3년이고, 나머지는 2년이다.
보충 | 공동주택관리법령상 담보책임기간이 2년인 것은 아래와 같다.
미장공사, 수장공사(건축물 내부 마무리 공사), 도장공사, 도배공사, 타일공사, 석공사(건물 내부 공사), 옥내가구공사, 주방기구공사, 가전제품

기본서 p.416~418

정답 ⑤

01 **공동주택관리법령상 시설공사별 담보책임기간이 3년이 아닌 것은?**

① 조명설비공사
② 가스설비공사
③ 급수설비공사
④ 조경포장공사
⑤ 주방기구공사

정답 및 해설

01 ⑤ 주방기구공사의 담보책임기간은 2년이다.

02 **공동주택관리법령상 사업주체가 보수책임을 부담하는 시설공사별 담보책임기간으로 가장 긴 것은?** 제17회 수정

① 소방시설공사 중 소화설비공사
② 정보통신공사 중 감시제어설비공사
③ 대지조성공사 중 배수공사
④ 조경공사 중 잔디심기공사
⑤ 전기 및 전력설비공사 중 피뢰침공사

03 **공동주택관리법령상 시설공사별 담보책임기간이 나머지와 다른 하나는?** 제16회 수정

① 옥외급수 · 위생 관련 공사 중 저수조(물탱크)공사
② 목공사 중 수장목공사
③ 단열공사 중 벽체, 천장 및 바닥의 단열공사
④ 조적공사 중 석공사(건물 외부 공사)
⑤ 신재생에너지설비공사 중 태양광설비공사

04 **공동주택관리법령상 공동주택의 하자담보책임기간으로 옳은 것을 모두 고른 것은?** 제23회

㉠ 지능형 홈네트워크설비공사: 3년
㉡ 우수관공사: 3년
㉢ 저수조(물탱크)공사: 3년
㉣ 지붕공사: 5년

① ㉠, ㉡, ㉢
② ㉠, ㉡, ㉣
③ ㉠, ㉢, ㉣
④ ㉡, ㉢, ㉣
⑤ ㉠, ㉡, ㉢, ㉣

05 공동주택관리법령상 공동주택의 시설공사별 하자에 대한 담보책임기간으로 옳은 것을 모두 고른 것은? 제26회

㉠ 도배공사: 2년	㉡ 타일공사: 2년
㉢ 공동구공사: 3년	㉣ 방수공사: 3년

① ㉠, ㉡, ㉢
② ㉠, ㉡, ㉣
③ ㉠, ㉢, ㉣
④ ㉡, ㉢, ㉣
⑤ ㉠, ㉡, ㉢, ㉣

정답 및 해설

02 ③ 대지조성공사 중 배수공사는 담보책임기간이 5년으로 가장 길고, 나머지는 모두 3년이다.

03 ④ 조적공사 중 석공사(건물 외부 공사)의 담보책임기간은 5년이고, 나머지는 3년이다.

04 ③ ㉠㉢: 3년, ㉡㉣: 5년

05 ① ㉠㉡ 2년, ㉢ 3년, ㉣ 5년

대표예제 44 하자담보책임 ★★★

공동주택관리법령상 하자보수절차 등에 관한 설명으로 옳지 않은 것은?

① 공용부분에 대한 하자보수청구는 입주자대표회의, 사용자, 관리주체(하자보수청구 등에 관하여 입주자 또는 입주자대표회의를 대행하는 관리주체를 말한다), 집합건물의 소유 및 관리에 관한 법률에 의하여 구성된 관리단이 청구할 수 있다.

② 사업주체는 ①에 따라 하자보수를 청구받은 날부터 15일 이내에 그 하자를 보수하거나 보수일정 등을 명시한 하자보수계획을 입주자대표회의 등에 서면으로 통보하고, 그 계획에 따라 하자를 보수하여야 한다.

③ ②에 따라 하자보수를 실시한 사업주체는 하자보수가 완료되면 즉시 그 보수결과를 하자보수를 청구한 입주자대표회의 등에 통보하여야 한다.

④ 의무관리대상 공동주택의 경우에는 하자보수보증금의 사용 후 30일 이내에 그 사용내역을 국토교통부령으로 정하는 바에 따라 시장 · 군수 · 구청장에게 신고하여야 한다.

⑤ 사업주체는 담보책임기간이 만료되기 30일 전까지 그 만료 예정일을 해당 공동주택의 입주자대표회의 또는 해당 공공임대주택의 임차인대표회의에 서면으로 통보하여야 한다.

해설 | 사용자는 하자보수청구권이 없다.

보충 | 사업주체는 담보책임기간에 하자가 발생한 경우에는 아래의 해당 공동주택의 1.부터 4.까지에 해당하는 자 또는 5.에 해당하는 자의 청구에 따라 그 하자를 보수하여야 한다.

1. 입주자
2. 입주자대표회의
3. 관리주체(하자보수청구 등에 관하여 입주자 또는 입주자대표회의를 대행하는 관리주체를 말한다)
4. 집합건물의 소유 및 관리에 관한 법률에 따른 관리단
5. 공공임대주택의 임차인 또는 임차인대표회의

기본서 p.415~419

정답 ①

06 공동주택관리법령상 담보책임 및 하자보수 등에 관한 설명으로 옳지 않은 것은?

제18회 수정

① 사업주체에 대한 하자보수청구는 입주자 단독으로 할 수 없으며, 입주자대표회의를 통하여야 한다.
② 하자보수에 대한 담보책임을 지는 사업주체에는 건축법에 따라 건축허가를 받아 분양을 목적으로 하는 공동주택을 건축한 건축주도 포함된다.
③ 한국토지주택공사가 사업주체인 경우에는 공동주택관리법령에 따른 하자보수보증금을 예치하지 않아도 된다.
④ 사업주체는 공동주택의 하자에 대하여 분양에 따른 담보책임을 진다.
⑤ 시장 · 군수 · 구청장은 담보책임기간에 공동주택의 구조안전에 중대한 하자가 있다고 인정하는 경우에는 안전진단기관에 의뢰하여 안전진단을 할 수 있다.

07 공동주택관리법령상 하자보수청구권자가 아닌 자는?

① 입주자
② 입주자대표회의
③ 관리주체(하자보수청구 등에 관하여 입주자 또는 입주자대표회의를 대행하는 관리주체를 말한다)
④ 집합건물의 소유 및 관리에 관한 법률에 따른 관리단
⑤ 공공임대주택의 임대사업자 또는 임차인대표회의

정답 및 해설

06 ① 입주자는 단독으로 하자보수를 청구할 수 있고, 전유부분에 대한 청구를 관리주체(하자보수청구 등에 관하여 입주자 또는 입주자대표회의를 대행하는 관리주체를 말한다)에게 대행하도록 할 수 있다.

07 ⑤ 하자보수청구권자
1. 입주자
2. 입주자대표회의
3. 관리주체(하자보수청구 등에 관하여 입주자 또는 입주자대표회의를 대행하는 관리주체를 말한다)
4. 집합건물의 소유 및 관리에 관한 법률에 따른 관리단
5. 공공임대주택의 임차인 또는 임차인대표회의

08 공동주택관리법령상 담보책임의 종료에 관한 설명으로 옳지 않은 것은?

① 사업주체는 담보책임기간이 만료되기 30일 전까지 그 만료 예정일을 해당 공동주택의 입주자대표회의 또는 해당 공공임대주택의 임차인대표회의에 서면으로 통보하여야 한다.

② ①에 따른 통보를 받은 입주자대표회의 또는 공공임대주택의 임차인대표회의는 전유부분에 대하여 담보책임기간이 만료되는 날까지 하자보수를 청구하도록 입주자 또는 공공임대주택의 임차인에게 개별통지하고 공동주택단지 안의 잘 보이는 게시판에 20일 이상 게시하는 조치를 하여야 한다.

③ 사업주체는 하자보수청구를 받은 사항에 대하여 지체 없이 보수하고 그 보수결과를 서면으로 입주자대표회의 등 또는 임차인 등에게 통보하여야 한다. 다만, 하자가 아니라고 판단한 사항에 대해서는 그 이유를 명확히 기재한 서면을 입주자대표회의 등에 통보하여야 한다.

④ ③에 따라 보수결과를 통보받은 입주자대표회의 등 또는 임차인 등은 통보받은 날부터 15일 이내에 이유를 명확히 기재한 서면으로 사업주체에게 이의를 제기할 수 있다. 이 경우 사업주체는 이의제기 내용이 타당하면 지체 없이 하자를 보수하여야 한다.

⑤ 사업주체와 입주자는 전유부분에 대하여 하자보수가 끝난 때에는 공동으로 담보책임 종료확인서를 작성하여야 한다. 이 경우 담보책임기간이 만료되기 전에 담보책임 종료확인서를 작성하여서는 아니 된다.

대표예제 45 하자보수보증금 ★★★

공동주택관리법령상 하자보수보증금의 순차적 반환비율에 관한 설명이다. (   ) 안에 들어갈 내용으로 옳은 것은?

> 입주자대표회의는 사업주체가 예치한 하자보수보증금을 사용검사일부터 3년이 경과된 때에 사업주체에게 반환하여야 한다. 이 경우 반환금액은 하자보수보증금을 사용한 경우에는 이를 포함하여 하자보수보증금의 (   )의 비율로 계산하되, 이미 사용한 하자보수보증금은 이를 반환하지 아니한다.

① 100분의 15
② 100분의 20
③ 100분의 25
④ 100분의 40
⑤ 100분의 50

해설 | **사용검사일부터 3년이 경과된 때에는 하자보수보증금의 100분의 40을 반환하여야 한다.**

보충 | 입주자대표회의는 사업주체가 예치한 하자보수보증금을 다음의 구분에 따라 순차적으로 사업주체에게 반환하여야 한다.

1. 다음의 구분에 따른 날부터 2년이 경과된 때: 하자보수보증금의 100분의 15
   - 주택법에 따른 사용검사(공동주택단지 안의 공동주택 전부에 대하여 같은 조에 따른 임시 사용승인을 받은 경우에는 임시 사용승인을 말한다)를 받은 날
   - 건축법에 따른 사용승인(공동주택단지 안의 공동주택 전부에 대하여 같은 조에 따른 임시 사용승인을 받은 경우에는 임시 사용승인을 말한다)을 받은 날
2. 사용검사일부터 3년이 경과된 때: 하자보수보증금의 100분의 40
3. 사용검사일부터 5년이 경과된 때: 하자보수보증금의 100분의 25
4. 사용검사일부터 10년이 경과된 때: 하자보수보증금의 100분의 20

기본서 p.425~429

정답 ④

09 공동주택관리법령상 하자보수보증금의 반환비율로서 옳지 않은 것은?

① 주택법에 따른 사용검사를 받은 날부터 2년이 경과된 때: 하자보수보증금의 100분의 15

② 건축법에 따른 사용승인을 받은 날부터 2년이 경과된 때: 하자보수보증금의 100분의 20

③ 사용검사일부터 3년이 경과된 때: 하자보수보증금의 100분의 40

④ 사용검사일부터 5년이 경과된 때: 하자보수보증금의 100분의 25

⑤ 사용검사일부터 10년이 경과된 때: 하자보수보증금의 100분의 20

정답 및 해설

08 ④ 보수결과를 통보받은 입주자대표회의 등 또는 임차인 등은 통보받은 날부터 30일 이내에 이유를 명확히 기재한 서면으로 사업주체에게 이의를 제기할 수 있다. 이 경우 사업주체는 이의제기 내용이 타당하면 지체 없이 하자를 보수하여야 한다.

09 ② 건축법에 따른 사용승인을 받은 날부터 2년이 경과된 때에 하자보수보증금의 100분의 15를 반환하여야 한다.

10 공동주택관리법령상 하자보수보증금 사용용도가 아닌 것은?

① 안전진단을 실시한 경우 그 결과에 따른 하자보수비용
② 송달된 하자 여부 판정서 정본에 따라 하자로 판정된 시설공사 등에 대한 하자보수비용
③ 하자분쟁조정위원회가 송달한 조정서 정본에 따른 하자보수비용
④ 법원의 재판결과에 따른 하자보수비용
⑤ 하자진단의 결과에 따른 하자보수비용

11 공동주택관리법령상 하자보수보증금에 관한 설명으로 옳지 않은 것은? 제24회

① 지방공사인 사업주체는 대통령령으로 정하는 바에 따라 하자보수를 보장하기 위하여 하자보수보증금을 담보책임기간 동안 예치하여야 한다.
② 입주자대표회의 등은 하자보수보증금을 하자심사·분쟁조정위원회의 하자 여부 판정 등에 따른 하자보수비용 등 대통령령으로 정하는 용도로만 사용하여야 한다.
③ 사업주체는 하자보수보증금을 은행법에 따른 은행에 현금으로 예치할 수 있다.
④ 입주자대표회의는 하자보수보증서 발급기관으로부터 하자보수보증금을 지급받기 전에 미리 하자보수를 하는 사업자를 선정해서는 아니 된다.
⑤ 입주자대표회의는 하자보수보증금을 사용한 때에는 그 날부터 30일 이내에 그 사용명세를 사업주체에게 통보하여야 한다.

대표예제 46 안전진단의뢰기관 ★★

공동주택관리법령상 감정의뢰기관이 아닌 것은?

① 한국건설기술연구원
② 국토안전관리원
③ 대한건축사협회
④ 국립 또는 공립의 주택 관련 시험 · 검사기관
⑤ 신고한 해당 분야의 엔지니어링사업자, 등록한 해당 분야의 기술사, 신고한 건축사, 건축분야 안전진단전문기관. 이 경우 분과위원회(소위원회에서 의결하는 사건은 소위원회를 말한다)에서 해당 하자감정을 위한 시설 및 장비를 갖추었다고 인정하고 당사자 쌍방이 합의한 자로 한정한다.

해설 | 대한건축사협회는 안전진단의뢰기관에 해당한다.
보충 | 하자감정의뢰기관

1. 국토안전관리원
2. 한국건설기술연구원
3. 국립 또는 공립의 주택 관련 시험 · 검사기관
4. 고등교육법에 따른 대학 및 산업대학의 주택 관련 부설연구기관(상설기관으로 한정한다)
5. 신고한 해당 분야의 엔지니어링사업자, 등록한 해당 분야의 기술사, 신고한 건축사, 건축분야 안전진단전문기관. 이 경우 분과위원회(소위원회에서 의결하는 사건은 소위원회를 말한다)에서 해당 하자감정을 위한 시설 및 장비를 갖추었다고 인정하고 당사자 쌍방이 합의한 자로 한정한다.

기본서 p.423~425

정답 ③

정답 및 해설

10 ① 하자보수보증금의 사용용도

1. 송달된 하자 여부 판정서(재심의 결정서를 포함한다) 정본에 따라 하자로 판정된 시설공사 등에 대한 하자보수비용
2. 하자분쟁조정위원회가 송달한 조정서 정본에 따른 하자보수비용
3. 법원의 재판결과에 따른 하자보수비용
4. 하자진단의 결과에 따른 하자보수비용
5. 재판상 화해와 동일한 효력이 있는 재정에 따른 하자보수비용

11 ① 사업주체는 하자보수를 보장하기 위하여 하자보수보증금을 담보책임기간(보증기간은 공용부분을 기준으로 기산한다) 동안 예치하여야 한다. 다만, 국가 · 지방자치단체 · 한국토지주택공사 및 지방공사인 사업주체의 경우에는 그러하지 아니하다.

12 공동주택관리법령상 시장 · 군수 또는 구청장이 공동주택의 내력구조부에 중대한 하자가 있다고 인정하는 경우에 안전진단을 의뢰할 수 있는 기관이 아닌 것은?

① 한국건설기술연구원
② 국토안전관리원
③ 대한건축사협회
④ 시설물의 안전 및 유지관리에 관한 특별법 시행령에 따른 건축분야 안전진단전문기관
⑤ 해당 분야의 엔지니어링사업자

13 공동주택관리법령상 하자진단의뢰기관이 아닌 것은?

① 한국건설기술연구원
② 국토안전관리원
③ 건축분야 안전진단전문기관
④ 해당 분야의 엔지니어링사업자
⑤ 대한건축사협회

대표예제 47 하자심사 · 분쟁조정위원회 ★★

공동주택관리법령상 하자심사 · 분쟁조정위원회(이하 '하자분쟁조정위원회'라 한다)의 구성 등에 관한 설명으로 옳지 않은 것은?

① 위원회는 위원장 1명을 포함한 60명 이내의 위원으로 하고 위원장은 상임으로 한다.
② 위원장과 공무원이 아닌 위원의 임기는 2년으로 하되 중임할 수 있다.
③ 위원회의 위원장은 국토교통부장관이 임명한다.
④ 위원장은 하자분쟁조정위원회를 대표하고 그 직무를 총괄한다.
⑤ 위원장이 부득이한 사유로 직무를 수행할 수 없는 경우에는 위원장이 미리 지명한 분과위원장 순으로 그 직무를 대행한다.

해설 | 위원장과 공무원이 아닌 위원의 임기는 2년으로 하되 연임할 수 있다.
보충 | 하자심사 · 분쟁조정위원회(이하 '하자분쟁조정위원회'라 한다)의 구성 등
1. 하자분쟁조정위원회는 위원장 1명을 포함한 60명 이내의 위원으로 하고 위원장은 상임으로 한다.
2. 하자분쟁조정위원회에 하자 여부 판정, 분쟁조정 및 분쟁재정을 전문적으로 다루는 분과위원회를 둔다.
3. 하자분쟁조정위원회에는 하자 여부 판정 또는 분쟁조정을 전문적으로 다루는 분과위원회를 두되, 분과위원회는 하자분쟁조정위원회의 위원장(이하 '위원장'이라 한다)이 지명하는 9명 이상 15명 이하의 위원으로 구성한다.

4. 분쟁재정을 다루는 분과위원회는 위원장이 지명하는 5명의 위원으로 구성하되, 7.의 ⓒ에 해당하는 사람이 1명 이상 포함되어야 한다.
5. 위원장 및 분과위원회의 위원장(이하 '분과위원장'이라 한다)은 국토교통부장관이 임명한다.
6. 위원장은 분과위원회별로 사건의 심리 등을 위하여 전문분야 등을 고려하여 3명 이상 5명 이하의 위원으로 소위원회를 구성할 수 있다. 이 경우 위원장이 해당 분과위원회 위원 중에서 소위원회의 위원장(이하 '소위원장'이라 한다)을 지명한다.
7. 하자분쟁조정위원회의 위원은 공동주택 하자에 관한 학식과 경험이 풍부한 사람으로서 다음의 어느 하나에 해당하는 사람 중에서 국토교통부장관이 임명 또는 위촉한다. 이 경우 ⓒ에 해당하는 사람이 9명 이상 포함되어야 한다.
   ㉠ 1급부터 4급까지 상당의 공무원 또는 고위공무원단에 속하는 공무원이거나 이와 같은 직에 재직한 사람
   ㉡ 공인된 대학이나 연구기관에서 부교수 이상 또는 이에 상당하는 직에 재직한 사람
   ㉢ 판사 · 검사 또는 변호사의 직에 6년 이상 재직한 사람
   ㉣ 건설공사, 전기공사, 정보통신공사, 소방시설공사, 시설물 정밀안전진단 또는 감정평가에 관한 전문적 지식을 갖추고 그 업무에 10년 이상 종사한 사람
   ㉤ 주택관리사로서 공동주택의 관리사무소장으로 10년 이상 근무한 사람
   ㉥ 건축사법에 따라 신고한 건축사 또는 기술사법에 따라 등록한 기술사로서 그 업무에 10년 이상 종사한 사람
8. 위원장과 공무원이 아닌 위원의 임기는 2년으로 하되 연임할 수 있으며, 보궐위원의 임기는 전임자의 남은 임기로 한다.

기본서 p.430~441

정답 ②

정답 및 해설

12 ⑤ 해당 분야의 엔지니어링사업자는 하자진단을 할 수 있는 기관이다.

▶ 안전진단의뢰기관

1. 국토안전관리원
2. 한국건설기술연구원
3. 대한건축사협회
4. 대학 및 산업대학의 부설연구기관(상설기관으로 한정한다)
5. 건축분야 안전진단전문기관

13 ⑤ 대한건축사협회는 안전진단의뢰기관이다.

▶ 하자진단의뢰기관

1. 국토안전관리원
2. 한국건설기술연구원
3. 해당 분야의 엔지니어링사업자
4. 등록한 해당 분야의 기술사
5. 신고한 건축사
6. 건축분야 안전진단전문기관

14 **공동주택관리법령상 하자심사신청서에 첨부되는 서류가 아닌 것은?**

① 당사자간 교섭경위서 1부
② 하자보수보증금 보증서 사본 1부
③ 신청인의 신분증 사본
④ 입주자대표회의가 신청하는 경우에는 하자 관련 회의록 사본
⑤ 관리사무소장이 신청하는 경우에는 관리사무소장 배치 및 직인 신고증명서 사본 1부

15 **공동주택관리법령상 하자심사 · 분쟁조정위원회(이하 '하자분쟁조정위원회'라 한다)의 조정 등에 관한 설명으로 옳지 않은 것은?**

① 하자분쟁조정위원회는 조정 등의 신청을 받은 때에는 지체 없이 조정 등의 절차를 개시하여야 한다.
② 하자분쟁조정위원회는 그 신청을 받은 날부터 분쟁재정은 60일(공용부분의 하자는 90일로 하고, 흠결보정기간 및 하자감정기간은 제외한다) 이내에 그 절차를 완료하여야 한다.
③ 하자분쟁조정위원회는 신청사건의 내용에 흠이 있는 경우에는 상당한 기간을 정하여 그 흠을 바로잡도록 명할 수 있다. 이 경우 신청인이 흠을 바로잡지 아니하면 하자분쟁조정위원회의 결정으로 조정 등의 신청을 각하한다.
④ 하자분쟁조정위원회는 ②에 따라 기간 이내에 조정 등을 완료할 수 없는 경우에는 해당 사건을 담당하는 분과위원회 또는 소위원회의 의결로 그 기간을 한 차례만 연장할 수 있으나, 그 기간은 30일 이내로 한다. 이 경우 그 사유와 기한을 명시하여 각 당사자 또는 대리인에게 서면으로 통지하여야 한다.
⑤ 조정 등의 진행과정에서 증인 또는 증거의 채택에 드는 비용이 발생할 때에는 당사자가 합의한 바에 따라 그 비용을 부담한다.

16 공동주택관리법령상 하자심사 · 분쟁조정위원회의 위원에 관한 설명으로 옳지 않은 것은?

① 공인된 대학이나 연구기관에서 부교수 이상 또는 이에 상당하는 직에 재직한 사람
② 판사 · 검사 또는 변호사 자격을 취득한 후 6년 이상 종사한 사람
③ 건설공사, 전기공사, 정보통신공사, 소방시설공사, 시설물 정밀안전진단 또는 감정평가에 대한 전문적 지식을 갖추고 그 업무에 10년 이상 종사한 사람
④ 주택관리사로서 공동주택의 관리사무소장으로 5년 이상 근무한 사람
⑤ 건축사 또는 기술사로서 그 업무에 10년 이상 종사한 사람

정답 및 해설

14 ④ 입주자대표회의가 신청하는 경우에는 그 구성 신고를 증명하는 서류 1부를 첨부하여야 한다.

▶ 하자심사신청서에 첨부하여야 하는 서류

1. 당사자간 교섭경위서[입주자대표회의 등 또는 공공임대주택의 임차인 또는 임차인대표회의(이하 '임차인 등'이라 한다)가 일정별로 청구한 하자보수 등에 대하여 사업주체 등(사업주체 및 하자보수보증서 발급기관을 말한다)이 답변한 내용 또는 서로 협의한 내용을 말한다] 1부
2. 하자발생사실 증명자료(컬러사진 및 설명자료 등) 1부
3. 하자보수보증금의 보증서 사본(하자보수보증금의 보증서 발급기관이 사건의 당사자인 경우만 해당한다) 1부
4. 신청인의 신분증 사본(법인은 인감증명서를 말하되, 전자서명법에 따른 공인전자서명을 한 전자문서는 신분증 사본으로 갈음한다). 다만, 대리인이 신청하는 경우에는 다음의 서류를 말한다.
   - 신청인의 위임장 및 신분증 사본
   - 대리인의 신분증(변호사는 변호사 신분증을 말한다) 사본
   - 대리인이 법인의 직원인 경우에는 재직증명서
5. 입주자대표회의 또는 공공임대주택의 임차인대표회의가 신청하는 경우에는 그 구성 신고를 증명하는 서류 1부
6. 관리사무소장이 신청하는 경우에는 관리사무소장 배치 및 직인 신고증명서 사본 1부
7. 집합건물의 소유 및 관리에 관한 법률에 따른 관리단이 신청하는 경우에는 그 관리단의 관리인을 선임한 증명서류 1부

15 ② 하자분쟁조정위원회는 조정 등의 신청을 받은 때에는 지체 없이 조정 등의 절차를 개시하여야 한다. 이 경우 하자분쟁조정위원회는 그 신청을 받은 날부터 다음의 구분에 따른 기간(흠결보정기간 및 하자감정기간은 제외한다) 이내에 그 절차를 완료하여야 한다.

1. 하자심사 및 분쟁조정: 60일(공용부분의 경우 90일)
2. 분쟁재정: 150일(공용부분의 경우 180일)

16 ④ 국토교통부장관은 주택관리사로서 공동주택의 관리사무소장으로 10년 이상 근무한 사람을 위원으로 임명 또는 위촉한다.

종합

17 **공동주택관리법령상 하자심사 · 분쟁조정위원회(이하 '하자분쟁조정위원회'라 한다)에 관한 설명으로 옳지 않은 것은?**

① 하자분쟁조정위원회는 당사자 일방으로부터 조정 등의 신청을 받은 때에는 그 신청내용을 상대방에게 통지하여야 한다.

② ①에 따른 통지를 받은 상대방은 신청내용에 대한 답변서를 특별한 사정이 없으면 10일 이내에 하자분쟁조정위원회에 제출하여야 한다.

③ 하자분쟁조정위원회로부터 조정 등의 신청에 관한 통지를 받은 사업주체 등, 설계자, 감리자, 입주자대표회의 등 및 임차인 등은 분쟁조정에 응하여야 한다.

④ 국토교통부장관은 하자분쟁조정위원회의 운영 및 사무처리를 한국건설기술연구원에 위탁할 수 있다.

⑤ 하자분쟁조정위원회는 분쟁의 조정 등의 절차에 관하여 공동주택관리법에서 규정하지 아니한 사항 및 소멸시효의 중단에 관하여는 민사조정법을 준용한다.

18 **공동주택관리법령상 분과위원회 및 소위원회에 관한 설명으로 옳지 않은 것은?**

① 하자분쟁조정위원회는 하자 여부 판정 또는 분쟁조정을 전문적으로 다루는 분과위원회를 둔다.

② 하자 여부 판정 또는 분쟁조정을 다루는 분과위원회는 하자분쟁조정위원회의 위원장이 지명하는 9명 이상 15명 이하의 위원으로 구성한다.

③ 하자분쟁조정위원회 위원장은 분과위원회 회의를 소집하려면 특별한 사정이 있는 경우를 제외하고는 회의 개최 2일 전까지 회의의 일시 · 장소 및 안건을 각 위원에게 알려야 한다.

④ 하자분쟁조정위원회의 위원장은 분과위원회별로 사건의 심리 등을 위하여 전문분야 등을 고려하여 3명 이상 5명 이하의 위원으로 소위원회를 구성할 수 있다.

⑤ 분과위원회별로 시설공사의 종류 및 전문분야 등을 고려하여 5개 이내의 소위원회를 둘 수 있다.

19 **공동주택관리법령상 하자심사 · 분쟁조정위원회(이하 '하자분쟁조정위원회'라 한다)에 관한 설명으로 옳지 않은 것은?**

① 담보책임 및 하자보수 등과 관련한 사무를 심사 · 조정 및 관장하기 위하여 시, 도에 하자분쟁조정위원회를 둔다.

② 하자분쟁조정위원 중에는 판사 · 검사 또는 변호사의 직에 6년 이상 재직한 사람이 9명 이상 포함되어야 한다.

③ 하자분쟁조정위원회의 위원장은 분과위원회별로 사건의 심리 등을 위하여 전문분야 등을 고려하여 3명 이상 5명 이하의 위원으로 소위원회를 구성할 수 있다.

④ 하자의 책임범위 등에 대하여 사업주체 등 · 설계자 및 감리자간에 발생하는 분쟁의 조정 및 재정에 관한 사항은 하자분쟁조정위원회의 사무에 포함된다.

⑤ 하자심사 · 분쟁조정위원회는 분쟁의 조정절차에 관하여 공동주택관리법에서 규정하지 아니한 사항에 대하여는 민사조정법을 준용한다.

정답 및 해설

17 ④ 국토교통부장관은 하자분쟁조정위원회의 운영 및 사무처리를 국토안전관리원법에 따른 국토안전관리원에 위탁할 수 있다.

18 ③ 하자분쟁조정위원회 위원장은 분과위원회 회의를 소집하려면 회의 개최 3일 전까지 회의의 일시 · 장소 및 안건을 각 위원에게 알려야 한다.

19 ① 담보책임 및 하자보수 등과 관련한 사무를 심사 · 조정 및 관장하기 위하여 국토교통부에 하자분쟁조정위원회를 둔다.

대표예제 48 장기수선계획 ★★★

공동주택관리법령상 장기수선계획에 관한 설명으로 옳지 않은 것은? 제17회 수정

① 200세대의 지역난방방식의 공동주택을 건설 · 공급하는 사업주체 또는 리모델링을 하는 자는 그 공동주택의 공용부분에 대한 장기수선계획을 수립하여야 한다.

② 300세대 이상의 공동주택을 건설 · 공급하는 사업주체 또는 리모델링을 하는 자는 그 공동주택의 공용부분에 대한 장기수선계획을 수립하여야 한다.

③ 400세대의 중앙집중식 난방방식의 공동주택을 건설 · 공급하는 사업주체 또는 리모델링을 하는 자는 그 공동주택의 공용부분에 대한 장기수선계획을 수립하여야 한다.

④ 사업주체는 장기수선계획을 3년마다 조정하되, 주요 시설을 신설하는 등 관리여건상 필요하여 입주자대표회의의 의결을 얻은 경우에는 3년이 지나기 전에 조정할 수 있다.

⑤ 장기수선계획을 수립하는 자는 국토교통부령이 정하는 기준에 따라 장기수선계획을 수립하되, 해당 공동주택의 건설에 소요된 비용을 감안하여야 한다.

해설 | 입주자대표회의와 관리주체는 장기수선계획을 3년마다 검토하고 필요한 경우 이를 국토교통부령으로 정하는 바에 따라 조정하여야 하며, 주요 시설을 신설하는 등 관리여건상 필요하여 전체 입주자 과반수의 서면동의를 받은 경우에는 3년이 지나기 전에 장기수선계획을 조정할 수 있다.

기본서 p.441~448

정답 ④

20 **공동주택관리법령상 장기수선계획에 관한 설명으로 옳지 않은 것은?**

① 300세대 이상의 공동주택을 건설 · 공급하는 사업주체는 그 공동주택의 공용부분에 대한 장기수선계획을 수립한다.

② ①에 따라 수립된 장기수선계획은 사용검사를 신청할 때에 사용검사권자에게 제출하고, 사용검사권자는 이를 해당 공동주택의 입주자대표회의에 인계하여야 한다.

③ 승강기가 설치된 공동주택, 중앙집중식 난방방식의 공동주택, 건축허가를 받아 주택 외의 시설과 주택을 동일 건축물로 건축한 건축물도 수립대상 공동주택에 포함된다.

④ 장기수선계획 조정은 관리주체가 조정안을 작성하고, 입주자대표회의가 의결하는 방법으로 한다.

⑤ 수립되거나 조정된 장기수선계획에 따라 주요 시설을 교체하거나 보수하지 아니한 입주자대표회의의 대표자에게는 1천만원 이하의 과태료를 부과한다.

고난도

21 **공동주택관리법령상 승강기에 대한 장기수선계획에 따른 수선주기(전면교체 기준)를 연결한 것으로 옳지 않은 것은?**

① 와이어로프, 쉬브(도르레): 10년
② 기계장치: 15년
③ 조속기: 15년
④ 제어반: 15년
⑤ 도어개폐장치: 15년

고난도

22 **공동주택관리법령상 장기수선계획 수립기준에 따라 수선주기가 동일한 공사로 짝지어진 것은?** 제17회 수정

㉠ 가스설비의 배관
㉡ 소화설비의 소화수관(강관)
㉢ 난방설비의 난방관(강관)
㉣ 옥외부대시설 및 옥외복리시설의 현관입구 · 지하주차장 진입로 지붕
㉤ 배수설비의 오배수관(주철)

① ㉠, ㉢
② ㉠, ㉤
③ ㉡, ㉣
④ ㉡, ㉤
⑤ ㉢, ㉣

정답 및 해설

20 ② 수립된 장기수선계획은 사용검사를 신청할 때에 사용검사권자에게 제출하고, 사용검사권자는 이를 해당 공동주택의 관리주체에게 인계하여야 한다.

21 ① 와이어로프, 쉬브(도르레): 5년

22 ⑤ ㉢㉣의 수선주기는 각각 15년으로 동일하다.
㉠ 가스설비의 배관의 수선주기는 20년이다.
㉡ 소화설비의 소화수관(강관)의 수선주기는 25년이다.
㉤ 배수설비의 오배수관(주철)의 수선주기는 30년이다.

고난도

23 **공동주택관리법령상 장기수선계획 수립기준에 따른 공사종별 수선주기로 옳지 않은 것은?**

제18회 수정

① 보안 · 방범시설 중 영상정보처리기기 및 침입탐지시설의 전면교체 수선주기: 5년
② 급탕설비의 급탕탱크의 전면교체 수선주기: 15년
③ 건물 내부 천장의 수성도료칠 전면도장 수선주기: 10년
④ 피뢰설비의 전면교체 수선주기: 25년
⑤ 승강기 및 인양기설비 중 도어개폐장치의 전면교체 수선주기: 15년

24 **공동주택관리법 시행규칙상 장기수선계획의 수립기준으로 전면교체 수선주기가 긴 것에서 짧은 것의 순서로 옳은 것은?**

제25회

① 발전기 – 소화펌프 – 피뢰설비
② 발전기 – 피뢰설비 – 소화펌프
③ 소화펌프 – 발전기 – 피뢰설비
④ 피뢰설비 – 소화펌프 – 발전기
⑤ 피뢰설비 – 발전기 – 소화펌프

대표예제 49 장기수선충당금 ★★★

공동주택관리법령상 공동주택의 장기수선충당금에 관한 설명으로 옳지 않은 것은? 제16회 수정

① 장기수선충당금은 입주자 과반수의 서면동의가 있는 경우에는 하자진단 및 감정에 드는 비용으로 사용할 수 있다.
② 장기수선충당금의 요율은 해당 공동주택의 공용부분의 내구연한 등을 감안하여 공동주택관리규약으로 정한다.
③ 건설임대주택을 분양전환한 이후 관리업무를 인계하기 전까지의 장기수선충당금 요율은 민간임대주택에 관한 특별법 시행령 또는 공공주택 특별법 시행령에 따른 특별수선충당금 적립요율에 따라야 한다.
④ 장기수선충당금은 해당 공동주택에 대한 주택법에 따른 사용검사(공동주택단지 안의 공동주택 전부에 대하여 주택법 제49조에 따른 임시사용승인을 받은 경우에는 임시사용승인을 말한다)를 받은 날이 속하는 달부터 매달 적립한다.
⑤ 관리주체는 장기수선계획에 따라 장기수선충당금 사용계획서를 작성하고, 입주자대표회의의 의결을 거쳐 장기수선충당금을 사용한다.

해설 | 장기수선충당금은 해당 공동주택에 대한 주택법에 따른 사용검사(공동주택단지 안의 공동주택 전부에 대하여 주택법에 따른 임시사용승인을 받은 경우에는 임시사용승인을 말한다)를 받은 날부터 1년이 경과한 날이 속하는 달부터 매달 적립한다.

보충 | 장기수선충당금의 적립 등

1. 장기수선충당금의 요율은 해당 공동주택의 공용부분의 내구연한 등을 감안하여 관리규약으로 정한다.
2. 1.에도 불구하고 건설임대주택을 분양전환한 이후 관리업무를 인계하기 전까지의 장기수선충당금 요율은 민간임대주택에 관한 특별법 시행령 또는 공공주택 특별법 시행령에 따른 특별수선충당금 적립요율에 따른다.
3. 장기수선충당금의 적립금액은 장기수선계획으로 정한다. 이 경우 국토교통부장관이 주요 시설의 계획적인 교체 및 보수를 위하여 최소 적립금액의 기준을 정하여 고시하는 경우에는 그에 맞아야 한다.
4. 장기수선충당금은 관리주체가 다음의 사항이 포함된 장기수선충당금 사용계획서를 장기수선계획에 따라 작성하고 입주자대표회의의 의결을 거쳐 사용한다.
   - 수선공사(공동주택 공용부분의 보수·교체 및 개량을 말한다)의 명칭과 공사내용
   - 수선공사대상 시설의 위치 및 부위
   - 수선공사의 설계도면 등
   - 공사기간 및 공사방법
   - 수선공사의 범위 및 예정공사금액
   - 공사발주방법 및 절차 등
5. 장기수선충당금은 해당 공동주택에 대한 다음의 구분에 따른 날부터 1년이 경과한 날이 속하는 달부터 매달 적립한다. 다만, 건설임대주택에서 분양전환된 공동주택의 경우에는 임대사업자가 관리주체에게 공동주택의 관리업무를 인계한 날이 속하는 달부터 적립한다.
   - 주택법 제49조에 따른 사용검사(공동주택단지 안의 공동주택 전부에 대하여 같은 조에 따른 임시사용승인을 받은 경우에는 임시사용승인을 말한다)를 받은 날
   - 건축법 제22조에 따른 사용승인(공동주택단지 안의 공동주택 전부에 대하여 같은 조에 따른 임시사용승인을 받은 경우에는 임시사용승인을 말한다)을 받은 날
6. 공동주택 중 분양되지 아니한 세대의 장기수선충당금은 사업주체가 부담한다.
7. 공동주택의 소유자는 장기수선충당금을 사용자가 대신하여 납부한 경우에는 그 금액을 반환하여야 한다.
8. 관리주체는 공동주택의 사용자가 장기수선충당금의 납부확인을 요구하는 경우에는 지체 없이 확인서를 발급해 주어야 한다.

기본서 p.449~451

정답 ④

정답 및 해설

23 ③ 건물 내부 천장의 수성도료칠 전면도장 수선주기는 5년이다.

24 ② 발전기 30년, 피뢰설비 25년, 소화펌프 20년이다.

종합

25 공동주택관리법령상 장기수선계획 및 장기수선충당금에 관한 설명으로 옳지 않은 것은?

제14회 수정

① 승강기가 설치된 공동주택을 건설 · 공급하는 사업주체는 장기수선계획을 수립하여야 한다.

② 장기수선충당금은 입주자대표회의 의결이 있는 경우에는 하자진단 및 감정에 드는 비용으로 사용할 수 있다.

③ 관리주체는 공동주택의 사용자가 장기수선충당금의 납부확인을 요구하는 경우에는 지체 없이 확인서를 발급해 주어야 한다.

④ 조정된 장기수선계획에 따라 공동주택의 주요 시설을 교체하거나 보수하지 아니하면 입주자대표회의의 대표자에게 과태료를 부과한다.

⑤ 장기수선충당금의 적립금액은 장기수선계획으로 정한다. 이 경우 국토교통부장관이 주요 시설의 계획적인 교체 및 보수를 위하여 최소 적립금액의 기준을 정하여 고시하는 경우에는 그에 맞아야 한다.

26 공동주택관리법령상 장기수선충당금에 관한 설명으로 옳지 않은 것은?

① 장기수선충당금은 관리주체가 장기수선충당금 사용계획서를 장기수선계획에 따라 작성하고 관리규약으로 정하는 절차를 거쳐 사용한다.

② 장기수선충당금은 해당 공동주택에 대한 건축법에 따른 사용승인(공동주택단지 안의 공동주택 전부에 대하여 임시사용승인을 받은 경우에는 임시사용승인을 말한다)을 받은 날부터 1년이 경과한 날이 속하는 달부터 매달 적립한다.

③ 국가 또는 지방자치단체가 관리주체인 경우에 장기수선충당금의 체납이 있는 때에는 국세체납처분 또는 지방세체납처분의 예에 의하여 이를 강제징수할 수 있다.

④ 관리주체는 공동주택의 사용자가 장기수선충당금의 납부확인을 요구하는 경우에는 지체 없이 확인서를 발급해 주어야 한다.

⑤ 공동주택의 소유자는 장기수선충당금을 사용자가 대신하여 납부한 경우에는 그 금액을 반환하여야 한다.

27 **공동주택관리법령상 의무관리대상 공동주택의 시설관리에 관한 설명으로 옳지 않은 것은?** 제26회

① 관리주체는 장기수선계획에 따라 공동주택의 주요 시설의 교체 및 보수에 필요한 장기수선충당금을 해당 주택의 소유자로부터 징수하여 적립하여야 한다.

② 입주자대표회의와 관리주체는 주요 시설을 신설하는 등 관리여건상 필요하여 전체 입주자 3분의 1 이상의 서면동의를 받은 경우에는 장기수선계획을 조정할 수 있다.

③ 공동주택의 안전점검 방법, 안전점검의 실시 시기, 안전점검을 위한 보유 장비, 그 밖에 안전점검에 필요한 사항은 대통령령으로 정한다.

④ 공동주택의 소유자는 장기수선충당금을 사용자가 대신하여 납부한 경우에는 그 금액을 반환하여야 한다.

⑤ 관리주체는 공동주택의 사용자가 장기수선충당금의 납부 확인을 요구하는 경우에는 지체 없이 확인서를 발급해 주어야 한다.

제2편 기출실무

제2장

정답 및 해설

25 ② 장기수선충당금은 입주자 과반수의 서면동의가 있는 경우에는 하자진단 및 감정에 드는 비용으로 사용할 수 있다.

26 ① 장기수선충당금은 관리주체가 장기수선충당금 사용계획서를 장기수선계획에 따라 작성하고 입주자대표회의의 의결을 거쳐 사용한다.

27 ② 입주자대표회의와 관리주체는 주요 시설을 신설하는 등 관리여건상 필요하여 전체 입주자 과반수의 서면동의를 받은 경우에는 3년이 지나기 전에 장기수선계획을 조정할 수 있다.

28 **다음과 같은 조건에서 아파트 공급면적이 200m²인 세대의 월간 세대별 장기수선충당금을 구하시오.** 제15회

- 총세대수: 총 400세대(공급면적 100m² 200세대, 200m² 200세대)
- 총공급면적: 60,000m²
- 장기수선계획기간 중의 연간 수선비: 72,000,000원
- 계획기간: 10년(단, 연간 수선비는 매년 일정하다고 가정함)

① 5,000원 ② 10,000원 ③ 15,000원
④ 20,000원 ⑤ 25,000원

대표예제 50 특별수선충당금 ★★

민간임대주택에 관한 특별법령상 특별수선충당금에 대한 설명으로 옳은 것은? 제15회

① 임대사업자가 민간임대주택을 양도하는 경우에는 특별수선충당금을 공동주택관리법에 따라 최초로 구성되는 관리사무소장에게 넘겨주어야 한다.
② 특별수선충당금은 임대사업자와 해당 민간임대주택의 소재지를 관할하는 시장 · 군수 · 구청장의 공동명의로 금융회사 등에 예치하여 따로 관리하여야 한다.
③ 임대사업자는 특별수선충당금을 사용하려면 미리 해당 민간임대주택이 있는 곳을 관할하는 시장 · 군수 · 구청장의 승인을 받아야 한다.
④ 관리사무소장은 국토교통부령으로 정하는 방법에 따라 임대사업자의 특별수선충당금 적립 여부, 적립금액 등을 관할 시 · 도지사에게 보고하여야 한다.
⑤ 관리사무소장은 특별수선충당금 적립현황보고서를 매년 2월 15일과 8월 15일까지 관할 특별시장 · 광역시장 · 특별자치시장 · 도지사 또는 특별자치도지사에게 제출하여야 한다.

오답체크
① 임대사업자가 민간임대주택을 양도하는 경우에는 특별수선충당금을 공동주택관리법에 따라 최초로 구성되는 입주자대표회의에 넘겨주어야 한다.
③ 임대사업자는 특별수선충당금을 사용하려면 미리 해당 민간임대주택의 소재지를 관할하는 시장 · 군수 · 구청장과 협의하여야 한다.
④ 시장 · 군수 · 구청장은 국토교통부령으로 정하는 방법에 따라 임대사업자의 특별수선충당금 적립 여부, 적립금액 등을 관할 시 · 도지사에게 보고하여야 하며, 시 · 도지사는 시장 · 군수 · 구청장의 보고를 종합하여 국토교통부장관에게 보고하여야 한다.
⑤ 시장 · 군수 · 구청장은 특별수선충당금 적립현황보고서를 매년 1월 31일과 7월 31일까지 관할 특별시장 · 광역시장 · 특별자치시장 · 도지사 또는 특별자치도지사(이하 '시 · 도지사'라 한다)에게 제출하여야 하며, 시 · 도지사는 이를 종합하여 매년 2월 15일과 8월 15일까지 국토교통부장관에게 보고하여야 한다.

기본서 p.452~454

정답 ②

29 민간임대주택에 관한 특별법상 특별수선충당금에 대한 설명으로 옳은 것은?

① 임대사업자가 민간임대주택을 양도하는 경우에는 특별수선충당금을 최초로 구성되는 관리주체에게 넘겨주어야 한다.

② 장기수선계획을 수립하여야 하는 민간임대주택의 임대사업자는 특별수선충당금을 사용검사일 또는 임시사용승인일부터 1년이 지난 날이 속하는 달부터 사업계획승인 당시 표준건축비의 1만분의 10의 요율로 매달 적립하여야 한다.

③ 특별수선충당금은 임대사업자 단독명의로 금융회사 등에 예치하여 따로 관리하여야 한다.

④ 시장 · 군수 · 구청장은 특별수선충당금 적립현황보고서를 매년 1월 31일과 7월 31일까지 관할 특별시장 · 광역시장 · 특별자치시장 · 도지사 또는 특별자치도지사(이하 '시 · 도지사'라 한다)에게 제출하여야 하며, 시 · 도지사는 이를 종합하여 매년 2월 15일과 8월 15일까지 국토교통부장관에게 보고하여야 한다.

⑤ 임대사업자는 특별수선충당금을 사용하려면 미리 해당 민간임대주택의 소재지를 관할하는 시장 · 군수 · 구청장에게 신고하여야 한다.

정답 및 해설

28 ④ 장기수선충당금은 다음의 계산식에 따라 산정한다.

월간 세대별 장기수선충당금 = [장기수선계획기간 중의 수선비 총액 ÷ (총공급면적 × 12 × 계획기간(년))] × 세대당 주택공급면적
= [연간 수선비 총액 ÷ (총공급면적 × 12)] × 세대당 주택공급면적
= [72,000,000 ÷ (60,000 × 12)] × 200
= 20,000원

▶ 장기수선계획기간 중의 수선비 총액을 주지 않고 연간 수선비가 주어졌고 연간 수선비도 일정하다고 가정했기 때문에 계획기간은 고려하지 않는다.

29 ④ ① 임대사업자가 민간임대주택을 양도하는 경우에는 특별수선충당금을 최초로 구성되는 입주자대표회의에 넘겨주어야 한다.

② 장기수선계획을 수립하여야 하는 민간임대주택의 임대사업자는 특별수선충당금을 사용검사일 또는 임시사용승인일부터 1년이 지난 날이 속하는 달부터 사업계획승인 당시 표준건축비의 1만분의 1의 요율로 매달 적립하여야 한다.

③ 특별수선충당금은 임대사업자와 해당 민간임대주택의 소재지를 관할하는 시장 · 군수 · 구청장의 공동명의로 금융회사 등에 예치하여 따로 관리하여야 한다.

⑤ 임대사업자는 특별수선충당금을 사용하려면 미리 해당 민간임대주택의 소재지를 관할하는 시장 · 군수 · 구청장과 협의하여야 한다.

제2장 주관식 기입형 문제

01 공동주택관리법령상 하자보수보증금의 예치에 관한 설명이다. ( ) 안에 들어갈 용어를 쓰시오.

> 사업주체는 대통령령으로 정하는 바에 따라 하자보수를 보장하기 위하여 하자보수보증금을 담보책임기간(보증기간은 공용부분을 기준으로 기산한다) 동안 예치하여야 한다. 다만, 국가 · 지방자치단체 · ( ) 및 지방공사인 사업주체의 경우에는 그러하지 아니하다.

02 공동주택관리법령상 하자진단 및 감정 결과의 제출에 관한 설명이다. ( ) 안에 들어갈 숫자를 순서대로 쓰시오.

> • 안전진단기관은 하자진단을 의뢰받은 날부터 ( )일 이내에 그 결과를 사업주체 등과 입주자대표회의 등에 제출하여야 한다. 다만, 당사자 사이에 달리 약정한 경우에는 그에 따른다.
> • 안전진단기관은 하자감정을 의뢰받은 날부터 ( )일 이내에 그 결과를 하자분쟁조정위원회에 제출하여야 한다. 다만, 하자분쟁조정위원회가 인정하는 부득이한 사유가 있는 때에는 그 기간을 연장할 수 있다.

03 공동주택관리법령상 하자보수 이행기간에 관한 설명이다. ( ) 안에 들어갈 용어와 숫자를 순서대로 쓰시오.

> 사업주체는 하자보수를 청구받은 날[( )결과를 통보받은 때에는 그 통보받은 날을 말한다]부터 ( )일 이내에 그 하자를 보수하거나 다음 각 호의 사항을 명시한 하자보수계획을 입주자대표회의 등 또는 임차인 등에 서면으로 통보하고 그 계획에 따라 하자를 보수하여야 한다. 다만, 하자가 아니라고 판단되는 사항에 대해서는 그 이유를 서면으로 통보하여야 한다.
> 1.~3. 〈생략〉

04 공동주택관리법령상 안전진단에 관한 설명이다. ( ) 안에 들어갈 용어를 쓰시오.

시장 · 군수 또는 구청장은 공동주택의 내력구조부에 중대한 하자가 있다고 인정하는 경우에는 다음의 어느 하나에 해당하는 기관 또는 단체에 해당 공동주택의 안전진단을 의뢰할 수 있다.

- 한국건설기술연구원
- 국토안전관리원
- ( )
- 대학 및 산업대학의 부설연구기관(상설기관에 한한다)
- 건축분야 안전진단전문기관

05 공동주택관리법령상 하자보수보증금의 명의 변경에 관한 설명이다. ( ) 안에 들어갈 용어를 순서대로 각각 쓰시오.

( )은(는) 입주자대표회의가 구성된 때에는 지체 없이 하자보수보증금의 예치명의 또는 가입명의를 해당 입주자대표회의로 변경하고 입주자대표회의에 현금예치증서 또는 ( )을(를) 인계하여야 한다.

정답 및 해설

01 한국토지주택공사
02 20, 20
03 하자진단, 15
04 대한건축사협회
05 사용검사권자, 보증서

06 **공동주택관리법령상 하자보수보증금의 반환에 관한 규정의 일부이다. (　　) 안에 들어갈 숫자를 순서대로 쓰시오. (단, 하자보수보증금을 사용하지 않은 것으로 전제함)** 제20회

> 입주자대표회의는 사업주체가 예치한 하자보수보증금을 다음 각 호의 구분에 따라 순차적으로 사업주체에게 반환하여야 한다.
> 1. 〈생략〉
> 2. 사용검사일부터 3년이 경과된 때: 하자보수보증금의 100분의 (　　)
> 3. 사용검사일부터 5년이 경과된 때: 하자보수보증금의 100분의 (　　)
> 4. 〈생략〉

07 **공동주택관리법령상 사업주체가 예치한 하자보수보증금을 입주자대표회의가 사업주체에게 반환하여야 하는 비율에 관한 내용이다. (　　) 안에 들어갈 숫자를 쓰시오.** 제23회

> - 사용검사일부터 3년이 경과된 때: 하자보수보증금의 100분의 (㉠)
> - 사용검사일부터 5년이 경과된 때: 하자보수보증금의 100분의 (㉡)
> - 사용검사일부터 10년이 경과된 때: 하자보수보증금의 100분의 (㉢)

08 **공동주택관리법령상 담보책임의 종료에 관한 설명이다. (　　) 안에 들어갈 숫자를 쓰시오.**

> 사업주체는 담보책임기간이 만료되기 (　　)일 전까지 그 만료 예정일을 해당 공동주택의 입주자대표회의(의무관리대상 공동주택이 아닌 경우에는 집합건물의 소유 및 관리에 관한 법률에 따른 관리단을 말한다) 또는 해당 공공임대주택의 임차인대표회의에 서면으로 통보하여야 한다.

09 **공동주택관리법령상 담보책임의 종료에 관한 설명이다. (　　) 안에 들어갈 숫자를 쓰시오.**

> 입주자대표회의의 회장은 공용부분의 담보책임 종료확인서를 작성하려면 다음의 절차를 차례대로 거쳐야 한다. 이 경우 전체 입주자의 (　　)분의 1 이상이 서면으로 반대하면 입주자대표회의는 제2호에 따른 의결을 할 수 없다.
> 1. 의견 청취를 위하여 입주자에게 다음 각 목의 사항을 서면으로 개별통지하고 공동주택단지 안의 게시판에 20일 이상 게시할 것
>   가.~다. 〈생략〉
> 2. 입주자대표회의 의결

10 공동주택관리법령상 하자심사ㆍ분쟁조정위원회(이하 '하자분쟁조정위원회'라 한다)에 관한 설명이다. (　　) 안에 들어갈 숫자를 순서대로 각각 쓰시오.

> 하자분쟁조정위원회는 조정 등의 신청을 받은 때에는 지체 없이 조정 등의 절차를 개시하여야 한다. 이 경우 하자분쟁조정위원회는 그 신청을 받은 날부터 다음의 구분에 따른 기간(흠결보정기간 및 하자감정기간은 제외한다) 이내에 그 절차를 완료하여야 한다.
> 1. 하자심사 및 분쟁조정: (　　)일(공용부분의 경우 90일)
> 2. 분쟁재정: (　　)일(공용부분의 경우 180일)

11 공동주택관리법상 조정 등의 처리기간 등에 관한 내용이다. (　　) 안에 들어갈 용어를 쓰시오.
제26회

> 제45조【조정 등의 처리기간 등】① 하자분쟁조정위원회는 조정 등의 신청을 받은 때에는 지체 없이 조정 등의 절차를 개시하여야 한다. 이 경우 하자분쟁조정위원회는 그 신청을 받은 날부터 다음 각 호의 구분에 따른 기간(제2항에 따른 흠결보정기간 및 제48조에 따른 하자감정기간은 제외한다) 이내에 그 절차를 완료하여야 한다.
> 1. 하자심사 및 분쟁조정: 60일(공용부분의 경우 90일)
> 2. 분쟁(　　): 150일(공용부분의 경우 180일)

정답 및 해설

06 40, 25
07 ㉠ 40, ㉡ 25, ㉢ 20
08 30
09 5
10 60, 150
11 재정

12 공동주택관리법령상 하자심사 · 분쟁조정위원회(이하 '하자분쟁조정위원회'라 한다)에 관한 설명이다. (   ) 안에 들어갈 숫자와 용어를 순서대로 각각 쓰시오.

> 하자분쟁조정위원회는 위원장 1명을 포함한 (   )명 이내의 위원으로 구성하며, 위원장은 (   )으로 한다.

13 공동주택관리법령상 하자심사 · 분쟁조정위원회(이하 '하자분쟁조정위원회'라 한다)에 관한 설명이다. (   ) 안에 들어갈 용어를 쓰시오.

> 국토교통부장관은 하자분쟁조정위원회의 운영 및 사무처리를 (   )에 위탁할 수 있다.

14 공동주택관리법령상 하자심사 · 분쟁조정위원회(이하 '하자분쟁조정위원회'라 한다)에 관한 설명이다. (   ) 안에 들어갈 용어와 숫자를 순서대로 각각 쓰시오.

> 하자분쟁조정위원회 위원장은 전체위원회, 분과위원회 또는 (   ) 회의를 소집하려면 특별한 사정이 있는 경우를 제외하고는 회의 개최 (   )일 전까지 회의의 일시 · 장소 및 안건을 각 위원에게 알려야 한다.

15 공동주택관리법령상 장기수선계획 수립에 관한 내용이다. (   ) 안에 들어갈 숫자와 용어를 순서대로 각각 쓰시오. 제18회 수정

> (   )세대 이상의 공동주택을 건설 · 공급하는 사업주체는 대통령령으로 정하는 바에 따라 그 공동주택의 (   )에 대한 장기수선계획을 수립하여야 한다.

16 공동주택관리법령상 장기수선계획에 관한 설명이다. ( ) 안에 들어갈 용어를 순서대로 각각 쓰시오.

> ( )는(은) 장기수선계획을 검토하기 전에 해당 공동주택의 관리사무소장으로 하여금 국토교통부령으로 정하는 바에 따라 시·도지사가 실시하는 장기수선계획의 ( ) 및 공사 방법 등에 관한 교육을 받게 할 수 있다.

17 공동주택관리법령상 장기수선계획 수립에 관한 내용이다. ( ) 안에 들어갈 숫자를 순서대로 각각 쓰시오. 제16회 수정

> 소화설비 중 소화펌프의 전면교체 수선주기는 ( )년이고, 스프링클러헤드의 전면교체 수선주기는 ( )년이다.

18 공동주택관리법 시행규칙 제7조(장기수선계획의 수립기준 등)에 관한 내용이다. ( ) 안에 들어갈 용어를 쓰시오. 제23회

> 입주자대표회의와 관리주체는 공동주택관리법 제29조 제2항 및 제3항에 따라 장기수선계획을 조정하려는 경우에는 에너지이용 합리화법 제25조에 따라 산업통상자원부장관에게 등록한 에너지절약전문기업이 제시하는 에너지절약을 통한 주택의 ( ) 감소를 위한 시설 개선 방법을 반영할 수 있다.

정답 및 해설

12 60, 상임
13 국토안전관리원
14 소위원회, 3
15 300, 공용부분
16 관리주체, 비용산출
17 20, 25
18 온실가스

19 **공동주택관리법령상 장기수선계획에 관한 설명이다. (   ) 안에 들어갈 용어를 쓰시오.**

> 사업주체 또는 주택법에 따라 리모델링을 하는 자는 그 공동주택의 공용부분에 대한 장기수선계획을 수립하여 주택법에 따른 사용검사를 신청할 때에 (   )에게 제출하고, 사용검사권자는 이를 그 공동주택의 관리주체에게 인계하여야 한다.

20 **공동주택관리법령상 장기수선계획에 관한 규정이다. (   ) 안에 들어갈 용어와 숫자를 순서대로 쓰시오.**

제20회

> (   )와(과) 관리주체는 장기수선계획을 (   )년마다 검토하고, 필요한 경우 이를 국토교통부령으로 정하는 바에 따라 조정하여야 하며, 수립 또는 조정된 장기수선계획에 따라 주요 시설을 교체하거나 보수하여야 한다.

21 **공동주택관리법령상 장기수선충당금에 관한 설명이다. (   ) 안에 들어갈 용어를 쓰시오.**

> 관리주체는 장기수선계획에 따라 공동주택의 주요 시설의 교체 및 보수에 필요한 장기수선충당금을 해당 주택의 (   )로부터 징수하여 적립하여야 한다.

22 **공동주택관리법령상 장기수선충당금에 관한 설명이다. (   ) 안에 들어갈 용어를 순서대로 각각 쓰시오.**

> 장기수선충당금의 사용은 (   )에 따른다. 다만, 해당 공동주택의 입주자 과반수의 서면동의가 있는 경우에는 다음의 용도로 사용할 수 있다.
> 1. 〈생략〉
> 2. (   ) 및 감정에 드는 비용
> 3. 〈생략〉

23 공동주택관리법령상 장기수선충당금에 관한 설명이다. ( ) 안에 들어갈 용어를 순서대로 각각 쓰시오.

- 장기수선충당금의 ( )은(는) 해당 공동주택의 공용부분의 내구연한 등을 감안하여 관리규약으로 정한다.
- 장기수선충당금의 ( )은(는) 장기수선계획으로 정한다.

24 공동주택관리법령상 장기수선충당금에 관한 설명이다. ( ) 안에 들어갈 내용을 순서대로 각각 쓰시오.

장기수선충당금은 해당 공동주택에 대한 다음의 구분에 따른 날부터 ( )년이 경과한 날이 속하는 달부터 ( ) 적립한다.

1. 주택법에 따른 사용검사(공동주택단지 안의 공동주택 전부에 대하여 같은 조에 따른 임시사용승인을 받은 경우에는 임시사용승인을 말한다)를 받은 날
2. 건축법에 따른 사용승인(공동주택단지 안의 공동주택 전부에 대하여 같은 조에 따른 임시사용승인을 받은 경우에는 임시사용승인을 말한다)을 받은 날

정답 및 해설

19 사용검사권자
20 입주자대표회의, 3
21 소유자
22 장기수선계획, 하자진단
23 요율, 적립금액
24 1, 매달

제3장 공동주택 설비관리

대표예제 51 **저수조** ★★

수도법령상 아파트 저수조의 설치기준에 관한 설명으로 옳지 않은 것은?

① 저수조의 윗부분은 건축물의 천장 및 보 등으로부터 100cm 이상 떨어져야 하며, 그 밖의 부분은 60cm 이상의 간격을 띄운다.

② 침전찌꺼기의 배출구를 저수조의 맨 밑부분에 설치하고, 저수조의 바닥은 배출구를 향하여 150분의 1 이상의 경사를 두어 설치하는 등 배출이 쉬운 구조로 한다.

③ 각 변의 길이가 90cm 이상인 사각형 맨홀 또는 지름이 90cm 이상인 원형 맨홀을 1개 이상 설치하여 청소를 위한 사람이나 장비의 출입이 원활하도록 한다.

④ 건축물 또는 시설 외부의 땅 밑에 저수조를 설치하는 유해물질로부터 5m 이상 띄워서 설치하여야 한다.

⑤ 물의 유출구는 유입구의 반대편 밑부분에 설치하되, 바닥의 침전물이 유출되지 아니하도록 저수조의 바닥에서 띄워서 설치한다.

해설 | 침전찌꺼기의 배출구를 저수조의 맨 밑부분에 설치하고, 저수조의 바닥은 배출구를 향하여 100분의 1 이상의 경사를 두어 설치하는 등 배출이 쉬운 구조로 한다.

기본서 p.475~479

정답 ②

종합

01 수도법령상 공동주택 저수조의 설치기준에 해당하지 않는 것으로만 짝지어진 것은?

제13회

㉠ $3m^3$인 저수조에는 청소 · 위생점검 및 보수 등 유지관리를 위하여 1개의 저수조를 둘 이상의 부분으로 구획하거나, 저수조를 2개 이상 설치하여야 한다.
㉡ 소화용수가 저수조에 역류되는 것을 방지하기 위한 역류방지장치가 설치되어야 한다.
㉢ 저수조의 공기정화를 위한 통기관과 물의 수위조절을 위한 월류관(越流管)을 설치하고, 관에는 벌레 등 오염물질이 들어가지 아니하도록 녹이 슬지 아니하는 재질의 세목(細木) 스크린을 설치하여야 한다.
㉣ 저수조를 설치하는 곳은 분진 등으로 인한 2차 오염을 방지하기 위하여 암 · 석면을 제외한 다른 적절한 자재를 사용하여야 한다.
㉤ 저수조 내부의 높이는 최소 1m 50cm 이상으로 하여야 한다.

① ㉠, ㉢
② ㉠, ㉤
③ ㉡, ㉣
④ ㉡, ㉤
⑤ ㉢, ㉣

02 수도법령상 대형건축물 등의 소유자 등이 해야 하는 소독 등 위생조치 등에 관한 설명으로 옳지 않은 것은?

① 저수조를 분기별로 1회 이상 청소하여야 한다.
② 저수조가 1개월 이상 사용이 중단된 경우에는 사용 전 청소를 하여야 한다.
③ 저수조의 위생상태를 월 1회 이상 점검하여야 한다.
④ 매년 마지막 검사일부터 1년이 되는 날이 속하는 달의 말일까지의 기간 중에 1회 이상 수돗물의 안전한 위생관리를 위하여 먹는물관리법 시행규칙에 따라 지정된 먹는물 수질검사기관에 의뢰하여 수질검사를 하여야 한다.
⑤ 수질검사의 시료 채취방법은 저수조나 해당 저수조로부터 가장 가까운 수도꼭지에서 채수한다.

정답 및 해설

01 ② 수도법령상 공동주택 저수조의 설치기준으로 옳지 않은 것은 ㉠㉤이다.
㉠ 5m³를 초과하는 저수조에는 청소 · 위생점검 및 보수 등 유지관리를 위하여 1개의 저수조를 둘 이상의 부분으로 구획하거나, 저수조를 2개 이상 설치하여야 한다.
㉤ 저수조 내부의 높이는 최소 1m 80cm 이상으로 하여야 한다.

02 ① 저수조를 반기마다 1회 이상 청소하여야 한다.

03 급수용 저수조에 관한 설명으로 옳지 않은 것은?

① 5m³를 초과하는 저수조는 청소 · 위생점검 및 보수 등 유지관리를 위하여 1개의 저수조를 둘 이상의 부분으로 구획하거나 저수조를 2개 이상 설치한다.
② 넘침관은 간접배수로 한다.
③ 보수 · 점검을 위하여 30cm 폭의 맨홀을 설치한다.
④ 청소 및 점검을 위하여 최하단부에 배수밸브를 설치한다.
⑤ 저수조의 공기정화를 위하여 통기관을 설치한다.

04 공동주택 지하저수조 설치방법에 관한 설명으로 옳지 않은 것은? 제20회

① 저수조에는 청소, 점검, 보수를 위한 맨홀을 설치하고 오염물이 들어가지 않도록 뚜껑을 설치한다.
② 저수조 주위에는 청소, 점검, 보수를 위하여 충분한 공간을 확보한다.
③ 저수조 내부는 위생에 지장이 없는 공법으로 처리한다.
④ 저수조 상부에는 오수배관이나 오염이 염려되는 기기류 설치를 피한다.
⑤ 저수조의 넘침(Over Flow)관은 일반배수계통에 직접 연결한다.

05 다음은 수도법령상 급수관의 상태검사 및 조치 등에서 급수설비 상태검사의 구분 및 방법에 관한 내용이다. 옳지 않은 것을 모두 고른 것은? 제20회

㉠ 기초조사 중 문제점 조사에서는 출수불량, 녹물 등 수질불량 등을 조사한다.
㉡ 급수관 수질검사 중 수소이온농도의 기준은 5.8 이상 8.5 이하이다.
㉢ 급수관 수질검사 중 시료 채취 방법은 건물 내 임의의 냉수 수도꼭지 하나 이상에서 물 0.5ℓ를 채취한다.
㉣ 현장조사 중 유량은 건물 안의 가장 낮은 층의 냉수 수도꼭지 하나 이상에서 유량을 측정한다.
㉤ 현장조사 중 내시경 관찰은 단수시킨 후 지하저수조 급수배관, 입상관(立上管), 건물 내 임의의 냉수 수도꼭지를 하나 이상 분리하여 내시경을 이용하여 진단한다.

① ㉠, ㉡
② ㉠, ㉢
③ ㉡, ㉤
④ ㉢, ㉣
⑤ ㉣, ㉤

대표예제 52 급수설비 ★★★

급수설비에 관한 설명으로 옳지 않은 것은? 제18회

① 펌프직송방식이 고가수조방식보다 위생적인 급수가 가능하다.
② 급수관경을 정할 때 관균등표 또는 유량선도가 일반적으로 이용된다.
③ 고층건물일 경우 급수압 조절 및 소음방지 등을 위해 적절한 급수조닝(Zoning)이 필요하다.
④ 급수설비의 오염원인으로 상수와 상수 이외의 물질이 혼합되는 캐비테이션(Cavitation) 현상이 있다.
⑤ 급수설비공사 후 탱크류의 누수 유무를 확인하기 위해 만수시험을 한다.

해설 | 캐비테이션(Cavitation) 현상은 펌프의 이상 현상인 공동현상을 말하고, 급수설비의 오염원인으로 상수와 상수 이외의 물질이 혼합되는 것은 크로스커넥션이다.

보충 | 크로스커넥션(Cross Connection)
건물 내에는 각종 설비배관이 혼재하고 있어 시공시 착오로 서로 다른 계통의 배관을 접속하는 경우가 있다. 이 중에 상수로부터의 급수계통과 그 외의 계통이 직접 접속되는 것을 '크로스커넥션'이라고 한다. 이렇게 될 경우 급수계통 내의 압력이 다른 계통 내의 압력보다 낮아지게 되면 다른 계통 내의 유체가 급수계통으로 유입되어 물의 오염원인이 될 수 있다.

기본서 p.469~490

정답 ④

정답 및 해설

03 ③ 각 변의 길이가 90cm 이상인 사각형 맨홀 또는 지름이 90cm 이상인 원형 맨홀을 1개 이상 설치한다.
04 ⑤ 저수조의 넘침(Over Flow)관은 간접배수방식으로 배관하여야 한다.
05 ④ ⓒ 급수관 수질검사 중 시료 채취 방법은 건물 내 임의의 냉수 수도꼭지 하나 이상에서 물 1ℓ를 채취한다.
ⓓ 현장조사 중 유량은 건물 안의 가장 높은 층의 냉수 수도꼭지 하나 이상에서 유량을 측정한다.

종합

06 급배수 위생설비에 관한 내용으로 옳지 않은 것은? 제21회

① 탱크가 없는 부스터방식은 펌프의 동력을 이용하여 급수하는 방식으로 저수조가 필요 없다.

② 수격작용이란 급수전이나 밸브 등을 급속히 폐쇄했을 때 순간적으로 급수관 내부에 충격압력이 발생하여 소음이나 충격음, 진동 등이 일어나는 현상을 말한다.

③ 매시 최대 예상급수량은 일반적으로 매시 평균 예상급수량의 1.5~2.0배 정도로 산정한다.

④ 배수수평주관의 관경이 125mm일 경우 원활한 배수를 위한 배관 최소구배는 150분의 1로 한다.

⑤ 결합통기관은 배수수직관과 통기수직관을 접속하는 것으로 배수수직관 내의 압력 변동을 완화하기 위해 설치한다.

07 벽체 또는 건축물의 구조부를 관통하는 부분에 슬리브(Sleeve)를 설치하는 이유는?

① 관의 방로를 위하여

② 관의 부식방지를 위하여

③ 관의 방동을 위하여

④ 관의 수리 · 교체를 위하여

⑤ 수격작용을 방지하기 위하여

종합

08 건물의 급수설비에 관한 설명으로 옳은 것을 모두 고른 것은? 제19회

㉠ 수격작용을 방지하기 위하여 통기관을 설치한다.
㉡ 압력탱크방식은 급수압력이 일정하지 않다.
㉢ 체크밸브는 밸브류 앞에 설치하여 배관 내의 흙, 모래 등의 이물질을 제거하기 위한 장치이다.
㉣ 토수구 공간을 두는 것은 물의 역류를 방지하기 위함이다.
㉤ 슬루스밸브는 스톱밸브라고도 하며, 유체에 대한 저항이 큰 것이 결점이다.

① ㉠, ㉢ ② ㉠, ㉤
③ ㉡, ㉣ ④ ㉡, ㉤
⑤ ㉢, ㉣

09 **배관 속에 흐르는 유체의 마찰저항에 관한 설명으로 옳은 것은?** 제23회

① 배관의 내경이 커질수록 작아진다.
② 유체의 밀도가 커질수록 작아진다.
③ 유체의 속도가 커질수록 작아진다.
④ 배관의 길이가 길어질수록 작아진다.
⑤ 배관의 마찰손실계수가 커질수록 작아진다.

10 **공동주택의 급수설비에 관한 설명으로 옳지 않은 것은?**

① 크로스커넥션(Cross Connection)이 발생하지 않도록 급수배관을 한다.
② 단수 발생시 일시적인 부압으로 인한 배수의 역류가 발생하지 않도록 토수구에 공간을 두거나 버큠브레이커(Vacuum Breaker)를 설치하도록 한다.
③ 기기 및 배관류는 부식에 강한 재료를 사용한다.
④ 수조의 재질은 부식이 적은 스테인리스관을 사용하거나 내면도료를 칠하여 수질에 영향을 미치지 않도록 한다.
⑤ 수조의 급수 유입구와 유출구의 거리는 가능한 한 짧게 하여 정체에 의한 오염이 발생하지 않도록 한다.

정답 및 해설

06 ① 탱크가 없는 부스터방식은 펌프의 동력을 이용하여 급수하는 방식으로 저수조가 필요하다.

07 ④ 슬리브배관은 관의 신축 · 팽창을 흡수하여 수리 · 교체시 용이하다.

08 ③ ㉠ 수격작용을 방지하기 위하여 공기실을 설치한다.
㉢ 스트레이너는 밸브류 앞에 설치하여 배관 내의 흙, 모래 등의 이물질을 제거하기 위한 장치이다.
㉤ 글로브밸브는 스톱 또는 구형밸브라고도 하며, 유체에 대한 저항이 큰 것이 결점이다.

09 ① ② 유체의 밀도가 커질수록 커진다.
③ 유체의 속도가 커질수록 커진다.
④ 배관의 길이가 길어질수록 커진다.
⑤ 배관의 마찰손실계수가 커질수록 커진다.

10 ⑤ 수조의 급수 유입구와 유출구의 거리는 가능한 한 멀게 하여 역류에 의한 급수설비의 오염을 방지하여야 한다.

11 **초고층건물에서 중간층에 중간수조를 설치하는 가장 주된 이유는?**

① 기기의 파손방지를 위하여
② 유지관리의 편리성을 위하여
③ 물탱크에서 물이 오염될 가능성을 낮추기 위하여
④ 저층부의 수압을 줄이기 위하여
⑤ 옥상층의 면적을 줄이기 위하여

12 **급수설비에서 발생하는 수격작용에 관한 설명으로 옳지 않은 것은?** 제14회

① 배관 내의 상용압력이 낮을수록 일어나기 쉽다.
② 배관 내의 유속의 변동이 심할수록 일어나기 쉽다.
③ 밸브를 급하게 폐쇄할 경우 일어나기 쉽다.
④ 배관 중에 굴곡지점이 많을수록 일어나기 쉽다.
⑤ 동일 유량인 경우 배관의 지름이 작을수록 일어나기 쉽다.

고난도

13 **서징(surging)현상에 관한 설명으로 옳은 것은?**

① 물이 관 속을 유동하고 있을 때 흐르는 물속 어느 부분의 정압이 그때 물의 온도에 해당하는 증기압 이하로 되면 부분적으로 증기가 발생하는 현상을 말한다.
② 관 속을 충만하게 흐르고 있는 액체의 속도를 급격히 변화시키면 액체에 심한 압력의 변화가 발생하는 현상을 말한다.
③ 펌프와 송풍기 등이 운전 중에 한숨을 쉬는 것과 같은 상태가 되며 송출압력과 송출유량 사이에 주기적인 변동이 일어나는 현상을 말한다.
④ 비등점이 낮은 액체 등을 이송할 경우 펌프의 입구측에서 발생되는 현상으로 일종의 액체의 비등현상을 말한다.
⑤ 습기가 많고 실온이 높을 경우 배관 속에 온도가 낮은 유체가 흐를 때 관 외벽에 공기 중의 습기가 응축하여 건물의 천정이나 벽에 얼룩이 생기는 현상을 말한다.

대표예제 53 급수방식의 비교 ★★★

급수방식을 비교한 내용으로 옳지 않은 것은? 제17회

① 수도직결방식은 고가수조방식에 비하여 수질오염 가능성이 낮다.
② 수도직결방식은 압력수조방식에 비하여 기계실 면적이 작다.
③ 펌프직송방식은 고가수조방식에 비하여 옥상탱크 면적이 크다.
④ 고가수조방식은 수도직결방식에 비하여 수도 단수시 유리하다.
⑤ 압력수조방식은 수도직결방식에 비하여 유지관리 측면에서 불리하다.

해설 | 펌프직송방식(부스터방식)은 옥상탱크(고가탱크)를 설치하지 않는다.

보충 | 급수방식의 비교

구분	장점	단점
수도직결 방식	• 급수오염 가능성이 가장 낮다. • 정전시 급수가 가능하다. • 설비비가 싸다. • 저수조와 기계실이 필요 없다.	• 단수시 급수가 불가능하다. • 급수높이에 제한이 있다.
고가수조 방식	• 급수압이 일정하다. • 배관 및 부속류의 파손이 적다. • 수도공사나 단수시에도 일정시간 급수가 가능하다. • 소화용수 저장이 가능하다. • 대규모 설비에 적합하다.	• 급수오염 가능성이 가장 크다. • 건축시 구조물 보강이 필요하다. • 설비비와 경상비가 높다.
압력탱크 방식	• 옥상탱크가 필요 없어 구조상 · 미관상 좋다. • 건축시 구조물 보강이 필요 없다. • 국부적으로 고압을 필요로 할 때 적합하다. • 압력탱크 설치위치에 제한을 받지 않는다.	• 최고 · 최저의 압력차가 크므로 급수압 변동이 크다. • 배관 및 부속류의 파손이 크다. • 탱크는 압력용기이므로 제작비가 비싸다. • 공기압축기를 따로 설치하여야 한다.
부스터 방식	• 탱크(옥상탱크, 압력탱크)가 필요 없다. • 펌프의 대수제어운전, 회전수제어운전이 가능하다. • 최상층의 수압도 크게 할 수 있다. • 대규모 건축물이나 시설에 사용된다.	• 초기 시설비가 비싸다. • 자동제어설비로서 고장시 대처가 어렵다. • 동력비가 비싸다.

기본서 p.473~474

정답 ③

정답 및 해설

11 ④ 초고층건물에서 중간층에 중간수조를 설치하는 이유는 저층부의 수압을 줄이고, 수격작용에 의한 소음이나 진동을 방지하며, 배관 및 부속류의 파손방지 등을 위해서이다.

12 ① 배관 내의 상용압력이 높을수록 수격작용이 일어나기 쉽다.

13 ③ ① 공동현상에 대한 설명이다.
② 수격작용에 대한 설명이다.
④ 베이퍼록현상에 대한 설명이다.
⑤ 결로에 대한 설명이다.

14 압력수조방식에 관한 설명으로 옳지 않은 것은? 제9회

① 압력수조 내에 물을 공급한 후 압축공기로 물에 압력을 가하여 급수하는 방식이다.
② 펌프, 압력수조, 컴프레서(Compressor), 수수조 등이 필요하다.
③ 수조는 압력용기이므로 제작비가 싸다.
④ 고가수조가 필요 없어 구조상 · 미관상 좋다.
⑤ 국부적으로 고압을 필요로 할 때 적합하다.

15 고가수조방식을 적용하는 공동주택에서 각 세대에 공급되는 급수과정 순서로 옳은 것은? 제22회

㉠ 세대 계량기	㉡ 상수도본관
㉢ 양수장치(급수펌프)	㉣ 지하저수조
㉤ 고가수조	

① ㉠ ⇨ ㉣ ⇨ ㉤ ⇨ ㉢ ⇨ ㉡
② ㉡ ⇨ ㉣ ⇨ ㉢ ⇨ ㉤ ⇨ ㉠
③ ㉡ ⇨ ㉤ ⇨ ㉣ ⇨ ㉢ ⇨ ㉠
④ ㉣ ⇨ ㉢ ⇨ ㉤ ⇨ ㉡ ⇨ ㉠
⑤ ㉣ ⇨ ㉡ ⇨ ㉤ ⇨ ㉢ ⇨ ㉠

16 고가수조방식에 관한 일반적 사항 중에서 옳지 않은 것은? 제15회

① 저수조를 상수용으로 사용할 때는 넘침관과 배수관을 간접배수방식으로 배관하여야 한다.
② 단수시에도 일정량의 급수를 계속할 수 있다.
③ 수압이 0.4MPa을 초과하는 층이나 구간에는 감압밸브를 설치하여 적정압력으로 감압이 이루어지도록 하여야 한다.
④ 고가수조의 필요높이를 산정할 때는 가장 수압이 높은 지점을 기준으로 최소 필요높이를 산정하여야 한다.
⑤ 스위치 고장으로 고가수조에 양수가 계속될 경우 수조에서 넘쳐흐르는 물을 배수하는 넘침관은 양수관 직경의 2배 크기이다.

17 급수설비 중 펌프직송방식(부스터방식)에 관한 설명으로 옳은 것은? 제13회

① 주택과 같은 소규모 건물(2~3층 이하)에 주로 이용된다.
② 밀폐용기 내에 펌프로 물을 보내 공기를 압축시켜 압력을 올린 후 그 압력으로 필요 장소에 급수하는 방식이다.
③ 도로에 있는 수도 본관에서 수도 인입관을 연결하여 건물 내의 필요개소에 직접 급수하는 방식이다.
④ 저수조에 저장된 물을 펌프로 고가수조에 양수하고, 여기서 급수관을 통하여 건물의 필요개소에 급수하는 방식이다.
⑤ 급수관 내의 압력 또는 유량을 탐지하여 펌프의 대수를 제어하는 정속방식과 회전수를 제어하는 변속방식이 있으며, 이를 병용하기도 한다.

18 건축물의 급수 및 급탕설비에 관한 설명으로 옳지 않은 것은? 제24회

① 급수 및 급탕설비에 이용하는 재료는 유해물이 침출되지 않는 것을 사용한다.
② 고층건물의 급수배관을 단일계통으로 하면 하층부보다 상층부의 급수압력이 높아진다.
③ 급수 및 급탕은 위생기구나 장치 등의 기능에 만족하는 수압과 수량(水量)으로 공급한다.
④ 급탕배관에는 관의 온도변화에 따른 팽창과 수축을 흡수할 수 있는 장치를 설치하여야 한다.
⑤ 급수 및 급탕계통에는 역사이펀 작용에 의한 역류가 발생되지 않아야 한다.

정답 및 해설

14 ③ 수조는 압력용기이므로 제작비가 비싸다.

15 ② 고가수조방식을 적용하는 공동주택에서 각 세대에 공급되는 급수과정 순서는 '상수도본관 ⇨ 지하저수조 ⇨ 양수장치(급수펌프) ⇨ 고가수조 ⇨ 세대 계량기' 순이다.

16 ④ 고가수조의 필요높이를 산정할 때는 최고층의 급수전 또는 기구에서의 소요압력에 해당하는 높이를 기준으로 산정하여야 한다.

17 ⑤ ① 주택과 같은 소규모 건물(2~3층 이하)에 주로 이용하는 것은 수도직결방식이다.
② 밀폐용기 내에 펌프로 물을 보내 공기를 압축시켜 압력을 올린 후 그 압력으로 필요 장소에 급수하는 방식은 압력탱크방식이다.
③ 도로에 있는 수도 본관에서 수도 인입관을 연결하여 건물 내의 필요개소에 직접 급수하는 방식은 수도직결방식이다.
④ 저수조에 저장된 물을 펌프로 고가수조에 양수하고, 여기서 급수관을 통하여 건물의 필요개소에 급수하는 방식은 고가수조방식이다.

18 ② 고층건물의 급수배관을 단일계통으로 하면 상층부보다 하층부의 급수압력이 높아진다.

대표예제 54 **급수설비의 수압계산★★**

고가수조방식으로 급수하는 공동주택에서 최상층 세대 샤워기의 적정수압을 유지하기 위하여 추가하여야 할 최소 필요수압(kPa)은? (단, 층고 3m, 옥상바닥면에서 고가수조 수면까지의 높이 3m, 바닥면에서 샤워기까지의 높이 1.5m, 샤워기의 적정급수압력은 70kPa이고 배관마찰손실은 무시함. 단위환산은 10mAq = 1kg/m² = 100kPa) 제16회

① 20
② 25
③ 30
④ 35
⑤ 40

해설 | P(kPa) = 10 × H(m)
P = 70kPa − [(3 × 10) + (3 × 10) − (1.5 × 10)] = 25(kPa)

기본서 p.488

정답 ②

19 지상 20층 공동주택의 급수방식이 고가수조방식인 경우, 지상 5층의 싱크대 수전에 걸리는 정지수압은 얼마인가? (단, 각 층의 높이는 3m, 옥상바닥면에서 고가수조 수면까지의 높이는 7m, 바닥면에서 싱크대 수전까지의 높이는 1m, 단위환산은 10mAq = 1kg/cm² = 0.1MPa로 함) 제13회

① 0.51MPa
② 0.52MPa
③ 0.53MPa
④ 0.54MPa
⑤ 0.55MPa

20 유량 360ℓ/min, 전양정 50mAq, 펌프효율 70%인 경우 소요동력(kW)은 약 얼마인가? 제15회

① 4.2
② 5.2
③ 6.2
④ 7.2
⑤ 8.2

21 수도 본관으로부터 10m 높이에 있는 세면기를 수도직결방식으로 배관하였을 때 수도 본관 연결부분의 최소 필요압력(MPa)은? [단, 수도 본관에서 세면기까지 배관의 총압력손실은 수주(水柱) 높이의 40%, 세면기 최소 필요압력은 3mAq, 수주(水柱) 1mAq는 0.01MPa로 한다] 제20회

① 0.07
② 0.11
③ 0.17
④ 0.70
⑤ 1.70

고난도

22 유량 280ℓ/min, 유속 3m/sec일 때 관(pipe)의 규격으로 가장 적합한 것은? 제15회

① 20A
② 25A
③ 32A
④ 50A
⑤ 65A

정답 및 해설

19 ④ p = 0.01H[p = 수압(MPa), H = 높이]
[(16층 × 3m) + 7m − 1m] = 54m × 0.01 = 0.54MPa

20 ① 펌프의 축동력 = $\frac{W \times Q \times H}{6{,}120 \times E} = \frac{1{,}000 \times 0.36 \times 50}{6{,}120 \times 0.7} \fallingdotseq 4.2$(kW)
▶ W: 물의 밀도(1,000kg/m^3) Q: 양수량(m^3/min)
H: 전양정(mAq) E: 펌프의 효율(%)

21 ③ $P \geqq P_1 + P_2 + 0.01h$(MPa)
P = 0.03 + 0.04 + 0.1 = 0.17(MPa)
▶ P: 수도 본관의 최저 필요압력
P_1: 기구 최저 필요압력
P_2: 마찰손실수압
h: 수도 본관에서 최고층 급수기구까지의 높이(m)

22 ④ $1.13 \times \sqrt{\frac{\text{유량}(m^3/s)}{\text{유속}(m/s)}} = 1.13 \times \sqrt{\frac{0.0047m^3/s}{3m/s}} = 1.13 \times \sqrt{0.0016} = 1.13 \times 0.04 = 0.0452m$
관경(d) = 45.2mm이므로 배관의 규격은 50mm 이상을 사용한다.
▶ mm를 A로 표시하기도 한다.

23 내경 30mm, 관길이 3m인 급수관에 1.5m/s의 속도로 물이 흐를 때 마찰손실수두는? (단, 마찰손실계수는 0.02)

① 0.13m ② 0.17m ③ 0.23m
④ 0.37m ⑤ 0.47m

24 다음 조건에 따라 계산된 급수펌프의 양정(MPa)은? 제22회

- 부스터방식이며 펌프(저수조 낮은 수위)에서 최고 수전까지 높이는 30.0mAq
- 배관과 기타 부속의 소요양정은 펌프에서 최고 수전까지 높이의 40%
- 수전 최소 필요압력은 7.0mAq
- 수주 1.0mAq는 0.01MPa로 한다.
- 그 외의 조건은 고려하지 않는다.

① 0.30 ② 0.37 ③ 0.49
④ 0.58 ⑤ 0.77

25 배관의 마찰저항에 관한 설명 중 옳은 것은?

① 관의 길이에 반비례한다.
② 관 내경의 제곱에 비례한다.
③ 관마찰손실계수에 반비례한다.
④ 유속의 제곱에 비례한다.
⑤ 중력가속도에 비례한다.

26 급수배관 내부의 압력손실에 관한 설명으로 옳지 않은 것은?

① 유체의 점성이 커질수록 커진다.
② 유속이 빠를수록 관로의 마찰손실은 커진다.
③ 관로의 내경이 클수록 관로의 마찰손실은 작아진다.
④ 관로의 길이가 길수록 관로의 마찰손실은 커진다.
⑤ 유체의 밀도가 클수록 관로의 마찰손실은 작아진다.

27 배관 내 흐르는 유체의 마찰저항에 관한 설명으로 옳은 것은? 제25회

① 배관 내경이 2배 증가하면 마찰저항의 크기는 4분의 1로 감소한다.
② 배관 길이가 2배 증가하면 마찰저항의 크기는 1.4배 증가한다.
③ 배관 내 유체 속도가 2배 증가하면 마찰저항의 크기는 4배 증가한다.
④ 배관 마찰손실계수가 2배 증가하면 마찰저항의 크기는 4배 증가한다.
⑤ 배관 내 유체 밀도가 2배 증가하면 마찰저항의 크기는 2분의 1로 감소한다.

종합

28 펌프에 관한 설명으로 옳지 않은 것은? 제17회

① 양수량은 회전수에 비례한다.
② 축동력은 회전수의 세제곱에 비례한다.
③ 전양정은 회전수의 제곱에 비례한다.
④ 2대의 펌프를 직렬운전하면 토출량은 2배가 된다.
⑤ 실양정은 흡수면으로부터 토출수면까지의 수직거리이다.

정답 및 해설

23 ③ $H_f = f\frac{l \times v^2}{d \times 2g} = 0.02 \times \frac{3 \times 1.5^2}{0.03 \times 2 \times 9.8} = 0.229m$

▶ f: 관마찰손실계수　l: 관의 길이(m)　v: 유속(m/s)
d: 관경(m)　g: 중력가속도(m/s²)

24 ③ 7m + 30m + (30m × 0.4) = 49m × 0.01 = 0.49(MPa)

25 ④ 마찰손실수두는 관마찰손실계수, 관의 길이 및 유속의 제곱에 비례하고, 관의 내경 및 중력가속도에 반비례한다.

26 ⑤ 마찰손실은 관마찰손실계수, 관의 길이, 유체의 밀도 및 유속의 제곱에 비례하고, 관의 내경에 반비례한다. 따라서 유체의 밀도가 클수록 관로의 마찰손실은 커진다.

27 ③ ① 배관 내경이 2배 증가하면 마찰저항의 크기는 2분의 1로 감소한다.
② 배관 길이가 2배 증가하면 마찰저항의 크기는 2배 증가한다.
④ 배관 마찰손실계수가 2배 증가하면 마찰저항의 크기는 2배 증가한다.
⑤ 배관 내 유체 밀도가 2배 증가하면 마찰저항의 크기는 2배 증가한다.

28 ④ 직렬운전시에는 토출량은 동일하고 양정이 2배가 된다.

29 **펌프에 관한 설명으로 옳지 않은 것은?** 제19회

① 펌프의 양수량은 펌프의 회전수에 비례한다.
② 펌프의 흡상높이는 수온이 높을수록 높아진다.
③ 워싱턴펌프는 왕복동식 펌프이다.
④ 펌프의 축동력은 펌프의 양정에 비례한다.
⑤ 볼류트펌프는 원심식 펌프이다.

30 **다음에서 설명하고 있는 펌프는?** 제24회

- 디퓨져펌프라고도 하며 임펠러 주위에 가이드 베인을 갖고 있다.
- 임펠러를 직렬로 장치하면 고양정을 얻을 수 있다.
- 양정은 회전비의 제곱에 비례한다.

① 터빈펌프
② 기어펌프
③ 피스톤펌프
④ 워싱턴펌프
⑤ 플런저펌프

31 **급수 및 배수설비에 관한 설명으로 옳지 않은 것은?** 제25회

① 터빈펌프는 임펠러의 외주에 안내날개(guide vane)가 달려 있지 않다.
② 보일러에 경수를 사용하면 보일러 수명 단축의 원인이 될 수 있다.
③ 급수용 저수조의 오버플로우(overflow)관은 간접배수방식으로 한다.
④ 결합통기관은 배수수직관과 통기수직관을 연결하는 통기관이다.
⑤ 기구배수부하단위의 기준이 되는 위생기구는 세면기이다.

32 펌프에 관한 설명으로 옳은 것은?

제23회

① 펌프의 회전수를 1.2배로 하면 양정은 1.73배가 된다.
② 펌프의 회전수를 1.2배로 하면 양수량은 1.44배가 된다.
③ 동일한 배관계에서는 순환하는 물의 온도가 낮을수록 서징(surging)의 발생 가능성이 커진다.
④ 동일 성능의 펌프 2대를 직렬운전하면 1대 운전시보다 양정은 커지나 배관계 저항 때문에 2배가 되지는 않는다.
⑤ 펌프의 축동력을 산정하기 위해서는 양정, 양수량, 여유율이 필요하다.

33 배관에 흐르는 유체의 마찰손실수두에 관한 설명으로 옳은 것은?

① 관의 길이에 반비례한다.
② 중력가속도에 비례한다.
③ 유속의 제곱에 비례한다.
④ 관의 내경이 클수록 커진다.
⑤ 관의 마찰(손실)계수가 클수록 작아진다.

정답 및 해설

29 ② 펌프의 흡상높이는 수온이 높을수록 낮아진다.

30 ① 터빈펌프는 디퓨져펌프라고도 하며, 임펠러 주위에 가이드 베인을 갖고 있고, 임펠러를 직렬로 장치하면 고양정을 얻을 수 있는 펌프이다.

31 ① 터빈펌프는 임펠러의 외주에 안내날개(guide vane)가 달려 있다.

32 ④ ① 펌프의 회전수를 1.2배로 하면 양정은 1.44배가 된다.
② 펌프의 회전수를 1.2배로 하면 양수량은 1.2배가 된다.
③ 물의 온도와 서징현상은 관계없다.
⑤ 펌프의 축동력 산정식 = $\dfrac{\text{물의 밀도} \times \text{양수량} \times \text{양정}}{6{,}120 \times \text{효율}}$

33 ③ ① 관의 길이에 비례한다.
② 중력가속도에 반비례한다.
④ 관의 내경이 클수록 마찰손실수두는 작아진다.
⑤ 관의 마찰(손실)계수가 클수록 마찰손실수두는 커진다.

대표예제 55 밸브 ★★

배관 중에 먼지 또는 토사 · 쇠부스러기 등이 들어가면 배관이 막힐 우려가 있으므로 이를 방지하기 위하여 배관에 부착하는 것은?

① 볼탭(Ball Tap)
② 드렌처(Drencher)
③ 스트레이너(Strainer)
④ 스팀사일렌서(Steam Silencer)
⑤ 벤튜리(Venturis)

해설 | 스트레이너는 조절밸브, 유량계, 열교환기 등의 기기 앞에 설치하여 배관 속의 먼지, 흙, 모래, 쇠부스러기 기타 불순물 등을 여과하는 장치이다.

보충 |
- 볼탭: 급수관의 끝에 부착된 동제의 부자(浮子)에 의하여 수조 내의 수면이 상승했을 때 자동적으로 수전을 멈추고 수면이 내려가면 부자가 내려가 수전을 여는 장치
- 드렌처: 건축물의 외벽 창, 지붕 등에 설치하여 인접 건물에 화재가 발생하였을 때 수막을 만들어 건물을 화재의 연소로부터 보호할 수 있는 방화시설
- 스팀사일렌서: 급탕설비 중 기수혼합식 탕비기의 소음을 줄여주는 기기
- 벤튜리: 유량 조정관

기본서 p.487

정답 ③

34 **배관 부속품인 밸브에 대한 설명 중 옳지 않은 것은?**

① 콕(Cock)은 유체의 흐름을 급속하게 개폐하는 경우에 사용된다.
② 조정밸브에는 감압밸브, 안전밸브, 온도조절밸브 등이 있다.
③ 글로브밸브(Globe Valve)는 스톱밸브(Stop Valve)라고도 하며, 유체에 대한 저항이 큰 것이 단점이다.
④ 체크밸브(Check Valve)는 유체의 흐름을 한쪽 방향으로만 흐르게 한다.
⑤ 게이트밸브(Gate Valve)는 유체의 흐름을 직각으로 바꾸는 경우에 사용된다.

35 **배관의 부속품 중 동일 구경의 배관을 직선으로 연장하기 위한 접합에 사용하는 이음(Joint)은?**

제16회

① 플러그(Plug)
② 리듀서(Reducer)
③ 유니온(Union)
④ 캡(Cap)
⑤ 엘보(Elbow)

제2편 기술실무 제3장

36 **다음은 배관설비의 각종 이음부속의 용도를 분류한 것이다. 옳게 짝지어지지 않은 것은?**

제18회

① 분기배관: 티, 크로스
② 동일 지름 직선 연결: 소켓, 니플
③ 관단 막음: 플러그, 캡
④ 방향 전환: 유니온, 이경소켓
⑤ 이경관의 연결: 부싱, 이경니플

정답 및 해설

34 ⑤ 슬루스밸브 또는 게이트밸브는 유체의 마찰손실이 적어서 급수 · 급탕배관에 사용되고, 유체의 흐름을 직각으로 바꾸는 경우에는 앵글밸브가 사용된다.

35 ③ 배관의 부속품 중 동일 구경의 배관을 직선으로 연장하기 위한 접합에 사용하는 이음(Joint)은 유니온(Union)이다.
①④는 배관의 말단부를 마감할 때, ②는 구경이 다른 관을 접합할 때, ⑤는 배관을 굴곡할 때 사용한다.

36 ④ 방향 전환의 용도로 사용되는 것은 엘보, 밴드이다.

대표예제 56 **배수설비 ★★★**

배수수직관에서 일시에 다량의 배수가 흘러 내려가는 경우, 이 배수의 압력에 의하여 하류 또는 하층 기구에 설치된 트랩의 봉수가 파괴되는 것을 무엇이라 하는가?

① 분출작용
② 자기사이펀작용
③ 운동량에 의한 관성
④ 증발현상
⑤ 모세관현상

해설 | 설문에 해당하는 내용은 분출(토출)작용으로 사이펀작용의 일종이다.

기본서 p.504~509

정답 ①

37 **배수수직관을 흘러 내려가는 다량의 배수에 의하여 배수수직관과 근처에 설치된 기구의 봉수가 파괴되었을 때, 이에 대한 원인과 관계가 깊은 것을 모두 고른 것은?**

㉠ 자기사이펀작용
㉡ 분출작용
㉢ 모세관현상
㉣ 흡출(흡인)작용
㉤ 증발현상

① ㉠, ㉡
② ㉡, ㉢
③ ㉡, ㉣
④ ㉠, ㉢, ㉤
⑤ ㉠, ㉣, ㉤

38 **다음 설명이 의미하는 봉수파괴(파양)의 원인은?**

배수수직관 내부가 부압으로 되는 곳에 배수수평지관이 접속되어 있을 경우 배수수평지관 내의 공기가 수직관 쪽으로 유인됨에 따라 봉수가 이동하여 손실되는 현상이다.

① 분출작용
② 감압에 의한 흡인작용
③ 모세관현상
④ 관성작용
⑤ 증발작용

39 다음 그림의 트랩에서 각 부위별 명칭이 옳게 연결된 것은?

제19회

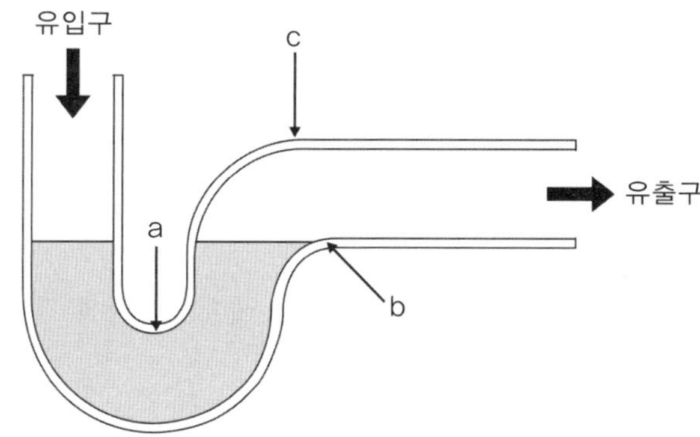

① a: 디프, b: 웨어, c: 크라운
② a: 디프, b: 크라운, c: 웨어
③ a: 웨어, b: 디프, c: 크라운
④ a: 크라운, b: 웨어, c: 디프
⑤ a: 크라운, b: 디프, c: 웨어

40 트랩의 적당한 봉수 유효깊이는?

제17회

① 50mm~100mm
② 100mm~200mm
③ 120mm~150mm
④ 150mm~200mm
⑤ 200mm~250mm

정답 및 해설

37 ③ 봉수파괴 원인 중 배수수직관을 흘러 내려가는 다량의 배수에 의하여 배수수직관과 근처에 설치된 기구의 봉수가 파괴되기 쉬운 현상에는 분출작용과 흡출(흡인)작용이 있다.

38 ② 감압에 의한 흡인작용으로 인한 봉수파괴(파양)에 대한 설명이다.

39 ①

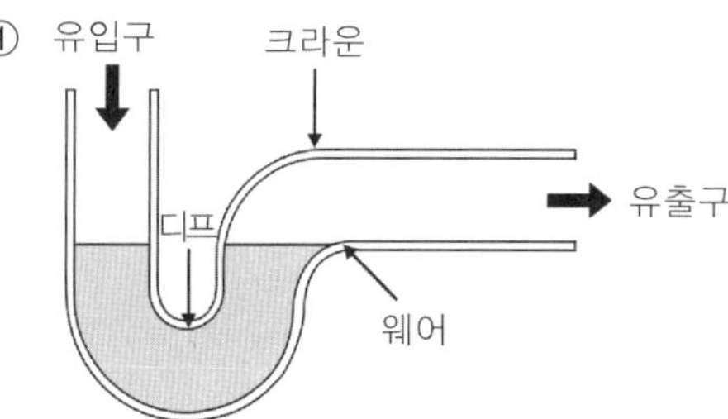

40 ① 트랩 봉수의 적정깊이는 50mm~100mm이다.

41 **배수트랩 중 벨트랩(Bell Trap)에 관한 설명으로 옳은 것은?**

① 배수수평주관에 설치한다.
② 관트랩보다 자기사이펀작용에 의하여 트랩의 봉수가 파괴되기 쉽다.
③ 호텔, 레스토랑 등의 주방에서 배출되는 배수에 포함된 유지(油脂) 성분을 제거하기 위하여 사용된다.
④ 주로 욕실의 바닥 배수용으로 사용된다.
⑤ 세면기의 배수용으로 사용되며, 벽체 내의 배수수직관에 접속된다.

42 **트랩의 봉수파괴 원인 중 건물 상층부의 배수수직관으로부터 일시에 많은 양의 물이 흐를 때, 이 물이 피스톤 작용을 일으켜 하류 또는 하층 기구의 트랩 봉수를 공기의 압축에 의해 실내측으로 역류시키는 작용은?**

① 증발작용
② 분출작용
③ 수격작용
④ 유인사이펀작용
⑤ 자기사이펀작용

43 **건축물의 배수·통기설비에 관한 설명으로 옳지 않은 것은?** 제24회

① 트랩의 적정 봉수깊이는 50mm 이상 100mm 이하로 한다.
② 트랩은 2중 트랩이 되지 않도록 한다.
③ 드럼 트랩은 트랩부의 수량(水量)이 많기 때문에 트랩의 봉수는 파괴되기 어렵지만 침전물이 고이기 쉽다.
④ 각개통기관의 배수관 접속점은 기구의 최고 수면과 배수수평지관이 수직관에 접속되는 점을 연결한 동수 구배선보다 상위에 있도록 배관한다.
⑤ 크로스커넥션은 배수수직관과 통기수직관을 연결하여 배수의 흐름을 원활하게 하기 위한 접속법이다.

대표예제 57 통기설비 ★★★

통기관설비 중 도피통기관에 관한 설명으로 옳은 것은? 제16회

① 배수수직관 상부에서 관경을 축소하지 않고 그대로 연장하여 정상부를 대기 중에 개구한 것이다.
② 배수수직관과 통기수직관을 연결하여 설치한 것이다.
③ 루프통기관과 배수수평지관을 연결하여 설치한 것이다.
④ 각 위생기구마다 통기관을 하나씩 설치한 것이다.
⑤ 복수의 신정통기관이나 배수수직관들을 최상부에서 한 곳에 모아 대기 중에 개구한 것이다.

오답체크 | ① 신정통기관에 대한 설명이다.
② 결합통기관에 대한 설명이다.
④ 각개통기관에 대한 설명이다.
⑤ 헤더통기관에 대한 설명이다.

기본서 p.509~513 정답 ③

정답 및 해설

41 ④ ① 배수수평주관에 설치하는 것은 U트랩이다.
② 벨트랩은 관트랩보다 자기사이펀작용에 의하여 트랩의 봉수가 파괴되지 않는다.
③ 호텔, 레스토랑 등의 주방에서 배출되는 배수에 포함된 유지(油脂) 성분을 제거하기 위하여 사용되는 것은 그리스트랩이다.
⑤ 세면기의 배수용으로 사용되며, 벽체 내의 배수수직관에 접속하는 것은 P트랩이다.

42 ② 설문은 분출작용에 관한 설명이다.

43 ⑤ 크로스커넥션은 상수로부터의 급수계통과 그 외의 계통이 직접 접속되는 것을 말한다. 이렇게 될 경우 급수계통 내의 압력이 다른 계통 내의 압력보다 낮아지게 되면 다른 계통 내의 유체가 급수계통으로 유입되어 물의 오염원인이 될 수 있다.

44 다음에서 설명하고 있는 배수배관의 통기방식은? 제22회

- 봉수보호의 안정도가 높은 방식이다.
- 위생기구마다 통기관을 설치한다.
- 자기사이펀작용의 방지효과가 있다.
- 경제성과 건물의 구조 등 때문에 모두 적용하기 어려운 점이 있다.

① 각개통기방식
② 결합통기방식
③ 루프통기방식
④ 신정통기방식
⑤ 섹스티아방식

종합

45 관경에 관한 설명으로 옳지 않은 것은?

① 신정통기관의 관경은 배수수직관의 관경보다 작게 해서는 아니 된다.
② 루프통기관의 관경은 배수수평횡지관과 통기수직관 중 작은 쪽 관경의 2분의 1 이상으로 한다.
③ 각개통기관의 관경은 그것이 접속되는 배수관 관경의 2분의 1 이상으로 한다.
④ 결합통기관의 관경은 통기수직관과 배수수직관 중 큰 쪽 관경 이상으로 한다.
⑤ 도피통기관은 배수수평지관 관경의 2분의 1 이상으로 한다.

46 배수배관 계통에 설치되는 트랩과 통기관에 관한 설명으로 옳지 않은 것은? 제23회

① 신정통기관은 가장 높은 곳에 위치한 기구의 물넘침선보다 150mm 이상에서 배수수직관에 연결한다.
② 도피통기관은 배수수평지관의 최하류에서 통기수직관과 연결한다.
③ 트랩은 자기세정이 가능하도록 하고, 적정 봉수의 깊이는 50~100mm 정도로 한다.
④ 장기간 사용하지 않을 때, 모세관현상이나 증발에 의해 트랩의 봉수가 파괴될 수 있다.
⑤ 섹스티아 통기관에는 배수수평주관에 배수가 원활하게 유입되도록 공기분리이음쇠가 설치된다.

종합

47 통기관의 종류에 관한 설명으로 옳지 않은 것은?

① 결합통기관은 배수수직관 내의 압력변화를 방지 또는 완화하기 위하여 배수수직관으로부터 분기 입상하여 통기수직관에 접속하는 통기방식이다.
② 습식(윤)통기관은 배수와 통기의 역할을 겸한다.
③ 환상통기관(루프 · 회로)은 배수수직관의 상단을 폐쇄하지 않고 그대로 연장하여 대기 중에 개방하여 악취를 실외로 배출한다.
④ 도피통기관은 환상통기관의 통기능률을 촉진하기 위해서 설치되고, 단독으로 설치되지 않는다.
⑤ 공용통기관은 기구가 반대방향(좌우분기) 또는 병렬로 설치된 기구배수관의 교점에 접속하여 입상하며, 그 양 기구의 트랩 봉수를 보호하기 위한 1개의 통기관을 말한다.

48 배수 및 통기배관 시공상의 주의사항으로 옳지 않은 것은? 제15회

① 발포 존(Zone)에서는 기구배수관이나 배수수평지관을 접속하지 않도록 한다.
② 간접배수가 불가피한 곳에서는 배수구 공간을 충분히 두어야 한다.
③ 배수관은 자정작용이 있어야 하므로, 0.6m/s 이상의 유속을 유지할 수 있도록 구배가 되어야 한다.
④ 통기관은 넘침선까지 올려 세운 다음 배수수직관에 접속한다.
⑤ 배수 및 통기수직주관은 되도록 수리 및 점검을 용이하게 하기 위하여 파이프 샤프트 바깥에 배관한다.

정답 및 해설

44 ① 각개통기방식은 각 위생기구마다 통기관을 연결하는 방식으로 가장 이상적인 통기방식이나 설비비가 많이 든다.

45 ④ 결합통기관의 관경은 통기수직관과 배수수직관 중 작은 쪽 관경 이상으로 한다.

46 ⑤ 섹스티아 방식은 섹스티아 이음쇠와 섹스티아 벤트관을 사용하여 유수에 선회력을 주어 공기코어를 유지시켜 하나의 관으로 배수와 통기를 겸하는 통기방식이고, 소벤트 방식은 공기혼합이음쇠와 공기분리이음쇠를 설치하여 하나의 배수수직관으로 배수와 통기를 겸하는 통기방식이다.

47 ③ 신정통기관은 배수수직관의 상단을 폐쇄하지 않고 그대로 연장하여 대기 중에 개방하여 악취를 실외로 배출한다.

48 ④, ⑤
④ 통기관은 위생기구의 넘침선보다 150mm 이상의 높이로 한다.
⑤ 배수 및 통기수직주관은 되도록 수리 및 점검을 용이하게 하기 위하여 파이프 샤프트 안에 배관한다.

49 **다음 설명에 알맞은 통기관의 종류는?**

> 기구가 반대방향(좌우분기) 또는 병렬로 설치된 기구배수관의 교점에서 접속 입상하여, 그 양 기구의 트랩 봉수를 보호하기 위한 1개의 통기관을 말한다.

① 공용통기관
② 결합통기관
③ 각개통기관
④ 도피통기관
⑤ 습윤통기관

50 **2개 이상의 기구트랩의 봉수를 모두 보호하기 위하여 설치하는 통기관으로 최상류의 기구배수관이 배수수평지관에 접속하는 위치의 바로 아래에서 입상하여 통기수직관 또는 신정통기관에 접속하는 것은?**

① 습윤통기관
② 결합통기관
③ 루프통기관
④ 도피통기관
⑤ 공용통기관

51 **공동주택 배수관에서 발생하는 발포 존(Zone)에 관한 설명으로 옳지 않은 것은?**

제20회

① 물은 거품보다 무겁기 때문에 먼저 흘러내리고 거품은 배수수평주관과 같이 수평에 가까운 부분에서 오랫동안 정체한다.
② 각 세대에서 세제가 포함된 배수를 배출할 때 많은 거품이 발생한다.
③ 수직관 내에 어느 정도 높이까지 거품이 충만하면 배수수직관 하층부의 압력상승으로 트랩의 봉수가 파괴되어 거품이 실내로 유입되게 된다.
④ 배수수평관의 관경은 통상의 관경 산정방법에 의한 관경보다 크게 하는 것이 유리하다.
⑤ 발포 존의 발생방지를 위하여 저층부와 고층부의 배수수직관을 분리하지 않는다.

52 배수설비 배관 계통에 설치되는 트랩 및 통기관에 관한 설명으로 옳지 않은 것은?

제26회

① 트랩의 유효 봉수깊이가 깊으면 유수의 저항이 증가하여 통수능력이 감소된다.
② 루프통기관은 배수수직관 상부에서 관경을 축소하지 않고 연장하여 대기 중에 개구한 통기관이다.
③ 통기관은 배수의 흐름을 원활하게 하는 동시에 트랩의 봉수를 보호한다.
④ 각개통기방식은 각 위생기구의 트랩마다 통기관을 설치하기 때문에 안정도가 높은 방식이다.
⑤ 대규모 설비에서 배수수직관의 하층부 기구에서는 역압에 의한 분출작용으로 봉수가 파괴되는 현상이 발생한다.

정답 및 해설

49 ① 공용통기관은 기구가 반대방향(좌우분기) 또는 병렬로 설치된 기구배수관의 교점에서 접속 입상하여, 그 양 기구의 트랩 봉수를 보호하기 위한 1개의 통기관을 말한다.

50 ③ 루프통기관은 2개 이상의 기구트랩의 봉수를 모두 보호하기 위하여 설치하는 통기관으로 최상류의 기구배수관이 배수수평지관에 접속하는 위치의 바로 아래에서 입상하여 통기수직관 또는 신정통기관에 접속한다.

51 ⑤ 발포 존의 발생방지를 위하여 저층부와 고층부의 배수계통을 별도로 하여야 한다.

52 ② 신정통기관은 배수수직관 상부에서 관경을 축소하지 않고 연장하여 대기 중에 개구한 통기관을 말한다.

대표예제 58 오수정화설비 ★

수질오염의 지표에 관한 설명으로 옳지 않은 것은?

① BOD(생물학적 산소요구량): 물 안의 유기물이 미생물에 의하여 산화될 때 소비되는 산소량
② COD(화학적 산소요구량): 오수 중의 산화되기 쉬운 오염물질이 화학적으로 안정된 물질로 변화하는 데 필요한 산소량
③ DO(용존산소량): 물속에 녹아 있는 산소량
④ SV(활성오니량): 정화조 오니 1ℓ를 30분간 가라앉힌 상태의 침전오니량을 %로 표시한 것
⑤ BOD 제거율: 오물정화조의 유입수 BOD와 유출수 BOD의 차이를 유출수 BOD로 나눈 값

해설 | BOD 제거율이란 오물정화조의 유입수 BOD와 유출수 BOD의 차이를 유입수 BOD로 나눈 값을 말한다.
보충 | 수질오염의 지표

DO(용존산소량)	물속에 녹아 있는 산소량으로, DO가 클수록 정화능력이 크다.
SS(부유물질)	부유물질로서 오수 중에 현탁되어 있는 물질을 말한다.
스컴(오물찌꺼기)	정화조 내의 오수표면 위에 떠오르는 오물찌꺼기
BOD(생물학적 산소요구량)	오수 중의 유기물이 미생물에 의하여 분해되는 과정에서 소비되는 산소량
BOD 제거율	오물정화조의 유입수 BOD와 유출수 BOD의 차이를 유입수 BOD로 나눈 값
COD(화학적 산소요구량)	오수 중의 산화되기 쉬운 오염물질이 화학적으로 안정된 물질로 변화하는 데 필요한 산소량

기본서 p.524~530 정답 ⑤

53 평균 BOD 150ppm인 오수가 2,000m^3/d 유입되는 오수정화조의 1일 유입 BOD 부하(kg/d)는 얼마인가? 제15회

① 0.3
② 3
③ 30
④ 300
⑤ 3,000

54 오수정화조의 오물유입에서 방류까지의 과정에 대한 오수처리 순서로 옳은 것은?

① 부패조 ⇨ 산화조 ⇨ 소독조 ⇨ 여과조
② 부패조 ⇨ 여과조 ⇨ 산화조 ⇨ 소독조
③ 산화조 ⇨ 부패조 ⇨ 소독조 ⇨ 여과조
④ 여과조 ⇨ 산화조 ⇨ 소독조 ⇨ 부패조
⑤ 여과조 ⇨ 부패조 ⇨ 산화조 ⇨ 소독조

55 오수의 수질을 나타내는 지표를 모두 고른 것은?

㉠ VOCs(Volatile Organic Compounds)
㉡ BOD(Biochemical Oxygen Demand)
㉢ SS(Suspended Solid)
㉣ PM(Particulate Matter)
㉤ DO(Disolved Oxygen)

① ㉠, ㉡
② ㉡, ㉢
③ ㉠, ㉡, ㉢
④ ㉡, ㉢, ㉣
⑤ ㉡, ㉢, ㉤

정답 및 해설

53 ④ $2,000,000(kg/d) \times \frac{150}{1,000,000} = 300(kg/d)$

54 ② '부패조 ⇨ 여과조 ⇨ 산화조 ⇨ 소독조'의 순서로 오수를 정화한다.

55 ⑤ ㉠은 총휘발성 유기화합물, ㉣은 미세먼지로 대기오염의 지표이다.

56 **오수 등의 수질지표에 관한 설명으로 옳지 않은 것은?** 제22회

① SS - 물 $1cm^3$ 중의 대장균군 수를 개수로 표시하는 것이다.

② BOD - 생물화학적 산소요구량으로 수중 유기물이 미생물에 의해서 분해될 때 필요한 산소량이다.

③ pH - 물이 산성인가 알칼리성인가를 나타내는 것이다.

④ DO - 수중 용존산소량을 나타낸 것이며 이것이 클수록 정화능력도 크다고 할 수 있다.

⑤ COD - 화학적 산소요구량으로 수중 산화되기 쉬운 유기물을 산화제로 산화시킬 때 산화제에 상당하는 산소량이다.

57 **하수도법상 개인하수처리시설의 소유자 또는 관리자의 금지사항에 관한 설명으로 옳지 않은 것은?**

① 기후의 변동 또는 이상물질의 유입 등으로 인하여 개인하수처리시설을 정상운영할 수 없는 경우

② 개인하수처리시설에 유입되는 오수를 최종방류구를 거치지 아니하고 중간배출하거나 중간배출할 수 있는 시설을 설치하는 행위

③ 건물 등에서 발생하는 오수에 물을 섞어 처리하거나 물을 섞어 배출하는 행위

④ 정당한 사유 없이 개인하수처리시설을 정상적으로 가동하지 아니하여 방류수 수질기준을 초과하여 배출하는 행위

⑤ 건물 등에서 발생하는 오수를 개인하수처리시설에 유입시키지 아니하고 배출하거나 개인하수처리시설에 유입시키지 아니하고 배출할 수 있는 시설을 설치하는 행위

58 **하수도법령상 하수를 처리하여 하천 · 바다, 그 밖의 공유수면에 방류하기 위하여 지방자치단체가 설치 또는 관리하는 처리시설과 이를 보완하는 시설은?**

① 중수도시설
② 합류식 하수관로
③ 분류식 하수관로
④ 개인하수처리시설
⑤ 공공하수처리시설

대표예제 59 난방설비 ★★★

온수온돌난방(복사난방)방식에 관한 설명으로 옳지 않은 것은?

① 대류난방방식에 비하여 실내공기 유동이 적으므로 바닥면 먼지의 상승이 적다.

② 대류난방방식에 비하여 실내의 높이에 따른 상하 공기 온도차가 작기 때문에 쾌감도가 높다.

③ 대류난방방식에 비하여 방열면의 열용량이 크기 때문에 난방부하 변동에 대한 대응이 빠르다.

④ 대류난방방식에 비하여 방이 개방된 상태에서도 난방효과가 좋다.

⑤ 난방배관을 매설하게 되므로 시공·수리, 방의 모양변경이 용이하지 않다.

해설 | 복사난방은 열용량이 크기 때문에 외기온도의 급변에 대하여 바로 방열량을 조절할 수 없다.

기본서 p.534~542 정답 ③

제2편 기출실무 제3장

59 **건축물의 설비기준 등에 관한 규칙상 공동주택과 오피스텔의 난방설비 설치규정에 관한 설명으로 옳지 않은 것은?**

① 보일러실의 윗부분과 아랫부분에는 각각 지름 10cm 이상의 공기흡입구 및 배기구를 항상 열려 있는 상태로 바깥공기에 접하도록 설치하여야 한다.

② 보일러는 거실 외의 곳에 설치하되 보일러를 설치하는 곳과 거실 사이의 경계벽은 출입구를 제외하고는 내화구조의 벽으로 구획하여야 한다.

③ 보일러실과 거실 사이의 출입구는 그 출입구가 닫힌 경우에는 보일러가스가 거실에 들어갈 수 없는 구조로 하여야 한다.

④ 보일러의 연도는 개별연도로 설치하여야 한다.

⑤ 오피스텔의 경우에는 난방구획을 방화구획으로 구획하여야 한다.

정답 및 해설

56 ① SS(부유물질)는 물에 녹지 않으면서 오수 중에 떠다니는 부유물질을 말한다.

57 ① 기후의 변동 또는 이상물질의 유입 등으로 인하여 개인하수처리시설을 정상운영할 수 없는 경우는 특별자치도지사, 시장·군수·구청장에게 신고할 사항이다.

58 ⑤ 공공하수처리시설은 하수를 처리하여 하천·바다, 그 밖의 공유수면에 방류하기 위하여 지방자치단체가 설치 또는 관리하는 처리시설과 이를 보완하는 시설을 말한다.

59 ④ 보일러의 연도는 공동연도로 설치하여야 한다.

60 **건축물의 설비기준 등에 관한 규칙상 개별난방설비의 기준에 관한 설명으로 옳지 않은 것은?** 제24회

① 보일러는 거실 외의 곳에 설치하되, 보일러를 설치하는 곳과 거실 사이의 경계벽은 출입구를 제외하고는 내화구조의 벽으로 구획해야 한다.
② 보일러실의 윗부분에는 그 면적이 0.5m^2 이상인 환기창을 설치해야 한다. 다만, 전기보일러의 경우에는 그러하지 아니하다.
③ 보일러실과 거실 사이의 출입구는 그 출입구가 닫힌 경우에는 보일러가스가 거실에 들어갈 수 없는 구조로 해야 한다.
④ 오피스텔의 경우에는 난방구획을 방화구획으로 구획해야 한다.
⑤ 기름보일러를 설치하는 경우에는 기름저장소를 보일러실 내에 설치해야 한다.

61 **증기난방과 온수난방을 비교한 설명으로 옳지 않은 것은?**

① 방열량 조절이 용이한 것은 온수난방이다.
② 온수난방은 증기난방에 비하여 설치유지비가 비싸다.
③ 온수난방은 온수 순환시간이 길어 한랭시, 난방 정지시 동결이 우려된다.
④ 증기난방은 온수난방에 비하여 방열면적이 작다.
⑤ 온수난방은 잠열을 이용하므로 증기난방에 비하여 쾌적성이 크다.

62 **대류난방과 비교한 복사난방에 관한 내용으로 옳지 않은 것은?**

① 실내 먼지의 유동이 적다.
② 실내 상 · 하부의 온도차가 작다.
③ 예열시간이 오래 걸린다.
④ 외기온도 변화에 따른 방열량 조절이 쉽다.
⑤ 실내에 방열기를 설치하지 않으므로 바닥이나 벽면을 유용하게 이용할 수 있다.

고난도

63 방열기의 방열능력을 표시하는 상당방열면적에 대한 설명이다. (　　) 안에 들어갈 숫자로 옳은 것은?

> 증기난방에서 상당방열면적이란 표준상태에서 방열기의 전 방열량을 실내온도 (㉠)℃, 증기온도 (㉡)℃의 표준상태에서 얻어지는 표준방열량으로 나눈 값이다.

① ㉠: 18.5, ㉡: 65
② ㉠: 18.5, ㉡: 78
③ ㉠: 18.5, ㉡: 87
④ ㉠: 18.5, ㉡: 95
⑤ ㉠: 18.5, ㉡: 102

64 난방 · 급탕 겸용 보일러의 출력표시 중 정격출력을 올바르게 나타낸 것은? 제14회

① 난방부하 + 급탕부하 + 축열부하
② 난방부하 + 급탕부하 + 배관부하
③ 난방부하 + 급탕부하 + 예열부하
④ 난방부하 + 급탕부하 + 배관부하 + 예열부하
⑤ 난방부하 + 급탕부하 + 배관부하 + 예열부하 + 축열부하

정답 및 해설

60 ⑤ 기름보일러를 설치하는 경우에는 기름저장소를 보일러실 외의 다른 곳에 설치해야 한다.

61 ⑤ 온수난방은 현열을 이용하므로 증기난방에 비하여 쾌적성이 크다.

62 ④ 복사난방은 대류난방과 비교하여 열용량이 크기 때문에 방열량 조절이 어렵다.

63 ⑤ 증기난방에서 상당방열면적이란 표준상태에서 방열기의 전 방열량을 실내온도 18.5℃, 증기온도 102℃의 표준상태에서 얻어지는 표준방열량으로 나눈 값이다.

▶ 표준방열량(kW/m^2)

열매	표준상태의 온도(℃)		표준방열량
	열매온도	실내온도	
증기	102	18.5	0.756
온수	80	18.5	0.523

64 ④ 정격출력 = 난방부하 + 급탕부하 + 배관부하 + 예열부하

65 **보일러 가동 중 이상현상인 팽출에 관한 설명으로 옳은 것은?** 제13회

① 전열면이 과열에 의하여 내압력을 견디지 못하고 밖으로 부풀어 오르는 현상이다.
② 증기관으로 보내지는 증기에 비수 등 수분이 과다 함유되어 배관 내부에 응결수나 물이 고여서 수격작용의 원인이 되는 현상이다.
③ 비수·관수가 갑자기 끓을 때 물거품이 수면을 벗어나서 증기 속으로 비상하는 현상이다.
④ 보일러 물이 끓을 때 그 속에 함유된 유지분이나 부유물에 의하여 거품이 생기는 현상이다.
⑤ 전열면이 과열에 의하여 외압을 견디지 못하여 안쪽으로 오목하게 찌그러지는 현상이다.

66 **온수난방설비에서 보일러로부터 개개의 방열기를 거쳐 보일러로 복귀되는 공급관과 환수관의 길이의 합을 같게 하는 배관방식은?**

① 일관식 배관법
② 이관식 배관법
③ 역환수 배관법
④ 하트포트 배관법
⑤ 강제순환식 배관법

67 **난방설비에 관한 설명으로 옳지 않은 것은?** 제23회

① 방열기의 상당방열면적은 표준상태에서 전 방열량을 표준방열량으로 나눈 값이다.
② 증기용 트랩으로 열동트랩, 버킷트랩, 플로트트랩 등이 있다.
③ 천장고가 높은 공간에는 복사난방이 적합하다.
④ 보일러의 정격출력은 '난방부하 + 급탕부하 + 배관(손실)부하'이다.
⑤ 증기난방은 증기의 잠열을 이용하는 방식이다.

종합

68 주택건설기준 등에 관한 규정에 따른 난방구획 등에 대한 설명으로 옳지 않은 것은?

① 6층 이상인 공동주택의 난방설비는 중앙집중난방방식(지역난방공급방식을 포함한다)으로 하여야 한다. 다만, 건축법 시행령 규정에 의한 개별난방설비를 하는 경우에는 그러하지 아니하다.

② 공동주택의 난방설비를 중앙집중난방방식(지역난방공급방식을 포함한다)으로 하는 경우에는 난방열이 각 세대에 균등하게 공급될 수 있도록 4층 이상 10층 이하의 건축물인 경우에는 3개소 이상 각 난방구획마다 따로 난방용 배관을 하여야 한다.

③ 10층을 넘는 건축물인 경우에는 10층을 넘는 5개 층마다 1개소를 더한 수 이상의 난방구획으로 구분하여 각 난방구획마다 따로 난방용 배관을 하여야 한다.

④ 난방설비를 중앙집중난방방식으로 하는 공동주택의 각 세대에는 산업통상자원부장관이 정하는 바에 따라 난방열량을 계량하는 계량기와 난방온도를 조절하는 장치를 각각 설치하여야 한다.

⑤ 공동주택의 각 세대에는 발코니 등 세대 안에 냉방설비의 배기장치를 설치할 수 있는 공간을 마련하여야 한다. 다만, 중앙집중냉방방식의 경우에는 그러하지 아니하다.

정답 및 해설

65 ① ② 캐리오버에 대한 설명이다.
③ 프라이밍에 대한 설명이다.
④ 포밍에 대한 설명이다.
⑤ 압궤에 대한 설명이다.

66 ③ 역환수(Reverse Return) 배관은 배관마찰손실을 같게 하여 온수의 유량분배를 균일하게 한다.

67 ④ 보일러의 정격출력은 '난방부하 + 급탕부하 + 배관(손실)부하 + 예열부하'이다.

68 ② 공동주택의 난방설비를 중앙집중난방방식(지역난방공급방식을 포함한다)으로 하는 경우에는 난방열이 각 세대에 균등하게 공급될 수 있도록 4층 이상 10층 이하의 건축물인 경우에는 2개소 이상 각 난방구획마다 따로 난방용 배관을 하여야 한다.

69 **건축물의 설비기준 등에 관한 규정상 온수온돌의 설치기준에 대한 설명으로 옳지 않은 것은?**

① 단열층은 바닥난방을 위한 열이 바탕층 아래 및 측벽으로 손실되는 것을 막을 수 있도록 단열재를 방열관과 바탕층 사이에 설치하여야 한다.

② 배관층과 바탕층 사이의 열저항은 층간바닥인 경우에는 해당 바닥에 요구되는 열관류 저항의 60% 이상이어야 한다.

③ 단열재는 내열성 및 내구성이 있어야 하며, 단열층 위의 적재하중 및 고정하중에 버틸 수 있는 강도를 가지거나 그러한 구조로 설치되어야 한다.

④ 바탕층이 지면에 접하는 경우에는 바탕층 아래와 주변 벽면에 높이 10cm 이상의 방수처리를 하여야 하며, 단열재의 아랫부분에 방습처리를 하여야 한다.

⑤ 배관층은 방열관에서 방출된 열이 마감층 부위로 최대한 균일하게 전달될 수 있는 높이와 구조를 갖추어야 한다.

대표예제 60 환기설비 ★★★

건축물의 설비기준 등에 관한 규칙상 30세대 이상 신축공동주택 등의 기계환기설비와 자연환기설비의 설치기준에 관한 설명으로 옳지 않은 것은?

① 기계환기설비에서 발생하는 소음의 측정위치는 대표길이 1m(수직 또는 수평 하단)에서 측정하여 소음이 40dB 이하가 되어야 하며, 암소음은 보정하여야 한다.

② 환기설비 본체(소음원)가 거주공간 외부에 설치될 경우에는 대표길이 1m(수직 또는 수평 하단)에서 측정하여 50dB 이하가 되거나, 거주공간 내부의 중앙부 바닥으로부터 1.0~1.2m 높이에서 측정하여 40dB 이하가 되어야 한다.

③ 기계환기설비의 에너지 절약을 위하여 열회수형 환기장치를 설치하는 경우에는 한국산업표준(KS B 6879)에 따라 시험한 열회수형 환기장치의 유효환기량이 표시용량의 80% 이상이어야 한다.

④ 자연환기설비의 공기여과기는 한국산업표준(KS B 6141)에서 규정하고 있는 한국산업표준(KS B 6141)에 따른 입자 포집률이 질량법으로 측정하여 70% 이상 확보되어야 한다.

⑤ 자연환기설비는 설치되는 실의 바닥부터 수직으로 1.2m 이상의 높이에 설치하여야 한다.

해설 | 기계환기설비의 에너지 절약을 위하여 열회수형 환기장치를 설치하는 경우에는 한국산업표준(KS B 6879)에 따라 시험한 열회수형 환기장치의 유효환기량이 표시용량의 90% 이상이어야 한다.

기본서 p.542~550

정답 ③

70 **건축물의 설비기준 등에 관한 규칙상 30세대 이상 신축공동주택 등의 기계환기설비의 설치기준에 관한 설명으로 옳지 않은 것은?**

① 공기여과기는 한국산업표준(KS B 6141)에 따른 입자 포집률이 계수법으로 측정하여 60% 이상이어야 한다.

② 하나의 기계환기설비로 세대 내 2 이상의 실에 바깥공기를 공급할 경우의 필요 환기량은 각 실에 필요한 환기량의 합계 이상이 되도록 하여야 한다.

③ 기계환기설비는 신축공동주택 등의 모든 세대가 이 규칙 제11조 제1항의 규정에 의한 환기횟수를 만족시킬 수 있도록 24시간 가동할 수 있어야 한다.

④ 외부에 면하는 공기흡입구와 배기구는 교차오염을 방지할 수 있도록 1m 이상의 이격거리를 확보하거나, 공기흡입구와 배기구의 방향이 서로 90° 이상 되는 위치에 설치되어야 한다.

⑤ 기계환기설비의 열회수형 환기장치의 유효환기량이 표시용량의 90% 이상이어야 한다.

정답 및 해설

69 ④ 단열재의 윗부분에 방습처리를 하여야 한다.

70 ④ 외부에 면하는 공기흡입구와 배기구는 교차오염을 방지할 수 있도록 1.5m 이상의 이격거리를 확보하거나, 공기흡입구와 배기구의 방향이 서로 90° 이상 되는 위치에 설치되어야 한다.

71 건축물의 설비기준 등에 관한 규칙상 30세대 이상 신축공동주택 등의 자연환기설비의 설치기준에 대한 설명으로 옳지 않은 것은?

① 공기여과기는 한국산업표준(KS B 6141)에 따른 입자 포집률이 질량법으로 측정하여 70% 이상이어야 한다.

② 자연환기설비는 순간적인 외부 바람 및 실내 · 외 압력차의 증가로 인하여 발생할 수 있는 과도한 바깥공기의 유입 등 바깥공기의 변동에 의한 영향을 최소화할 수 있는 구조와 형태를 갖추어야 한다.

③ 한국산업표준의 시험조건하에서 자연환기설비로 인하여 발생하는 소음은 대표길이 1m(수직 또는 수평 하단)에서 측정하여 40dB 이하가 되어야 한다.

④ 자연환기설비는 설치되는 실의 바닥부터 수직으로 1.2m 이상의 높이에 설치하여야 한다.

⑤ 2개 이상의 자연환기설비를 상하로 설치하는 경우, 2m 이상의 수직간격을 확보하여야 한다.

72 건축물의 설비기준 등에 관한 규칙상 30세대 이상의 신축공동주택 등의 기계환기설비 설치기준에 대한 설명으로 옳지 않은 것은?

제17회 수정

① 기계환기설비의 환기기준은 시간당 실내공기 교환횟수로 표시하여야 한다.

② 세대의 환기량 조절을 위해서 환기설비의 정격풍량을 2단계 이상으로 조절할 수 있도록 하여야 한다.

③ 기계환기설비는 주방 가스대 위의 공기배출장치, 화장실의 공기배출 송풍기 등 급속 환기설비와 함께 설치할 수 있다.

④ 에너지 절약을 위하여 열회수형 환기장치를 설치하는 경우에는 한국산업표준(KS B 6879)에 따라 시험한 열회수형 환기장치의 유효환기량이 표시용량의 90% 이상이어야 한다.

⑤ 외부에 면하는 공기흡입구와 배기구는 교차오염을 방지할 수 있도록 1.5m 이상의 이격거리를 확보하거나 공기흡입구와 배기구의 방향이 서로 90° 이상 되는 위치에 설치되어야 한다.

73 **건축물에서 자연환기에 관한 설명으로 옳지 않은 것은?** 제12회

① 바람이 없을 경우 실내·외의 온도차가 클수록 환기량은 많아진다.
② 실내온도가 외기온도보다 높으면 개구부의 하부에서 외부공기가 유입된다.
③ 고단열·고기밀 건축물은 자연환기량의 확보가 용이하고, 에너지도 절약된다.
④ 개구부를 주풍향에 직각으로 계획하면 환기량이 많아진다.
⑤ 환기횟수는 시간당 교체되는 외기량을 실(室)의 체적으로 나눈 값이다.

74 **30세대 이상의 아파트를 리모델링하는 경우 설치하여야 하는 환기설비에 관한 설명으로 옳지 않은 것은?**

① 시간당 0.5회 이상의 환기가 이루어질 수 있도록 자연환기설비 또는 기계환기설비를 설치하여야 한다.
② 기계환기설비의 시간당 실내공기 교환횟수는 환기설비에 의한 최종 공기흡입구에서 세대의 실내로 공급되는 시간당 총체적 풍량을 실내 총체적으로 나눈 환기횟수를 말한다.
③ 기계환기설비에서 외부에 면하는 공기흡입구와 배기구는 교차오염을 방지할 수 있는 위치에 설치하여야 한다.
④ 하나의 기계환기설비로 세대 내 2 이상의 실에 바깥공기를 공급할 경우의 필요환기량은 그중 체적이 가장 큰 실에 필요한 환기량 이상이 되도록 하여야 한다.
⑤ 기계환기설비는 바깥공기의 변동에 의한 영향을 최소화할 수 있도록 공기흡입구 또는 배기구 등에 완충장치 또는 석쇠형 철망 등을 설치하여야 한다.

정답 및 해설

71 ⑤ 2개 이상의 자연환기설비를 상하로 설치하는 경우, 1m 이상의 수직간격을 확보하여야 한다.

72 ② 세대의 환기량 조절을 위하여 환기설비의 정격풍량을 최소·적정·최대의 3단계 또는 그 이상으로 조절할 수 있는 체계를 갖추어야 하고, 적정단계의 필요환기량은 신축공동주택 등의 세대를 시간당 0.5회로 환기할 수 있는 풍량을 확보하여야 한다.

73 ③ 고단열·고기밀 건축물은 열효율면에서는 유리하나, 자연환기량의 확보에 불리하다.

74 ④ 하나의 기계환기설비로 세대 내 2 이상의 실에 바깥공기를 공급할 경우의 필요환기량은 각 실에 필요한 환기량의 합계 이상이 되도록 하여야 한다.

고난도

75 가로 10m, 세로 20m, 천장높이 5m인 기계실에서, 기기의 발열량이 40kW일 때 필요한 최소 환기횟수(회/h)는? (단, 실내 설정온도 28℃, 외기온도 18℃, 공기의 비중 1.2kg/m³, 공기의 비열 1.0kJ/kg · K로 하고 주어진 조건 외의 사항은 고려하지 않음)

제20회

① 10 ② 12
③ 14 ④ 16
⑤ 18

76 다음의 조건에서 관리사무소의 환기횟수(회/h)는? (단, 주어진 조건 외는 고려하지 않음)

제26회

- 근무인원: 8명
- 1인당 CO_2 발생량: 15L/h
- 실내의 CO_2 허용농도: 1,000ppm
- 외기 중의 CO_2 농도: 500ppm
- 사무실의 크기: 10m(가로) × 8m(세로) × 3m(높이)

① 0.5 ② 0.75
③ 1.0 ④ 1.25
⑤ 1.5

대표예제 61 급탕설비 ★★

급탕설비에 관한 설명으로 옳은 것은?

① 급탕배관시 상향공급방식에서는 급탕수평주관은 앞올림 구배로 하고, 복귀관은 앞내림 구배로 한다.

② 스팀사일렌서(Steam Silencer)는 가스 순간온수기의 소음을 줄이기 위하여 사용한다.

③ 팽창관과 팽창수조 사이에는 밸브를 설치하여야 한다.

④ 중앙식 급탕공급방식에서 간접가열식은 직접가열식과 비교해서 열효율은 좋지만, 보일러에 공급되는 냉수로 인하여 보일러 본체에 불균등한 신축이 생길 수 있다.

⑤ 팽창관의 관경은 동결을 고려하여 20A 이상으로 하는 것이 바람직하다.

오답체크 | ② 스팀사일렌서(Steam Silencer)는 기수혼합식 탕비기의 소음을 줄이기 위하여 사용한다.
③ 팽창관 도중에는 절대로 밸브류를 설치해서는 아니 된다.
④ 중앙식 급탕공급방식에서 직접가열식은 간접가열식과 비교해서 열효율은 좋지만, 보일러에 공급되는 냉수로 인하여 보일러 본체에 불균등한 신축이 생길 수 있다.
⑤ 팽창관의 관경은 동결을 고려하여 25A 이상으로 하는 것이 바람직하다.

기본서 p.560~565 정답 ①

정답 및 해설

75 ② $Q(\text{환기량}) = \dfrac{H_s}{\rho \cdot C_p \cdot (t_r - t_0)}(m^3/h) = \dfrac{40 \times 3{,}600}{1.2 \times 1.0 \times (28-18)} = 12{,}000(m^3/h)$

▶ H_s: 실내 발열량(kJ/h) ρ: 공기의 비중(1.2kg/m³) C_p: 공기의 비열(1.0kJ/kg · K)
t_r: 실내 설정온도 t_0: 외기온도

∴ 환기횟수 = 환기량 ÷ 실내 체적 = 12,000 ÷ (10 × 20 × 5) = 12(회/h)

76 ③ (1) 환기량 $= \dfrac{\text{실내 } CO_2 \text{ 발생량}(m^3/h)}{\text{실내 } CO_2 \text{ 허용농도} - \text{실외 } CO_2 \text{ 농도}}$

$$= \dfrac{8 \times \dfrac{15}{1{,}000}}{\dfrac{500}{1{,}000{,}000}} = 240(m^3/h)$$

(2) 환기횟수 $= \dfrac{\text{환기량}}{\text{실체적}}$

$$= \dfrac{240}{240} = 1.0(\text{회}/h)$$

77 급탕량이 $3m^3/h$이고 급탕온도 60℃, 급수온도 10℃일 때의 급탕부하는? (단, 물의 비열은 4.2kJ/kg · K, 물 $1m^3$는 1,000kg으로 한다) 제20회

① 175kW
② 185kW
③ 195kW
④ 205kW
⑤ 215kW

78 다음 조건에 따라 계산된 전기급탕가열기의 용량(kW)은? 제22회

- 급수온도 10℃, 급탕온도 50℃, 급탕량 150(L/hr)
- 물의 비중 1(kg/L), 물의 비열 4.2(kJ/kg · K), 가열기효율 80%
- 그 외의 조건은 고려하지 않는다.

① 7.55
② 7.75
③ 8.00
④ 8.25
⑤ 8.75

79 길이가 50m인 배관의 온도가 20℃에서 60℃로 상승하였다. 이때 배관의 팽창량은? [단, 배관의 선팽창계수는 0.2×10^{-4}(1/℃)이다] 제24회

① 20mm
② 30mm
③ 40mm
④ 50mm
⑤ 60mm

80 급탕설비에서 간접가열식 중앙급탕법에 관한 설명으로 옳지 않은 것은?

① 저압의 보일러를 사용하여도 되고 내식성도 직접가열식에 비하여 유리하다.
② 난방용 보일러로 급탕까지 가능하다.
③ 열효율면에서 경제적이다.
④ 스케일이 발생하는 일이 적다.
⑤ 저장탱크의 가열코일은 아연도금강관, 주석도금강관 또는 황동관을 사용한다.

81 **중앙급탕법에서 간접가열식 급탕법의 특징에 관한 설명 중 옳지 않은 것은?**

① 보일러 내에 스케일이 발생할 염려가 적다.
② 간접가열식은 저압보일러를 사용할 수 있다.
③ 난방용 보일러와 겸용할 수 있다.
④ 큰 건축물의 급탕설비에 적합하다.
⑤ 열효율이 높다.

종합

82 **건물의 급탕설비에 관한 설명으로 옳지 않은 것을 모두 고른 것은?** 제19회

㉠ 점검에 대비하여 팽창관에는 게이트밸브를 설치한다.
㉡ 단관식 급탕공급방식은 배관길이가 길어지면 급탕수전에서 온수를 얻기까지의 시간이 길어진다.
㉢ 급탕량 산정은 건물의 사용인원수에 의한 방법과 급탕기구수에 의한 방법이 있다.
㉣ 중앙식 급탕방식에서 직접가열식은 보일러에서 만들어진 증기나 고온수를 가열코일을 통해서 저탕탱크 내의 물과 열교환하는 방식이다.

① ㉠, ㉡
② ㉠, ㉣
③ ㉡, ㉢
④ ㉠, ㉡, ㉣
⑤ ㉡, ㉢, ㉣

정답 및 해설

77 ① 급탕부하 $Q = \frac{G \times C \times \Delta t}{3,600}(kW) = \frac{3,000 \times 4.2 \times (60 - 10)}{3,600} = 175kW$

▶ G: 물의 중량(kg/h) C: 물의 비열(4.2kJ/kg · K) Δt: 온도차(K)

78 ⑤ $\frac{\text{급탕량} \times \text{비열} \times \text{온도차}}{3,600 \times \text{효율}} = \frac{150 \times 4.2 \times 40}{3,600 \times 0.8} = 8.75(kW)$

79 ③ 배관 팽창량 = 전체 배관길이 × 온도차 × 선팽창계수
$= 50,000 \times 40 \times 0.00002[0.2 \times 0.0001(10^{-4})]$
$= 40mm$

80 ③ 열효율면에서 경제적인 급탕법은 직접가열식이다.

81 ⑤ 열효율이 높은 것은 직접가열식의 특징에 해당된다.

82 ② ㉠ 팽창관에는 밸브를 설치하지 않는다.
㉣ 중앙식 급탕방식에서 간접가열식은 보일러에서 만들어진 증기나 고온수를 가열코일을 통해서 저탕탱크 내의 물과 열교환하는 방식이다.

83 **급탕배관에서 신축이음의 종류가 아닌 것은?** 제19회

① 스위블 조인트 ② 슬리브형 ③ 벨로즈형
④ 루프형 ⑤ 플랜지형

84 **배관계통에서 마찰손실을 같게 하여 균등한 유량이 공급되도록 하는 배관방식은?** 제17회

① 이관식 배관 ② 하트포드 배관 ③ 리턴콕 배관
④ 글로브 배관 ⑤ 역환수 배관

85 **급탕설비에서 급탕배관의 설계 및 시공상 주의사항에 관한 설명으로 옳지 않은 것은?**

① 상향식 공급방식에서 급탕수평주관은 선상향 구배로 하고 반탕(복귀)관은 선하향 구배로 한다.
② 하향식 공급방식에서 급탕관은 선하향 구배로 하고 반탕(복귀)관은 선상향 구배로 한다.
③ 이종(異種) 금속배관재의 접속시에는 전식(電飾) 방지 이음쇠를 사용한다.
④ 배관의 신축이음의 종류에는 스위블형, 슬리브형, 벨로스형 등이 있다.
⑤ 수평관의 지름을 축소할 경우에는 편심 리듀서(Eccentric Reducer)를 사용한다.

86 **급탕설비에 관한 내용으로 옳은 것은?** 제26회

① 급탕배관에서 하향 공급방식은 급탕관과 반탕(복귀)관을 모두 선하향 구배로 한다.
② 중앙식 급탕법에서 간접가열식은 보일러 내에 스케일이 부착될 염려가 크기 때문에 소규모 건물의 급탕설비에 적합하다.
③ 보일러 내의 온수 체적 팽창과 이상 압력을 흡수하기 위해 설치하는 팽창관에는 안전을 위해 감압밸브와 차단밸브를 설치한다.
④ 급탕배관 계통에서 급탕관과 반탕관의 마찰손실을 같게 하여 균등한 유량이 공급되도록 하는 배관방식은 직접환수방식이다.
⑤ 급탕배관의 신축이음에서 벨로우즈형은 2개 이상의 엘보를 사용하여 나사 부분의 회전에 의하여 신축을 흡수한다.

대표예제 62 전기설비 ★★★

주택건설기준 등에 관한 규정상 공동주택의 세대당 전용면적이 80m²일 때, 각 세대에 설치해야 할 전기시설의 최소 용량(kW)은? 제23회

① 3.0
② 3.5
③ 4.0
④ 4.5
⑤ 5.0

해설 | 주택에 설치하는 전기시설의 용량은 각 세대별로 3kW(세대당 전용면적이 60m² 이상인 경우에는 3kW에 60m²를 초과하는 10m²마다 0.5kW를 더한 값) 이상이어야 한다.

기본서 p.569~591

정답 ③

87 전기설비에 사용하는 합성수지관에 관한 설명으로 옳지 않은 것은? 제19회

① 기계적 충격에 약하다.
② 금속관보다 무게가 가볍고 내식성이 있다.
③ 대부분 경질비닐관이 사용된다.
④ 열적 영향을 받기 쉬운 곳에 사용된다.
⑤ 관 자체의 절연성능이 우수하다.

정답 및 해설

83 ⑤ 신축이음의 종류에는 스위블 조인트, 슬리브형, 벨로즈형, 루프형, 볼형이 있다.

84 ⑤ 배관계통에서 마찰손실을 같게 하여 균등한 유량이 공급되도록 하는 배관방식은 역환수 배관(리버스리턴 배관)이다.

85 ② 하향식 공급방식에서 급탕관과 반탕(복귀)관은 선하향 구배로 한다.

86 ① ② 중앙식 급탕법에서 간접가열식은 보일러 내에 스케일이 부착될 염려가 작기 때문에 대규모 건물의 급탕설비에 적합하다.
③ 보일러 내의 온수 체적 팽창과 이상 압력을 흡수하기 위해 설치하는 팽창관의 도중에는 밸브를 설치해서는 안 된다.
④ 급탕배관 계통에서 급탕관과 반탕관의 마찰손실을 같게 하여 균등한 유량이 공급되도록 하는 배관방식은 역환수(리버스리턴)방식이다.
⑤ 급탕배관의 신축이음에서 스위블이음은 2개 이상의 엘보를 사용하여 나사 부분의 회전에 의하여 신축을 흡수한다.

87 ④ 합성수지관은 열에 취약하기 때문에 열적 영향을 받기 쉬운 곳에 사용해서는 아니 된다.

88 다음에서 설명하고 있는 전기배선 공사방법은? 제23회

- 철근콘크리트 건물의 매입 배선 등에 사용된다.
- 화재에 대한 위험성이 낮다.
- 기계적 손상에 대해 안전하여 다양한 유형의 건물에 시공이 가능하다.

① 금속관공사
② 목재몰드공사
③ 애자사용공사
④ 버스덕트공사
⑤ 경질비닐관공사

89 전기설비의 설비용량 산출을 위하여 필요한 각 계산식이다. 옳게 짝지어진 것은?

- (㉠) = $\frac{\text{최대 수용전력}}{\text{부하설비용량}} \times 100(\%)$
- (㉡) = $\frac{\text{평균 수용전력}}{\text{최대 수용전력}} \times 100(\%)$
- (㉢) = $\frac{\text{각 부하의 최대 수용전력의 합계}}{\text{합계 부하의 최대 수용전력}} \times 100(\%)$

① ㉠: 부등률 ㉡: 수용률 ㉢: 부하율
② ㉠: 수용률 ㉡: 부등률 ㉢: 부하율
③ ㉠: 부등률 ㉡: 부하율 ㉢: 수용률
④ ㉠: 수용률 ㉡: 부하율 ㉢: 부등률
⑤ ㉠: 부하율 ㉡: 수용률 ㉢: 부등률

90 건축물의 설비기준 등에 관한 규칙상 피뢰설비의 설치기준에 대한 내용으로 옳지 않은 것은?

제21회

① 피뢰설비의 재료는 최소 단면적이 피복이 없는 동선을 기준으로 수뢰부, 인하도선 및 접지극은 $50mm^2$ 이상이거나 이와 동등 이상의 성능을 갖출 것

② 접지(接地)는 환경오염을 일으킬 수 있는 시공방법이나 화학첨가물 등을 사용하지 아니할 것

③ 피뢰설비는 한국산업표준이 정하는 피뢰레벨 등급에 적합한 피뢰설비일 것. 다만, 위험물저장 및 처리시설에 설치하는 피뢰설비는 한국산업표준이 정하는 피뢰시스템 레벨 Ⅱ 이상이어야 할 것

④ 급수 · 급탕 · 난방 · 가스 등을 공급하기 위하여 건축물에 설치하는 금속배관 및 금속재 설비는 전위(電位)가 균등하게 이루어지도록 전기적으로 접속할 것

⑤ 전기설비의 접지계통과 건축물의 피뢰설비 및 통신설비 등의 접지극을 공용하는 통합 접지공사를 하는 경우에는 낙뢰 등으로 인한 과전압으로부터 전기설비 등을 보호하기 위하여 한국산업표준에 적합한 배선용 차단기를 설치할 것

정답 및 해설

88 ① 제시문은 금속관공사에 대한 설명이다.

89 ④

- 수용률 = $\dfrac{\text{최대 수용전력}}{\text{부하설비용량}} \times 100(\%)$
- 부하율 = $\dfrac{\text{평균 수용전력}}{\text{최대 수용전력}} \times 100(\%)$
- 부등률 = $\dfrac{\text{각 부하의 최대 수용전력의 합계}}{\text{합계 부하의 최대 수용전력}} \times 100(\%)$

90 ⑤ 전기설비의 접지계통과 건축물의 피뢰설비 및 통신설비 등의 접지극을 공용하는 통합접지공사를 하는 경우에는 낙뢰 등으로 인한 과전압으로부터 전기설비 등을 보호하기 위하여 한국산업표준에 적합한 서지보호장치[서지(surge: 전류 · 전압 등의 과도 파형을 말한다)로부터 각종 설비를 보호하기 위한 장치를 말한다]를 설치할 것

91 건축물의 설비기준 등에 관한 규칙상 피뢰설비의 기준에 관한 내용이다. ( ) 안에 들어갈 숫자를 옳게 나열한 것은? 제24회

> 제20조 【피뢰설비】 〈생략〉
> 1. 〈생략〉
> 2. 돌침은 건축물의 맨 윗부분으로부터 (㉠)cm 이상 돌출시켜 설치하되, 건축물의 구조기준 등에 관한 규칙 제9조에 따른 설계하중에 견딜 수 있는 구조일 것
> 3. 피뢰설비의 재료는 최소 단면적이 피복이 없는 동선(銅線)을 기준으로 수뢰부, 인하도선 및 접지극은 (㉡)mm^2 이상이거나 이와 동등 이상의 성능을 갖출 것

① ㉠: 20, ㉡: 30
② ㉠: 20, ㉡: 50
③ ㉠: 25, ㉡: 30
④ ㉠: 25, ㉡: 50
⑤ ㉠: 30, ㉡: 30

92 실의 크기가 가로 10m, 세로 12m, 천장고 2.7m인 공동주택 관리사무소에 설치된 30개의 형광등을 동일한 개수의 LED 램프로 교체했을 때, 예상되는 평균조도(lx)는? (단, LED 램프의 광속은 4,000lm/개, 보수율은 0.8, 조명률은 0.5로 함) 제25회

① 400
② 480
③ 520
④ 585
⑤ 625

대표예제 63 가스설비 ★★

도시가스사업법상 배관의 표시 및 설치 등에 관한 설명으로 옳지 않은 것은?

① 배관은 그 외부에 사용가스명 · 최고 사용압력 및 가스흐름방향을 표시한다. 다만, 지하에 매설하는 배관의 경우에는 흐름방향을 표시하지 아니할 수 있다.

② 지상배관은 부식방지도장 후 표면색상을 황색으로 도색한다.

③ 지하매설배관은 최고 사용압력이 저압인 배관은 붉은색, 중압 이상인 배관은 황색으로 하여야 한다.

④ 배관을 지하에 매설하는 경우에는 지면으로부터 0.6m 이상의 거리를 유지하도록 한다.

⑤ 지상배관의 경우 건축물의 내 · 외벽에 노출된 것으로서 바닥(2층 이상의 건물의 경우에는 각 층의 바닥을 말한다)에서 1m의 높이에 폭 3cm의 황색띠를 2중으로 표시한 경우에는 표면색상을 황색으로 하지 아니할 수 있다.

해설 | 지하매설배관은 최고 사용압력이 저압인 배관은 황색, 중압 이상인 배관은 붉은색으로 하여야 한다.

기본서 p.598~606

정답 ③

제2편 기출실무

제3장

정답 및 해설

91 ④ • 돌침은 건축물의 맨 윗부분으로부터 25cm 이상 돌출시켜 설치하되, 건축물의 구조기준 등에 관한 규칙 제9조에 따른 설계하중에 견딜 수 있는 구조일 것
• 피뢰설비의 재료는 최소 단면적이 피복이 없는 동선(銅線)을 기준으로 수뢰부, 인하도선 및 접지극은 50mm² 이상이거나 이와 동등 이상의 성능을 갖출 것

92 ① $\frac{\text{광속} \times \text{조명률} \times \text{광원의 갯수}}{\text{면적} \times \text{보수율}}$

$= \frac{4,000 \times 0.5 \times 30}{120 \times (\frac{1}{0.8})}$

$= 400(\text{lx})$

93 LPG와 LNG에 관한 내용으로 옳은 것은? 제22회

① LNG의 주성분은 탄소수 3~4의 탄화수소이다.
② LPG의 주성분은 메탄이다.
③ 기화된 LPG는 대기압상태에서 공기보다 비중이 낮다.
④ 기화된 LNG의 표준상태 용적량 발열량은 기화된 LPG보다 높다.
⑤ 액체상태의 LNG 비점은 액체상태의 LPG보다 낮다.

94 도시가스사업법상 안전관리자 선임 등에 관한 설명으로 옳지 않은 것은?

① 안전관리자가 해임되거나 퇴직한 날부터 15일 이내에 다른 안전관리자를 선임하여야 한다.
② 안전관리자를 기간 내에 선임할 수 없으면 산업통상자원부장관, 시 · 도지사 또는 시장 · 군수 · 구청장의 승인을 받아 그 기간을 연장할 수 있다.
③ 안전관리자를 선임하지 아니한 자는 1천만원 이하의 벌금에 처한다.
④ 안전관리규정의 실시기록의 작성 · 보존도 안전관리자의 업무에 속한다.
⑤ 특정가스사용시설의 안전유지도 안전관리자의 업무에 속한다.

95 도시가스사업법상 배관의 색채에 관한 설명이다. (   ) 안에 들어갈 내용으로만 바르게 짝지어진 것은?

> 지상배관은 부식방지도장 후 표면색상을 (   )으로 도색하고, 지하매설배관은 최고 사용압력이 저압인 배관은 (   ), 중압 이상인 배관은 (   )으로 표시하여야 한다.

① 붉은색, 붉은색, 황색
② 황색, 황색, 붉은색
③ 붉은색, 백색, 붉은색
④ 황색, 붉은색, 붉은색
⑤ 백색, 황색, 붉은색

종합

96 **가스설비에 관한 설명으로 옳지 않은 것은?**

① 중압은 0.1MPa 이상 1MPa 미만의 압력을 말한다.
② 배관을 실내의 벽 · 바닥 · 천장 등에 매립 또는 은폐 설치하는 경우에는 호칭지름이 13mm 미만의 배관은 2m마다 고정장치를 설치한다.
③ 가스계량기와 전기접속기와의 이격거리는 30cm 이상을 유지한다.
④ 입상관의 밸브는 보호상자에 설치하지 않는 경우, 바닥으로부터 1.6m 이상 2m 이내에 설치한다.
⑤ 배관은 도시가스를 안전하게 사용할 수 있도록 하기 위하여 내압성능과 기밀성능을 가지도록 한다.

정답 및 해설

93 ⑤ ① LNG의 주성분은 메탄이다.
② LPG의 주성분은 프로판, 부탄이다.
③ 기화된 LPG는 대기압상태에서 공기보다 비중이 높다.
④ 기화된 LNG의 표준상태 용적량 발열량은 기화된 LPG보다 낮다.

94 ① 안전관리자가 해임되거나 퇴직한 날부터 30일 이내에 다른 안전관리자를 선임하여야 한다.

95 ② 지상배관은 부식방지도장 후 표면색상을 황색으로 표시한다. 다만, 지상배관의 경우 건축물의 내 · 외벽에 노출된 것으로서 바닥(2층 이상의 건물의 경우에는 각 층의 바닥)에서 1m의 높이에 폭 3cm의 황색띠를 2중으로 표시한 경우 표면색상을 황색으로 표시하지 않을 수 있다. 지하매설배관은 최고 사용압력이 저압인 배관은 황색, 중압 이상인 배관은 붉은색으로 표시한다.

96 ② 배관을 실내의 벽 · 바닥 · 천장 등에 매립 또는 은폐 설치하는 경우에는 호칭지름이 13mm 미만의 배관은 1m마다 고정장치를 설치한다.

97 도시가스사업법상 배관 설치기준에 관한 설명으로 옳지 않은 것은?

① 배관을 지하에 매설하는 경우에는 지면으로부터 0.3m 이상의 거리를 유지한다.
② 실내배관의 이음부(용접이음매는 제외한다)와 전기계량기 및 전기개폐기와는 적절한 거리를 유지한다.
③ 배관은 못 박음 등 외부충격 등에 의한 위해의 우려가 없는 안전한 장소에 설치한다.
④ 배관 및 배관이음매의 재료는 그 배관의 안전성을 확보하기 위하여 도시가스의 압력, 사용하는 온도 및 환경에 적절한 기계적 성질과 화학적 성분을 가지는 것이어야 한다.
⑤ 배관은 그 외부에 사용가스명, 최고 사용압력 및 가스흐름방향을 표시한다. 다만, 지하에 매설하는 배관의 경우에는 흐름방향을 표시하지 아니할 수 있다.

종합

98 도시가스사업법령상 가스계량기의 시설기준에 관한 설명으로 옳지 않은 것은?

① 가스계량기와 화기(그 시설 안에서 사용하는 자체화기는 제외) 사이는 2m 이상의 거리를 유지하여야 한다.
② 설치장소는 수시로 환기가 가능한 곳으로 직사광선이나 빗물을 받을 우려가 없는 곳으로 하되, 보호상자 안에 설치할 경우에는 직사광선이나 빗물을 받을 우려가 있는 곳에도 설치할 수 있다.
③ $30m^3/hr$ 미만인 가스계량기의 설치높이는 바닥으로부터 1.6m 이상 2m 이내에 수직 · 수평으로 설치한다. 다만, 격납상자에 설치하는 경우와 기계실 및 보일러실(가정에 설치된 보일러실은 제외한다)에 설치하는 경우에는 설치높이의 제한을 하지 아니한다.
④ 가스계량기와 전기계량기 및 전기개폐기와의 거리는 30cm 이상의 거리를 유지하여야 한다.
⑤ 공동주택의 대피공간, 방 · 거실 및 주방 등으로서 사람이 거처하는 곳 및 가스계량기에 나쁜 영향을 미칠 우려가 있는 장소에는 설치를 금지한다.

대표예제 64 소방설비 ★★★

소방시설 설치 및 관리에 관한 법령상 종합점검에 관한 설명으로 옳지 않은 것은?

① 종합점검이란 소방시설 등의 작동점검을 포함하여 소방시설 등의 설비별 주요 구성부품의 구조기준이 화재안전기준과 건축법 등 관련 법령에서 정하는 기준에 적합한지 여부를 소방청장이 정하여 고시하는 소방시설 등 종합점검표에 따라 점검하는 것을 말한다.

② 소방본부장 또는 소방서장은 소방청장이 소방안전관리가 우수하다고 인정한 특정소방대상물에 대해서는 2년의 범위에서 소방청장이 고시하거나 정한 기간 동안 종합점검을 면제할 수 있다. 다만, 면제기간 중 화재가 발생한 경우는 제외한다.

③ 종합점검은 관리업에 등록된 소방시설관리사 또는 소방안전관리자로 선임된 소방시설관리사 및 소방기술사가 점검할 수 있다.

④ 스프링클러설비가 설치된 특정소방대상물은 종합점검을 받아야 한다.

⑤ 연 1회 이상(화재의 예방 및 안전에 관한 법률 시행령 [별표 4]의 특급 소방안전관리대상물은 반기에 1회 이상) 실시한다.

해설 | 소방본부장 또는 소방서장은 소방청장이 소방안전관리가 우수하다고 인정한 특정소방대상물에 대해서는 3년의 범위에서 소방청장이 고시하거나 정한 기간 동안 종합점검을 면제할 수 있다. 다만, 면제기간 중 화재가 발생한 경우는 제외한다.

기본서 p.610~663 정답 ②

정답 및 해설

97 ① 배관을 지하에 매설하는 경우에는 지면으로부터 0.6m 이상의 거리를 유지한다.

98 ④ 가스계량기와 전기계량기 및 전기개폐기와의 거리는 60cm 이상의 거리를 유지하여야 한다.

종합

99 소방시설에 관한 설명으로 옳지 않은 것은?

① 가스용 주방자동소화장치를 사용하는 경우 탐지부는 수신부와 분리하여 설치한다.

② 소방대상물의 각 부분으로부터 1개의 수동식 소화기까지의 보행거리가 소형수동식 소화기의 경우에는 30m 이내, 대형수동식 소화기의 경우에는 40m 이내가 되도록 배치한다.

③ 옥내소화전설비의 수원은 그 저수량이 옥내소화전의 설치개수가 가장 많은 층의 설치개수(2개 이상 설치된 경우에는 2개)에 2.6m^3(호스릴 옥내소화전설비를 포함한다)를 곱한 양 이상이 되도록 해야 한다.

④ 특정소방대상물(갓복도형 아파트는 제외한다)에 부설된 특별피난계단 또는 비상용 승강기의 승강장에 제연설비를 설치한다.

⑤ 지하층을 포함하는 층수가 11층 이상인 특정소방대상물의 경우에는 11층 이상의 층에 비상콘센트설비를 설치한다.

100 소방시설 설치 및 관리에 관한 법령상 무창층에 관한 설명이다. 밑줄 친 요건에 관한 설명으로 옳지 않은 것은?

> 무창층(無窓層)이란 지상층 중 다음의 요건을 모두 갖춘 개구부의 면적의 합계가 해당 층의 바닥면적의 30분의 1 이하가 되는 층을 말한다.

① 크기는 지름 50cm 이상의 원이 통과할 수 있을 것

② 해당 층의 바닥면으로부터 개구부 밑부분까지의 높이가 1m 이내일 것

③ 도로 또는 차량이 진입할 수 있는 빈터를 향할 것

④ 화재시 건축물로부터 쉽게 피난할 수 있도록 창살이나 그 밖의 장애물이 설치되지 않을 것

⑤ 내부 또는 외부에서 쉽게 부수거나 열 수 있을 것

101 **소방시설 설치 및 관리에 관한 법령상 화재를 진압하거나 인명구조활동을 위하여 사용하는 소화활동설비가 아닌 것은?** 제26회

① 연결송수관설비 ② 비상콘센트설비
③ 비상방송설비 ④ 연소방지설비
⑤ 무선통신보조설비

102 **소화기구 및 자동소화장치의 화재안전기준에 관한 내용으로 옳지 않은 것은?** 제23회 수정

① '소형소화기'란 능력단위가 1단위 이상이고 대형소화기의 능력단위 미만인 소화기를 말한다.
② '주거용 주방자동소화장치'란 주거용 주방에 설치된 열발생 조리기구의 사용으로 인한 화재 발생시 열원(전기 또는 가스)을 자동으로 차단하며 소화약제를 방출하는 소화장치를 말한다.
③ '대형소화기'란 화재시 사람이 운반할 수 있도록 운반대와 바퀴가 설치되어 있고 능력단위가 A급 10단위 이상, B급 20단위 이상인 소화기를 말한다.
④ 소화기는 각 층마다 설치하되, 특정소방대상물의 각 부분으로부터 1개의 소화기까지의 보행거리가 소형소화기의 경우에는 20m 이내, 대형소화기의 경우는 30m 이내가 되도록 배치한다.
⑤ 소화기구(자동확산소화기를 제외한다)는 거주자 등이 손쉽게 사용할 수 있는 장소에 바닥으로부터 높이 1.6m 이하의 곳에 비치한다.

정답 및 해설

99 ② 소형수동식 소화기의 경우에는 20m 이내, 대형수동식 소화기의 경우에는 30m 이내가 되도록 배치한다.
100 ② 해당 층의 바닥면으로부터 개구부 밑부분까지의 높이가 1.2m 이내일 것
101 ③ 소화활동설비는 화재를 진압하거나 인명구조활동을 위하여 사용하는 설비로서 다음의 것을 말한다.
1. 제연설비
2. 연결송수관설비
3. 연결살수설비
4. 비상콘센트설비
5. 무선통신보조설비
6. 연소방지설비

102 ⑤ 소화기구(자동확산소화기를 제외한다)는 거주자 등이 손쉽게 사용할 수 있는 장소에 바닥으로부터 높이 1.5m 이하의 곳에 비치한다.

103 **옥내소화전설비의 가압송수장치 설치기준에 관한 설명으로 옳지 않은 것은?**

① 펌프의 토출량은 옥내소화전이 가장 많이 설치된 층의 설치개수(옥내소화전이 2개 이상 설치된 경우에는 2개)에 130ℓ/min를 곱한 양 이상이 되도록 한다.

② 펌프는 전기에너지를 절약하기 위하여 성능에 관계없이 급수용과 겸용으로 한다.

③ 가압송수장치에는 정격부하 운전시 펌프의 성능을 시험하기 위한 배관을 설치하나, 충압펌프의 경우에는 그러하지 아니하다.

④ 기동용 수압개폐장치(압력챔버)를 사용할 경우 그 용적은 100ℓ 이상으로 하여야 한다.

⑤ 소방대상물의 어느 층에 있어서도 해당 층의 옥내소화전(2개 이상 설치된 경우에는 2개의 옥내소화전)을 동시에 사용할 경우 각 소화전의 노즐선단에서의 방수압력이 0.17MPa 이상이어야 한다.

104 **옥내소화전설비에 관한 설명으로 옳지 않은 것은?**

① 체절운전이란 펌프의 성능시험을 목적으로 펌프 토출측의 개폐밸브를 닫은 상태에서 펌프를 운전하는 것을 말한다.

② 펌프의 토출측에는 압력계를 체크밸브 이전에 펌프 토출측 플랜지에서 먼 곳에 설치하고, 흡입측에는 연성계 또는 진공계를 설치하여야 한다.

③ 옥내소화전 방수구는 바닥으로부터의 높이가 1.5m 이하가 되도록 하여야 한다.

④ 옥내소화전 방수구와 연결되는 가지배관의 구경은 40mm(호스릴 옥내소화전설비의 경우에는 25mm) 이상으로 해야 하며, 주배관 중 수직배관의 구경은 50mm(호스릴 옥내소화전설비의 경우에는 32mm) 이상으로 해야 한다.

⑤ 펌프의 성능은 체절운전시 정격토출압력의 140%를 초과하지 않아야 한다.

105 **화재안전기술기준(NFTC)상 소화기구 및 자동소화장치의 주거용 주방자동소화장치에 관한 설치기준이다. ( ) 안에 들어갈 내용을 옳게 나열한 것은?** 제20회 수정

> 주거용 주방자동소화장치는 다음의 기준에 따라 설치할 것
> • (㉠)는 형식승인받은 유효한 높이 및 위치에 설치할 것
> • 가스용 주방자동소화장치를 사용하는 경우 (㉡)는 수신부와 분리하여 설치하되, 공기보다 가벼운 가스를 사용하는 경우에는 천장면으로부터 (㉢)의 위치에 설치하고, 공기보다 무거운 가스를 사용하는 장소에는 바닥면으로부터 (㉢)의 위치에 설치할 것

① ㉠: 감지부, ㉡: 탐지부, ㉢: 30cm 이하
② ㉠: 환기구, ㉡: 감지부, ㉢: 30cm 이하
③ ㉠: 수신부, ㉡: 환기구, ㉢: 30cm 이상
④ ㉠: 감지부, ㉡: 중계부, ㉢: 60cm 이하
⑤ ㉠: 수신부, ㉡: 탐지부, ㉢: 60cm 이상

정답 및 해설

103 ② 펌프는 전용으로 설치하여야 하지만, 다른 소화설비와 겸용하는 경우 각각의 소화설비의 성능에 지장이 없을 때에는 겸용이 가능하다.

104 ② 펌프의 토출측에는 압력계를 체크밸브 이전에 펌프 토출측 플랜지에서 가까운 곳에 설치한다.

105 ① 주거용 주방자동소화장치는 다음의 기준에 따라 설치한다.

1. 소화약제 방출구는 환기구(주방에서 발생하는 열기류 등을 밖으로 배출하는 장치를 말한다)의 청소부분과 분리되어 있어야 하며, 형식승인받은 유효 설치높이 및 방호면적에 따라 설치할 것
2. 감지부는 형식승인받은 유효한 높이 및 위치에 설치할 것
3. 차단장치(전기 또는 가스)는 상시 확인 및 점검이 가능하도록 설치할 것
4. 가스용 주방자동소화장치를 사용하는 경우 탐지부는 수신부와 분리하여 설치하되, 공기보다 가벼운 가스를 사용하는 경우에는 천장면으로부터 30cm 이하의 위치에 설치하고, 공기보다 무거운 가스를 사용하는 장소에는 바닥면으로부터 30cm 이하의 위치에 설치할 것
5. 수신부는 주위의 열기류 또는 습기 등과 주위온도에 영향을 받지 아니하고 사용자가 상시 볼 수 있는 장소에 설치할 것

106 옥외소화전설비에 관한 설명으로 옳지 않은 것은?

① 옥외소화전설비의 수원은 그 저수량이 옥외소화전의 설치개수(옥외소화전이 2개 이상 설치된 경우에는 2개)에 $7m^3$를 곱한 양 이상이 되도록 하여야 한다.

② 펌프는 원칙적으로 전용으로 설치하여야 한다.

③ 호스는 구경 40mm의 것으로 하여야 한다.

④ 해당 특정소방대상물에 설치된 옥외소화전(2개 이상 설치된 경우에는 2개의 옥외소화전)을 동시에 사용할 경우 각 옥외소화전의 노즐선단에서의 방수압력이 0.25MPa 이상이고, 방수량이 350ℓ/min 이상이 되는 성능의 것으로 한다.

⑤ 호스접결구는 지면으로부터 높이가 0.5m 이상 1m 이하의 위치에 설치하고, 특정소방대상물의 각 부분으로부터 하나의 호스접결구까지 수평거리가 40m 이하가 되도록 설치하여야 한다.

고난도

107 유도등 및 유도표지의 화재안전기술기준에 관한 용어의 정의로 옳지 않은 것은?

제19회 수정

① '피난구유도등'이란 피난구 또는 피난경로로 사용되는 출입구를 표시하여 피난을 유도하는 등을 말한다.

② '피난구유도표지'란 피난구 또는 피난경로로 사용되는 출입구를 표시하여 피난을 유도하는 표지를 말한다.

③ '복도통로유도등'이란 거주 · 집무 · 작업 · 집회 · 오락, 그 밖에 이와 유사한 목적을 위하여 계속적으로 사용하는 거실, 주차장 등 개방된 통로에 설치하는 유도등으로 피난의 방향을 명시하는 것을 말한다.

④ '계단통로유도등'이란 피난통로가 되는 계단이나 경사로에 설치하는 통로유도등으로 바닥면 및 디딤 바닥면을 비추는 것을 말한다.

⑤ '통로유도표지'란 피난통로가 되는 복도, 계단 등에 설치하는 것으로서 피난구의 방향을 표시하는 유도표지를 말한다.

108 **스프링클러설비의 화재안전기술기준에 관한 용어로 옳은 것은?** 제21회 수정

① 압력수조: 구조물 또는 지형지물 등에 설치하여 자연낙차 압력으로 급수하는 수조
② 충압펌프: 배관 내 압력손실에 따른 주펌프의 빈번한 기동을 방지하기 위하여 충압역할을 하는 펌프
③ 일제개방밸브: 폐쇄형 스프링클러헤드를 사용하는 건식 스프링클러설비에 설치하는 밸브로서 화재발생시 자동 또는 수동식 기동장치에 따라 밸브가 열려지는 것
④ 진공계: 대기압 이상의 압력과 대기압 이하의 압력을 측정할 수 있는 계측기
⑤ 체절운전: 펌프의 성능시험을 목적으로 펌프토출측의 개폐밸브를 개방한 상태에서 펌프를 운전하는 것

제2편 기출실무

제3장

109 **다음은 연결송수관설비의 화재안전기술기준이다. ( ) 안에 들어갈 숫자를 옳게 나열한 것은?** 제22회 수정

제5조【배관 등】① 연결송수관설비의 배관은 다음 각 호의 기준에 따라 설치하여야 한다.
1. 주배관의 구경은 100mm 이상의 것으로 할 것
2. 지면으로부터의 높이가 (㉠)m 이상인 특정소방대상물 또는 지상 (㉡)층 이상인 특정소방대상물에 있어서는 습식설비로 할 것

① ㉠: 20, ㉡: 7
② ㉠: 21, ㉡: 7
③ ㉠: 25, ㉡: 7
④ ㉠: 30, ㉡: 11
⑤ ㉠: 31, ㉡: 11

정답 및 해설

106 ③ 호스는 구경 65mm의 것으로 하여야 한다.

107 ③ 거주 · 집무 · 작업 · 집회 · 오락, 그 밖에 이와 유사한 목적을 위하여 계속적으로 사용하는 거실, 주차장 등 개방된 통로에 설치하는 유도등으로 피난의 방향을 명시하는 것을 거실통로유도등이라 한다.

108 ② ① 고가수조: 구조물 또는 지형지물 등에 설치하여 자연낙차 압력으로 급수하는 수조를 말한다.
③ 일제개방밸브: 개방형 스프링클러헤드를 사용하는 일제살수식 스프링클러설비에 설치하는 밸브로서 화재발생시 자동 또는 수동식 기동장치에 따라 밸브가 열려지는 것을 말한다.
④ 연성계: 대기압 이상의 압력과 대기압 이하의 압력을 측정할 수 있는 계측기를 말한다.
⑤ 체절운전: 펌프의 성능시험을 목적으로 펌프토출측의 개폐밸브를 닫은 상태에서 펌프를 운전하는 것을 말한다.

109 ⑤ 연결송수관설비의 배관은 지면으로부터의 높이가 31m 이상인 특정소방대상물 또는 지상 11층 이상인 특정소방대상물에 있어서는 습식설비로 하여야 한다.

110 **연결송수관설비의 화재안전성능기준(NFPC 502)에 관한 설명으로 옳지 않은 것은?**

제26회

① 체절운전은 펌프의 성능시험을 목적으로 펌프 토출측의 개폐밸브를 닫은 상태에서 펌프를 운전하는 것을 말한다.
② 연결송수관설비의 송수구는 지면으로부터 높이가 0.5m 이상 1m 이하의 위치에 설치하며, 구경 65mm의 쌍구형으로 설치해야 한다.
③ 방수구는 연결송수관설비의 전용 방수구 또는 옥내소화전 방수구로서 구경 65mm의 것으로 설치해야 한다.
④ 지상 11층 이상인 특정소방대상물의 연결송수관설비의 배관은 건식설비로 설치해야 한다.
⑤ 지표면에서 최상층 방수구의 높이가 70m 이상의 특정소방대상물에는 연결송수관설비의 가압송수장치를 설치해야 한다.

대표예제 65 스프링클러설비 ★★

아파트 세대 내의 거실에 스프링클러헤드를 설치하는 천장 등의 각 부분으로부터 하나의 스프링클러헤드까지의 수평거리는 최대 얼마 이하로 하는가?

① 1.7m ② 2.3m
③ 2.5m ④ 3.2m
⑤ 3.7m

해설 | 스프링클러헤드간의 수평거리는 3.2m 이하로 한다.

보충 |

구분	수평거리(m)	방수압력(MPa)	방수량(ℓ/min)
옥내소화전	25 이하	0.17 이상	130
옥외소화전	40 이하	0.25 이상	350
스프링클러	3.2 이하(아파트)	0.1 이상 1.2 이하	80

기본서 p.641~646

정답 ④

111 스프링클러설비에 관한 설명으로 옳지 않은 것은?

① 주차장에 설치되는 스프링클러는 습식 이외의 방식으로 하여야 한다.
② 스프링클러헤드 가용합금편의 표준용융온도는 67~75℃ 정도이다.
③ 스프링클러설비 가압송수장치의 송수량은 0.1MPa의 방수압력기준으로 80ℓ/min 이상의 방수성능을 가진 기준개수의 모든 헤드로부터의 방수량을 충족시킬 수 있는 양 이상의 것으로 하여야 한다.
④ 준비작동식은 1차측 및 2차측 배관에서 헤드까지 가압수가 충만되어 있다.
⑤ 아파트 천장, 반자, 천장과 반자 사이, 덕트, 선반 등의 각 부분으로부터 하나의 스프링클러헤드까지의 수평거리는 3.2m 이하여야 한다.

112 스프링클러설비에 관한 설명으로 옳지 않은 것은?

① 가지배관이란 스프링클러헤드가 설치되어 있는 배관, 교차배관이란 직접 또는 수직배관을 통하여 가지배관에 급수하는 배관을 말한다.
② 가압송수장치의 정격토출압력은 하나의 헤드선단에 0.1MPa 이상 1.2MPa 이하의 방수압력이 될 수 있게 하는 크기이어야 한다.
③ 가압송수장치의 송수량은 0.1MPa의 방수압력 기준으로 50ℓ/min 이상의 방수성능을 가진 기준개수의 모든 헤드로부터의 방수량을 충족시킬 수 있는 양 이상의 것으로 하여야 한다.
④ 스프링클러헤드를 설치하는 천장, 반자, 천장과 반자 사이, 덕트, 선반 등의 각 부분으로부터 하나의 스프링클러헤드까지의 수평거리가 공동주택(아파트) 세대 내의 거실에 있어서는 3.2m 이하이어야 한다.
⑤ 습식 스프링클러설비란 가압송수장치에서 폐쇄형 스프링클러헤드까지 배관 내에 항상 물이 가압되어 있다가 화재로 인한 열로 폐쇄형 스프링클러헤드가 개방되면 배관 내에 유수가 발생하여 습식 유수검지장치가 작동하게 되는 스프링클러설비를 말한다.

정답 및 해설

110 ④ 지상 11층 이상인 특정소방대상물의 연결송수관설비의 배관은 습식설비로 설치해야 한다.

111 ④ 준비작동식 스프링클러설비는 1차측까지 배관 내에 항상 물이 가압되어 있고, 2차측에는 저압이나 대기압의 공기를 채워 놓는다.

112 ③ 가압송수장치의 송수량은 0.1MPa의 방수압력 기준으로 80ℓ/min 이상의 방수성능을 가진 기준개수의 모든 헤드로부터의 방수량을 충족시킬 수 있는 양 이상의 것으로 하여야 한다.

대표예제 66 승강기 운용관리 ★★★

승강기 안전관리법령상 정기검사의 검사주기에 관한 설명이다. (   ) 안에 들어갈 숫자로 바르게 연결된 것은?

> 정기검사의 검사주기는 (   )년[설치검사 또는 직전 정기검사를 받은 날부터 매 (   )년을 말한다]으로 한다.

① 1 − 1　② 1 − 3　③ 2 − 2
④ 2 − 3　⑤ 3 − 2

해설 | 정기검사의 검사주기는 1년(설치검사 또는 직전 정기검사를 받은 날부터 매 1년을 말한다)으로 한다.
보충 | 승강기 정기검사의 검사주기

1. 정기검사의 검사주기는 1년(설치검사 또는 직전 정기검사를 받은 날부터 매 1년을 말한다)으로 한다.
2. 1.에도 불구하고 다음의 어느 하나에 해당하는 승강기의 경우에는 정기검사의 검사주기를 직전 정기검사를 받은 날부터 다음의 구분에 따른 기간으로 한다.
   - 설치검사를 받은 날부터 25년이 지난 승강기: 6개월
   - 승강기의 결함으로 중대한 사고 또는 중대한 고장이 발생한 후 2년이 지나지 않은 승강기: 6개월
3. 정기검사의 검사기간은 정기검사의 검사주기 도래일 전후 각각 30일 이내로 한다. 이 경우 해당 검사기간 이내에 검사에 합격한 경우에는 정기검사의 검사주기 도래일에 정기검사를 받은 것으로 본다.
4. 1. 및 2.의 규정에 따른 정기검사의 검사주기 도래일 전에 수시검사 또는 정밀안전검사를 받은 경우 해당 정기검사의 검사주기는 수시검사 또는 정밀안전검사를 받은 날부터 계산한다.
5. 안전검사가 연기된 경우 해당 정기검사의 검사주기는 연기된 안전검사를 받은 날부터 계산한다.

기본서 p.677~693

정답 ①

113 승강기 안전관리법상 안전검사를 연기 신청할 수 있는 사유로만 짝지어진 것은?

> ㉠ 승강기가 설치된 건축물이나 고정된 시설물에 중대한 결함이 있어 승강기를 정상적으로 운행하는 것이 불가능한 경우
> ㉡ 승강기의 관리주체가 승강기의 운행을 중단한 경우(다른 법령에서 정하는 바에 따라 설치가 의무화된 승강기는 제외한다)
> ㉢ 그 밖에 천재지변 등 부득이한 사유가 발생한 경우
> ㉣ 입주자 30인 이상의 집단민원이 발생한 경우
> ㉤ 최근 승강기 인명사고가 발생한 경우

① ㉠, ㉡, ㉢　② ㉠, ㉡, ㉣　③ ㉠, ㉡, ㉤
④ ㉢, ㉣, ㉤　⑤ ㉠, ㉡, ㉢, ㉣

114 승강기 안전관리법령에 관한 설명으로 옳지 않은 것은?

① 관리주체는 승강기의 사고로 승강기 이용자 등 다른 사람의 생명 · 신체 또는 재산상의 손해를 발생하게 하는 경우 그 손해에 대한 배상을 보장하기 위한 보험에 가입하여야 한다.

② 관리주체는 승강기의 안전에 관한 자체점검을 월 1회 이상 실시하여야 한다.

③ 관리주체는 안전검사를 받지 아니하거나 안전검사에 불합격한 승강기를 운행할 수 없으며, 운행을 하려면 안전검사에 합격하여야 한다.

④ 관리주체는 승강기안전관리자로 하여금 선임 후 6개월 이내에 행정안전부령으로 정하는 기관이 실시하는 승강기 관리에 관한 교육을 받게 하여야 한다.

⑤ 승강기의 제조 · 수입업자 또는 관리주체는 설치검사를 받지 아니하거나 설치검사에 불합격한 승강기를 운행하게 하거나 운행하여서는 아니 된다.

115 승강기 안전관리법상 승강기의 자체점검에 관한 설명으로 옳지 않은 것은?

① 자체점검을 담당하는 사람은 자체점검을 마치면 지체 없이 자체점검 결과를 양호, 주의관찰 또는 긴급수리로 구분하여 관리주체에게 통보하여야 한다.

② 관리주체는 자체점검 결과를 자체점검 후 5일 이내에 승강기안전종합정보망에 입력해야 한다.

③ 승강기 관리주체는 자체점검의 결과 해당 승강기에 결함이 있다는 사실을 알았을 경우에는 즉시 보수하여야 하며, 보수가 끝날 때까지 운행을 중지하여야 한다.

④ 안전검사에 불합격된 승강기에 대하여는 자체점검의 전부 또는 일부를 면제할 수 있다.

⑤ 관리주체는 자체점검을 스스로 할 수 없다고 판단하는 경우에는 승강기의 유지관리를 업으로 하기 위하여 등록을 한 자로 하여금 이를 대행하게 할 수 있다.

정답 및 해설

113 ① 안전검사를 연기할 수 있는 사유는 다음과 같다.

1. 승강기가 설치된 건축물이나 고정된 시설물에 중대한 결함이 있어 승강기를 정상적으로 운행하는 것이 불가능한 경우
2. 관리주체가 승강기의 운행을 중단한 경우(다른 법령에서 정하는 바에 따라 설치가 의무화된 승강기는 제외한다)
3. 그 밖에 천재지변 등 부득이한 사유가 발생한 경우

114 ④ 관리주체는 승강기안전관리자로 하여금 선임 후 3개월 이내에 행정안전부령으로 정하는 기관이 실시하는 승강기 관리에 관한 교육을 받게 하여야 한다.

115 ② 관리주체는 자체점검 결과를 자체점검 후 10일 이내에 승강기안전종합정보망에 입력해야 한다.

116 **승강기 안전관리법상 승강기의 자체점검에 대한 설명으로 (   ) 안에 들어갈 내용으로만 바르게 짝지어진 것은?**

> 승강기의 관리주체는 자체적으로 승강기 운행의 안전에 관한 점검을 (㉠) 이상 실시하여야 한다. 자체점검 결과 승강기에 결함이 있다는 사실을 알았을 경우에는 즉시 보수하여야 하며, 보수가 끝날 때까지 해당 승강기의 운행을 중지하여야 하는 규정을 위반하여 승강기 운행을 중지하지 아니한 자 또는 운행의 중지를 방해한 자는 (㉡) 이하의 과태료에 처한다.

① ㉠: 월 1회 ㉡: 300만원
② ㉠: 월 1회 ㉡: 500만원
③ ㉠: 분기 2회 ㉡: 500만원
④ ㉠: 분기 1회 ㉡: 1,000만원
⑤ ㉠: 연 1회 ㉡: 1,000만원

117 **승강기 안전관리법상 승강기 안전검사에 관한 설명으로 옳지 않은 것은?**

① 정기검사 또는 수시검사 결과 결함원인이 불명확하여 사고예방과 안전성 확보를 위하여 정밀안전검사가 필요하다고 인정된 승강기의 경우 행정안전부장관이 실시하는 정밀안전검사를 받아야 한다.
② 설치검사를 받은 날부터 15년이 지난 승강기의 경우 행정안전부장관이 실시하는 정밀안전검사를 받아야 한다.
③ ②에 해당하는 때에는 정밀안전검사를 받은 날부터 2년마다 정기적으로 정밀안전검사를 받아야 한다.
④ 승강기의 제어반(制御盤) 또는 구동기(驅動機)를 교체한 경우 수시검사를 받아야 한다.
⑤ 관리주체는 안전검사를 받지 아니하거나 안전검사에 불합격한 승강기를 운행할 수 없으며, 운행을 하려면 안전검사에 합격하여야 한다.

118 승강기 안전관리법령상 승강기의 수시검사 사유에 해당하지 않는 것은?

① 승강기의 종류를 변경한 경우
② 승강기의 제어방식을 변경한 경우
③ 승강기의 왕복운행거리를 변경한 경우
④ 승강기에 사고가 발생하여 수리한 경우(승강기의 결함으로 중대한 사고 또는 중대한 고장이 발생한 경우는 제외한다)
⑤ 행정안전부장관이 요청하는 경우

119 승강기 안전관리법상 승강기의 안전검사에 관한 설명으로 옳은 것은? 제24회

① 정기검사의 검사주기는 3년 이하로 하되, 행정안전부령으로 정하는 바에 따라 승강기별로 검사주기를 다르게 할 수 있다.
② 승강기의 제어반 또는 구동기를 교체한 경우 수시검사를 받아야 한다.
③ 승강기 설치검사를 받은 날부터 20년이 지난 경우 정밀안전검사를 받아야 한다.
④ 승강기의 결함으로 중대한 사고 또는 중대한 고장이 발생한 경우 수시검사를 받아야 한다.
⑤ 승강기의 종류, 제어방식, 정격속도 정격용량 또는 왕복운행거리를 변경한 경우 정밀안전검사를 받아야 한다.

정답 및 해설

116 ② 승강기의 관리주체는 자체적으로 승강기 운행의 안전에 관한 점검을 월 1회 이상 실시하여야 한다. 자체점검 결과 승강기에 결함이 있다는 사실을 알았을 경우에는 즉시 보수하여야 하며, 보수가 끝날 때까지 해당 승강기의 운행을 중지하여야 하는 규정을 위반하여 승강기 운행을 중지하지 아니한 자 또는 운행의 중지를 방해한 자는 500만원 이하의 과태료에 처한다.

117 ③ 정밀안전검사를 받은 날부터 3년마다 정기적으로 정밀안전검사를 받아야 한다.

118 ⑤ 승강기 관리주체가 요청하는 경우에 수시검사를 실시한다.

119 ② ① 정기검사의 검사주기는 2년 이하로 하되, 행정안전부령으로 정하는 바에 따라 승강기별로 검사주기를 다르게 할 수 있다.
③ 승강기 설치검사를 받은 날부터 15년이 지난 경우 정밀안전검사를 받아야 한다.
④ 승강기의 결함으로 중대한 사고 또는 중대한 고장이 발생한 경우 정밀안전검사를 받아야 한다.
⑤ 승강기의 종류, 제어방식, 정격속도 정격용량 또는 왕복운행거리를 변경한 경우 수시검사를 받아야 한다.

120 **승강기 안전관리법령상 승강기의 검사 및 점검에 관한 설명으로 옳지 않은 것은?**

제25회

① 승강기의 제조·수입업자 또는 관리주체는 설치검사를 받지 아니하거나 설치검사에 불합격한 승강기를 운행하게 하거나 운행하여서는 아니 된다.

② 새로운 유지관리기법의 도입 등 대통령령으로 정하는 사유에 해당하여 자체점검의 주기조정이 필요한 승강기에 대해서는 자체점검의 전부 또는 일부를 면제할 수 있다.

③ 승강기 실무경력이 2년 이상이고, 법규에 따른 직무교육을 이수한 사람이 자체점검을 담당할 수 있다.

④ 자체점검을 담당하는 사람은 자체점검을 마치면 지체 없이 자체점검 결과를 양호, 주의관찰 또는 긴급수리로 구분하여 관리주체에게 통보해야 한다.

⑤ 원격점검 및 실시간 고장감시 등 행정안전부장관이 정하여 고시하는 원격관리기능이 있는 승강기를 관리하는 경우는 새로운 유지관리기법의 도입 등 대통령령으로 정하는 사유에 해당한다.

121 **승강기 안전관리법령상 승강기안전관리자에 관한 설명으로 옳지 않은 것은?**

① 관리주체는 승강기 운행에 대한 지식이 풍부한 사람을 승강기안전관리자로 선임하여 승강기를 관리하게 하여야 한다.

② 관리주체는 ①에 따라 승강기안전관리자(관리주체가 직접 승강기를 관리하는 경우에는 그 관리주체를 말한다)를 선임하였을 때에는 행정안전부령으로 정하는 바에 따라 3개월 이내에 행정안전부장관에게 그 사실을 통보하여야 한다.

③ 관리주체(관리주체가 승강기안전관리자를 선임하는 경우에만 해당한다)는 승강기안전관리자가 안전하게 승강기를 관리하도록 지도·감독하여야 한다.

④ 관리주체는 승강기안전관리자로 하여금 선임 후 5개월 이내에 행정안전부령으로 정하는 기관이 실시하는 승강기 관리에 관한 교육을 받게 하여야 한다.

⑤ 승강기안전관리자의 직무범위, 승강기 관리교육의 내용·기간 및 주기 등에 필요한 사항은 행정안전부령으로 정한다.

122 **승강기 안전관리법상 중대한 사고 또는 승강기 내에 이용자가 갇히는 등의 중대한 고장에 대한 내용으로 옳지 않은 것은?**

① 사망자
② 사고 발생일부터 5일 이내에 실시된 의사의 최초 진단결과 1주 이상의 입원치료가 필요한 상해를 입은 사람
③ 출입문이 열린 상태로 움직인 경우
④ 최상층 또는 최하층을 지나 계속 운행된 경우
⑤ 운행하려는 층으로 운행되지 않은 경우(정전 또는 천재지변으로 인해 발생한 경우는 제외한다)

정답 및 해설

120 ③ 승강기 실무경력이 3년 이상이고, 법규에 따른 직무교육을 이수한 사람이 자체점검을 담당할 수 있다.

121 ④ 승강기 관리주체는 승강기안전관리자로 하여금 선임 후 3개월 이내에 행정안전부령으로 정하는 기관이 실시하는 승강기 관리에 관한 교육을 받게 하여야 한다.

122 ② 사고 발생일부터 5일이 아니라 7일 이내이다.

▶ 중대한 사고
1. 사망자가 발생한 사고
2. 사고 발생일부터 7일 이내에 실시된 의사의 최초 진단결과 1주 이상의 입원치료가 필요한 부상자가 발생한 사고
3. 사고 발생일부터 7일 이내에 실시된 의사의 최초 진단결과 3주 이상의 치료가 필요한 부상자가 발생한 사고

▶ 중대한 고장
1. 출입문이 열린 상태로 움직인 경우
2. 출입문이 이탈되거나 파손되어 운행되지 않는 경우
3. 최상층 또는 최하층을 지나 계속 움직인 경우
4. 운행하려는 층으로 운행되지 않은 경우(정전 또는 천재지변으로 인하여 발생한 경우는 제외한다)
5. 운행 중 정지된 고장으로서 이용자가 운반구에 갇히게 된 경우(정전 또는 천재지변으로 인하여 발생한 경우는 제외한다)
6. 운반구 또는 균형추(均衡錘)에 부착된 매다는 장치 또는 보상수단(각각 그 부속품을 포함한다) 등이 이탈되거나 추락된 경우

123 **건축물의 설비기준 등에 관한 규칙상 비상용 승강기의 승강장과 승강로에 관한 설명으로 옳은 것은?** 제26회

① 각 층으로부터 피난층까지 이르는 승강로는 화재대피의 효율성을 위해 단일구조로 연결하지 않는다.

② 승강장은 각 층의 내부와 연결될 수 있도록 하되, 그 출입구(승강로의 출입구를 제외한다)에는 을종방화문을 설치한다. 다만, 피난층에는 갑종방화문을 설치하여야 한다.

③ 승강로는 당해 건축물의 다른 부분과 방화구조로 구획하여야 한다.

④ 옥외에 승강장을 설치하는 경우 승강장의 바닥면적은 비상용 승강기 1대에 대하여 $6m^2$ 이상으로 한다.

⑤ 승강장의 벽 및 반자가 실내에 접하는 부분의 마감재료(마감을 위한 바탕을 포함한다)는 불연재료를 사용한다.

대표예제 67 승강기 설치기준 ★★

주택건설기준 등에 관한 규정 및 규칙상 승강기 설치기준에 대한 설명으로 옳지 않은 것은?

① 6층 이상인 공동주택에는 6인승 이상인 승용 승강기를 설치하여야 한다.

② 승용 승강기를 복도형인 공동주택에 설치하는 경우 1대에 100세대를 넘는 80세대마다 1대를 더한 대수 이상을 설치하여야 한다.

③ 승용 승강기를 계단실형인 공동주택에 설치하는 경우에 계단실마다 1대(한 층에 3세대 이상이 조합된 계단실형 공동주택이 15층 이상인 경우에는 2대) 이상을 설치하여야 한다.

④ 10층 이상인 공동주택에는 승용 승강기를 비상용 승강기의 구조로 하여야 한다.

⑤ 화물용 승강기의 적재하중이 0.9t 이상, 승강기의 폭 또는 너비 중 한 변은 1.35m 이상, 다른 한 변은 1.6m 이상이어야 한다.

해설 | 승용 승강기를 계단실형인 공동주택에 설치하는 경우에 계단실마다 1대(한 층에 3세대 이상이 조합된 계단실형 공동주택이 22층 이상인 경우에는 2대) 이상을 설치하여야 한다.

보충 | 승강기의 설치기준

승용 승강기	• 6층 이상인 공동주택에는 6인승 이상의 승용 승강기를 설치할 것. 다만, 6층인 건축물로서 각 층 거실의 바닥면적 300m² 이내마다 1개소 이상의 직통계단을 설치한 경우에는 그러하지 아니한다. • 계단실형인 공동주택에는 계단실마다 1대(한 층에 3세대 이상이 조합된 계단실형 공동주택이 22층 이상인 경우에는 2대) 이상을 설치하되, 그 탑승 인원수는 동일한 계단실을 사용하는 4층 이상인 층의 세대당 0.3명(독신자용 주택의 경우에는 0.15명)의 비율로 산정한 인원수(1명 이하의 단수는 1명으로 본다) 이상일 것 • 복도형인 공동주택에는 1대에 100세대를 넘는 80세대마다 1대를 더한 대수 이상을 설치하되, 그 탑승 인원수는 4층 이상인 층의 세대당 0.2명(독신자용 주택의 경우에는 0.1명)의 비율로 산정한 인원수 이상일 것
화물용 승강기	• 10층 이상인 공동주택에는 이삿짐 등을 운반할 수 있는 화물용 승강기를 설치할 것 • 적재하중이 0.9t 이상일 것 • 승강기의 폭 또는 너비 중 한 변은 1.35m 이상, 다른 한 변은 1.6m 이상일 것 • 계단실형인 공동주택의 경우에는 계단실마다 설치할 것 • 복도형인 공동주택의 경우에는 100세대까지 1대를 설치하되, 100세대를 넘는 경우에는 100세대마다 1대를 추가로 설치할 것
비상용 승강기	10층 이상인 공동주택에는 승용 승강기를 비상용 승강기의 구조로 하여야 한다.

기본서 p.674~676

정답 ③

정답 및 해설

123 ⑤ ① 각 층으로부터 피난층까지 이르는 승강로는 화재대피의 효율성을 위해 단일구조로 설치하여야 한다.
② 승강장은 각 층의 내부와 연결될 수 있도록 하되, 그 출입구(승강로의 출입구를 제외한다)에는 갑종방화문을 설치할 것. 다만, 피난층에는 갑종방화문을 설치하지 아니할 수 있다.
③ 승강로는 당해 건축물의 다른 부분과 내화구조로 구획하여야 한다.
④ 승강장의 바닥면적은 비상용 승강기 1대에 대하여 6m² 이상으로 할 것. 다만, 옥외에 승강장을 설치하는 경우에는 그러하지 아니하다.

124 **주택건설기준 등에 관한 규정상 10층 이상인 공동주택에 설치하는 화물용 승강기에 관한 설명으로 옳지 않은 것은?** 제14회

① 적재하중이 0.9t 이상이어야 한다.
② 승강기의 폭 또는 너비 중 한 변은 1.35m 이상, 다른 한 변은 1.6m 이상이어야 한다.
③ 계단실형인 공동주택의 경우에는 계단실마다 설치하여야 한다.
④ 복도형인 공동주택의 경우에는 200세대까지 1대를 설치하되, 200세대를 넘는 경우 100세대마다 1대를 추가로 설치하여야 한다.
⑤ 승용 승강기 또는 비상용 승강기로서 주택건설기준 등에 관한 규정상의 화물용 승강기 기준에 적합한 것은 화물용 승강기로 겸용할 수 있다.

125 **다음은 주택건설기준 등에 관한 규정의 승강기 등에 대한 기준이다. ( ) 안에 들어갈 숫자를 옳게 나열한 것은?** 제20회

① 6층 이상인 공동주택에는 국토교통부령이 정하는 기준에 따라 대당 (㉠)인승 이상인 승용 승강기를 설치하여야 한다. 다만, 건축법 시행령 제89조의 규정에 해당하는 공동주택의 경우에는 그러하지 아니하다.
② (㉡)층 이상인 공동주택의 경우에는 제1항의 승용 승강기를 비상용 승강기의 구조로 하여야 한다.
③ 10층 이상인 공동주택에는 이삿짐 등을 운반할 수 있는 다음 각 호의 기준에 적합한 화물용 승강기를 설치하여야 한다.
1.~3. 〈생략〉
4. 복도형인 공동주택의 경우에는 (㉢)세대까지 1대를 설치하되, (㉢)세대를 넘는 경우에는 (㉢)세대마다 1대를 추가로 설치할 것

① ㉠: 5 ㉡: 8 ㉢: 100
② ㉠: 6 ㉡: 8 ㉢: 50
③ ㉠: 6 ㉡: 10 ㉢: 100
④ ㉠: 8 ㉡: 10 ㉢: 50
⑤ ㉠: 8 ㉡: 10 ㉢: 200

대표예제 68 승강기 안전장치★

엘리베이터의 안전장치 중 엘리베이터 카(Car)가 최상층이나 최하층에서 정상 운행위치를 벗어나 그 이상으로 운행하는 것을 방지하기 위한 안전장치는? 제18회

① 완충기 ② 추락방지판
③ 리미트스위치 ④ 전자브레이크
⑤ 조속기

해설 | 리미트스위치(제한스위치)는 스토핑스위치가 고장 났을 때 작동하며 전원을 차단하여 전동기를 정지시킴과 동시에 전자브레이크를 작동시켜 엘리베이터 카(Car)를 급정지시킨다. 즉, 카가 최상층이나 최하층에서 정상 운행위치를 벗어나 그 이상으로 운행하는 것을 방지한다.

정답 ③

126 다음 설명에 맞는 승강기의 안전장치는?

- 일정 이상의 속도가 되었을 때 브레이크나 안전장치를 작동시키는 기능을 한다.
- 사전에 설정된 속도에 이르면 스위치가 작동하며, 다시 속도가 상승하였을 경우 로프를 제동해서 고정시킨다.

① 조속기 ② 완충기
③ 리미트스위치 ④ 전자브레이크
⑤ 스토핑스위치

정답 및 해설

124 ④ 화물용 승강기는 복도형인 경우에는 100세대까지 1대를 설치하되, 100세대를 넘는 경우에는 100세대마다 1대를 추가로 설치하여야 한다.

125 ③ '대표예제 67'의 승강기 설치기준 참조

126 ① ② 완충기는 승강기가 사고로 인하여 하강할 경우 승강로 바닥과의 충격을 완화하기 위하여 설치한다.
③ 리미트스위치는 상하 최종단에 설치하여 스토핑스위치(종점 스위치)가 작동하지 않을 경우 작동하여 운반구를 정지시키는 장치이다.
④ 전자브레이크는 전동기가 회전을 정지하였을 경우 스프링의 힘으로 브레이크 드럼을 눌러 엘리베이터를 정지시켜 주는 장치이다.
⑤ 스토핑스위치는 최상층 및 최하층에서 승강기를 자동으로 정지시킨다.

대표예제 69 냉동설비★

압축식 냉동장치를 설명한 그림이다. (　　) 안에 들어갈 기기명칭을 쓰시오. 제18회

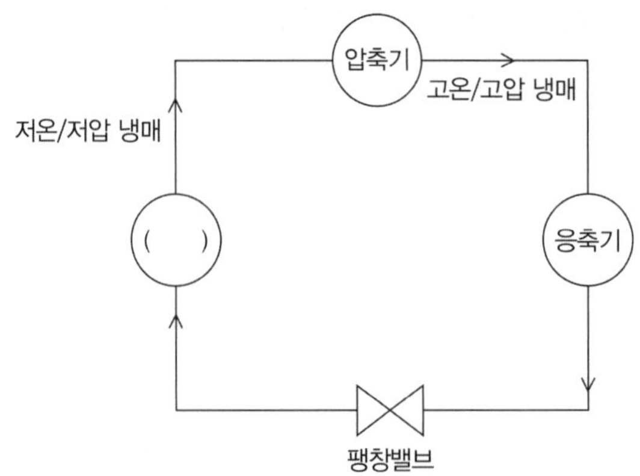

해설 | **압축식 냉동장치에서 각 기기의 역할**

1. 압축기: 냉매가스를 압축하여 고압이 된다.
2. 응축기: 냉매가스를 냉각 · 액화하여 응축열을 냉각탑이나 실외기를 통하여 외부로 방출한다.
3. 팽창밸브: 냉매를 팽창하여 저압이 되도록 한다.
4. 증발기: 주위로부터 흡열하여 냉매는 가스상태가 되며 주위는 열을 빼앗기게 되므로 냉동 또는 냉각이 이루어진다.

기본서 p.698~700

정답 증발기

127 압축식 냉동기에서 냉방용 냉수를 만드는 곳은? 제16회

① 증발기 ② 압축기 ③ 응축기
④ 재생기 ⑤ 흡수기

128 난방시 히트펌프의 성적계수(COP)에 관한 설명으로 옳은 것은? 제15회

① 응축기의 방열량을 증발기의 흡수열량으로 나눈 값이다.
② 응축기의 방열량을 압축기의 압축일로 나눈 값이다.
③ 증발기의 흡수열량을 압축기의 압축일로 나눈 값이다.
④ 압축기의 압축일을 증발기의 흡수열량으로 나눈 값이다.
⑤ 증발기의 흡수열량을 응축기의 방열량으로 나눈 값이다.

종합

129 히트펌프에 관한 내용으로 옳지 않은 것은? 제21회

① 겨울철 온도가 낮은 실외로부터 온도가 높은 실내로 열을 끌어들인다는 의미에서 열펌프라고도 한다.

② 운전에 소비된 에너지보다 대량의 열에너지가 얻어져 일반적으로 성적계수(COP)가 1 이하의 값을 유지한다.

③ 한 대의 기기로 냉방용 또는 난방용으로 사용할 수 있다.

④ 공기열원 히트펌프는 겨울철 난방부하가 큰 날에는 외기온도도 낮으므로 성적계수(COP)가 저하될 우려가 있다.

⑤ 히트펌프의 열원으로는 일반적으로 공기, 물, 지중(땅속)을 많이 이용한다.

130 냉각목적의 냉동기 성적계수와 가열목적의 열펌프(Heat Pump) 성적계수에 관한 설명으로 옳은 것은? 제24회

① 냉동기의 성적계수의 열펌프의 성적계수는 같다.

② 냉동기의 성적계수는 열펌프의 성적계수보다 1 크다.

③ 열펌프의 성적계수는 냉동기의 성적계수보다 1 크다.

④ 냉동기의 성적계수는 열펌프의 성적계수보다 2 크다.

⑤ 열펌프의 성적계수는 냉동기의 성적계수보다 2 크다.

정답 및 해설

127 ① 증발기는 주위로부터 흡열하여 냉매는 가스상태가 되며 주위는 열을 빼앗기므로 냉동 또는 냉각이 된다.

128 ② 난방시 히트펌프의 성적계수(COP)는 응축기의 방열량을 압축기의 압축일로 나눈 값이다.

129 ② 운전에 소비된 에너지보다 대량의 열에너지가 얻어져 일반적으로 성적계수(COP)가 1보다 큰 값을 유지한다.

130 ③ 열펌프의 성적계수는 냉동기의 성적계수보다 1 크다.

제3장 주관식 기입형 문제

01 수도법상 저수조 설치기준에 관한 설명이다. (   ) 안에 들어갈 숫자와 용어를 순서대로 각각 쓰시오.

- 건축물 또는 시설 외부의 땅 밑에 저수조를 설치하는 경우에는 분뇨 · 쓰레기 등의 유해물질로부터 (   )m 이상 띄워서 설치하여야 한다.
- 저수조의 공기정화를 위한 통기관과 물의 수위 조절을 위한 (   )을(를) 설치하고, 관에는 벌레 등 오염물질이 들어가지 아니하도록 녹이 슬지 아니하는 재질의 세목스크린을 설치하여야 한다.

02 수도법상 저수조 관리기준에 관한 설명이다. (   ) 안에 들어갈 숫자를 순서대로 각각 쓰시오.

- 건축물 또는 시설의 소유자 또는 관리자는 반기에 (   )회 이상 저수조를 청소하여야 하고, 월 1회 이상 저수조의 위생상태를 점검하여야 한다.
- 대형건축물 등의 소유자 등과 저수조청소업자는 저수조의 청소, 위생점검 또는 수질검사를 하거나 수질기준 위반에 따른 조치를 한 때에는 각각 그 결과를 기록하고, (   )년간 보관하여야 한다.

03 다음이 설명하는 용어를 쓰시오. 제21회

공동주택에서 지하수조 등에서 배출되는 잡배수를 배수관에 직접 연결하지 않고, 한번 대기에 개방한 후 물받이용 기구에 받아 배수하는 방식

04 주택건설기준 등에 관한 규정상 비상급수시설 중 지하저수조에 관한 내용이다. (   ) 안에 들어갈 아라비아 숫자를 쓰시오. 제24회

제35조【비상급수시설】①~② 〈생략〉
1. 〈생략〉
2. 지하저수조
 가. 고가수조저수량[매 세대당 (㉠)톤까지 산입한다]을 포함하여 매 세대당 (㉡)톤(독신자용 주택은 0.25톤) 이상의 수량을 저수할 수 있을 것. 다만, 지역별 상수도 시설용량 및 세대당 수돗물 사용량 등을 고려하여 설치기준의 2분의 1의 범위에서 특별시 · 광역시 · 특별자치시 · 특별자치도 · 시 또는 군의 조례로 완화 또는 강화하여 정할 수 있다.
 나. (㉢)세대(독신자용 주택은 100세대)당 1대 이상의 수동식 펌프를 설치하거나 양수에 필요한 비상전원과 이에 의하여 가동될 수 있는 펌프를 설치할 것

05 다음은 급수배관 피복에 관한 내용이다. (   ) 안에 들어갈 용어를 쓰시오. 제22회

여름철 급수배관 내부에 외부보다 찬 급수가 흐르고 배관 외부가 고온다습할 경우 배관 외부에 결로가 발생하기 쉽다. 또한 겨울철에 급수배관 외부온도가 영하로 떨어질 때 급수배관계통이 동파하기 쉽다. 이러한 두 가지 현상을 방지하기 위해서는 급수배관에 (   )와(과) 방동목적의 피복을 해야 한다.

정답 및 해설

01 5, 월류관
02 1, 2
03 간접배수
04 ㉠ 0.25, ㉡ 0.5, ㉢ 50
05 방로

고난도

06 하수도법상 오수처리시설 및 정화조의 방류수 수질측정에 관한 설명이다. (   ) 안에 들어갈 숫자를 쓰시오.

1일 처리용량이 200m^3 이상인 오수처리시설과 1일 처리대상 인원이 2,000명 이상인 정화조는 (   )개월마다 1회 이상 방류수의 수질을 자가측정하거나 환경기술 개발 및 지원에 관한 법률에 따른 측정대행업자가 측정하게 한다.

07 하수도법령상 기술관리인 선임에 관한 내용이다. (   ) 안에 들어갈 숫자를 순서대로 각각 쓰시오.

개인하수처리시설의 유지 · 관리에 관한 기술업무를 담당할 기술관리인을 두어야 하는 개인하수처리시설의 규모는 다음과 같다.
1. 1일 처리용량이 (   )m^3 이상인 오수처리시설
2. 처리대상 인원이 (   )명 이상인 정화조

08 하수도법령상 문서보존에 관한 내용이다. (   ) 안에 들어갈 숫자를 순서대로 각각 쓰시오.

1일 처리용량이 50m^3 이상 200m^3 미만인 오수처리시설과 1일 처리대상 인원이 1,000명 이상 (   )명 미만인 정화조는 연 1회 이상 방류수의 수질을 자가측정하거나 환경기술 개발 및 지원에 관한 법률에 따른 측정대행업자가 측정하게 하게 하고 그 결과를 기록하여 (   )년 동안 보관할 것

09 오수정화설비의 수질오염지표에 관한 설명이다. (   ) 안에 들어갈 용어를 순서대로 각각 쓰시오.

- BOD제거율은 오물정화조의 유입수 BOD와 유출수 BOD의 차이를 (   ) BOD로 나눈 값을 말한다.
- (   )산소량은 물속에 용해되어 있는 산소량을 ppm으로 나타낸 것으로 DO가 클수록 정화능력이 크다.

10 건축물의 설비기준 등에 관한 규칙상 공동주택과 오피스텔의 난방설비를 개별난방방식으로 하는 경우에 관한 설명이다. (　) 안에 들어갈 숫자와 용어를 순서대로 각각 쓰시오.

- 보일러실의 윗부분에는 그 면적이 0.5m^2 이상인 환기창을 설치하고, 보일러실의 윗부분과 아랫부분에는 각각 지름 (　　)cm 이상의 공기흡입구 및 배기구를 항상 열려 있는 상태로 바깥공기에 접하도록 설치하여야 한다.
- (　　)의 경우에는 난방구획을 방화구획으로 구획하여야 한다.

11 건축물의 설비기준 등에 관한 규칙상 공동주택 개별난방설비 설치기준에 관한 내용이다. (　) 안에 들어갈 아라비아 숫자를 쓰시오.

제26회

제13조【개별난방설비 등】① 영 제87조 제2항의 규정에 의하여 공동주택과 오피스텔의 난방설비를 개별난방방식으로 하는 경우에는 다음 각 호의 기준에 적합하여야 한다.

1. 〈생략〉
2. 보일러실의 윗부분에는 그 면적이 (㉠)m^2 이상인 환기창을 설치하고, 보일러실의 윗부분과 아랫부분에는 각각 지름 (㉡)cm 이상의 공기흡입구 및 배기구를 항상 열려 있는 상태로 바깥공기에 접하도록 설치할 것. 다만, 전기보일러의 경우에는 그러하지 아니하다.

정답 및 해설

06 6
07 50, 1,000
08 2,000, 3
09 유입수, 용존
10 10, 오피스텔
11 ㉠ 0.5, ㉡ 10

12 온돌 및 난방설비의 설치기준에 관한 설명이다. (   ) 안에 들어갈 용어를 쓰시오.

> 온수온돌은 바탕층, 단열층, (   ), 배관층(방열관을 포함한다) 및 마감층 등으로 구성된다.

13 다음은 난방원리에 관한 내용이다. (   ) 안에 들어갈 용어를 순서대로 쓰시오. 제20회

> (   )은(는) 물질의 온도를 변화시키는 데 관여하는 열로 일반적으로 온수난방의 원리에 적용되는 것이며, (   )은(는) 물질의 상태를 변화시키는 데 관여하는 열로 일반적으로 증기난방의 원리에 적용되는 것이다.

14 보일러의 출력표시방법에 관한 내용이다. (   ) 안에 들어갈 용어를 쓰시오. 제24회

> 보일러의 출력표시방법에서 난방부하와 급탕부하를 합한 용량을 (㉠)출력으로 표시하며 난방부하, 급탕부하, 배관부하, 예열부하를 합한 용량을 (㉡)출력으로 표시한다.

15 건축물의 설비기준 등에 관한 규칙상 온수온돌의 설치기준에 대한 설명이다. (   ) 안에 들어갈 숫자를 순서대로 각각 쓰시오.

> 배관층과 바탕층 사이의 열저항은 층간바닥인 경우에는 해당 바닥에 요구되는 열관류저항([별표 4]에 따른 열관류율의 역수를 말한다)의 (   )% 이상이어야 하고, 최하층 바닥인 경우에는 해당 바닥에 요구되는 열관류저항의 (   )% 이상이어야 한다. 다만, 심야전기이용 온돌의 경우에는 그러하지 아니하다.

16 건축물의 설비기준 등에 관한 규칙상 환기설비기준에 관한 내용이다. (   ) 안에 들어갈 아라비아 숫자를 쓰시오. 제25회

> 제11조【공동주택 및 다중이용시설의 환기설비기준 등】① 영 제87조 제2항의 규정에 따라 신축 또는 리모델링하는 다음 각 호의 어느 하나에 해당하는 주택 또는 건축물(이하 '신축공동주택 등'이라 한다)은 시간당 (㉠)회 이상의 환기가 이루어질 수 있도록 자연환기설비 또는 기계환기설비를 설치해야 한다.
> 1. (㉡)세대 이상의 공동주택
> 2. 주택을 주택 외의 시설과 동일 건축물로 건축하는 경우로서 주택이 30세대 이상인 건축물

17 건축물의 설비기준 등에 관한 규칙상 30세대 이상 신축공동주택의 기계환기설비기준에 대한 내용이다. (   ) 안에 들어갈 숫자와 용어를 순서대로 각각 쓰시오.

> 기계환기설비에서 발생하는 소음의 측정은 한국산업표준에 따르는 것을 원칙으로 한다. 측정위치는 대표길이 1m(수직 또는 수평 하단)에서 측정하여 소음이 (   )dB 이하가 되어야 하며, (   )은 보정하여야 한다.

정답 및 해설

12 채움층
13 현열, 잠열
14 ㉠ 정미, ㉡ 정격
15 60, 70
16 ㉠ 0.5, ㉡ 30
17 40, 암소음

18 건축물의 설비기준 등에 관한 규칙상 30세대 이상 신축공동주택 등의 기계환기설비의 설치기준에 대한 설명이다. (　　) 안에 들어갈 숫자를 순서대로 각각 쓰시오.

> 외부에 면하는 공기흡입구와 배기구는 교차오염을 방지할 수 있도록 (　　)m 이상의 이격거리를 확보하거나, 공기흡입구와 배기구의 방향이 서로 (　　)도 이상 되는 위치에 설치되어야 하고 화재 등 유사시 안전에 대비할 수 있는 구조와 성능이 확보되어야 한다.

19 건축물의 설비기준 등에 관한 규칙상 신축공동주택 등의 기계환기설비의 설치기준에 관한 내용이다. (　　) 안에 들어갈 아라비아 숫자를 쓰시오. 제26회

> 제11조 제1항의 규정에 의한 신축공동주택 등의 환기횟수를 확보하기 위하여 설치되는 기계환기설비의 설계·시공 및 성능평가방법은 다음 각 호의 기준에 적합하여야 한다.
> 1.~14. 〈생략〉
> 15. 기계환기설비의 에너지 절약을 위하여 열회수형 환기장치를 설치하는 경우에는 한국산업표준(KS B 6879)에 따라 시험한 열회수형 환기장치의 유효환기량이 표시용량의 (　　)% 이상이어야 한다.

20 건축물의 설비기준 등에 관한 규칙상 30세대 이상 기계환기설비의 설치기준에 대한 설명이다. (　　) 안에 들어갈 숫자를 순서대로 각각 쓰시오.

> 세대의 환기량 조절을 위하여 환기설비의 정격풍량을 최소 · 적정 · 최대의 (　　)단계 또는 그 이상으로 조절할 수 있는 체계를 갖추어야 하고, 적정단계의 필요환기량은 신축공동주택 등의 세대를 시간당 (　　)회로 환기할 수 있는 풍량을 확보하여야 한다.

21 전기사업법령상 전압의 구분에 관한 설명이다. (　　) 안에 들어갈 숫자를 순서대로 각각 쓰시오. 제14회

> 전압은 저압, 고압 및 특고압으로 구분한다. 이 중 고압이란 교류에서는 (　　)V를 초과하고 (　　)V 이하인 전압을 말한다.

22 다음에서 설명하고 있는 전기사업법령상의 용어를 쓰시오.

> 수전설비의 배전반에서부터 전기사용기기에 이르는 전선로 · 개폐기 · 차단기 · 분전함 · 콘센트 · 제어반 · 스위치 및 그 밖의 부속설비

23 전기사업법령상의 용어의 정의이다. 법령에서 명시하고 있는 (　　) 안에 들어갈 용어를 쓰시오. 제22회

> (　　)(이)란 타인의 전기설비 또는 구내발전설비로부터 전기를 공급받아 구내배전설비로 전기를 공급하기 위한 전기설비로서 수전지점으로부터 배전반(구내배전설비로 전기를 배전하는 전기설비를 말한다)까지의 설비를 말한다.

24 어느 전력계통에 접속된 수용가, 배전선, 변압기 등 각 부하의 최대 수용전력의 합과 그 계통에서 발생한 합성 최대 수용전력의 비를 나타내는 용어를 쓰시오. 제16회

25 전기설비 용량이 각각 80kW, 100kW, 120kW의 부하설비가 있다. 이때 수용률(수요율)을 80%로 가정할 경우 최대 수요전력(kW)을 구하시오. 제17회

정답 및 해설

18 1.5, 90
19 90
20 3, 0.5
21 1,000, 7,000
22 구내배전설비
23 수전설비
24 부등률
25 240kW
$0.8 \times (80kW + 100kW + 120kW) = 240kW$

제2편 기술실무 제3장

26 건축물의 설비기준 등에 관한 규칙상 피뢰설비의 설치기준에 대한 설명이다. (　　) 안에 들어갈 용어를 쓰시오.

> 전기설비의 접지계통과 건축물의 피뢰설비 및 통신설비 등의 접지극을 공용하는 통합접지공사를 하는 경우에는 낙뢰 등으로 인한 과전압으로부터 전기설비 등을 보호하기 위하여 한국산업표준에 적합한 (　　)[서지(surge; 전류 · 전압 등의 과도 파형을 말한다)로부터 각종 설비를 보호하기 위한 장치를 말한다]를 설치하여야 한다.

27 건축물의 설비기준 등에 관한 규칙상 피뢰설비에 대한 설명이다. (　　) 안에 들어갈 숫자를 쓰시오.

> 피뢰설비의 재료는 최소 단면적이 피복이 없는 동선을 기준으로 수뢰부, 인하도선 및 접지극은 (　　)mm^2 이상이거나 이와 동등 이상의 성능을 갖추어야 한다.

28 건축물의 설비기준 등에 관한 규칙 제20조(피뢰설비)에 관한 내용이다. (　　) 안에 들어갈 아라비아 숫자를 쓰시오. 제26회

> 측면 낙뢰를 방지하기 위하여 높이가 (㉠)m를 초과하는 건축물 등에는 지면에서 건축물 높이의 5분의 4가 되는 지점부터 최상단부분까지의 측면에 수뢰부를 설치하여야 하며, 지표레벨에서 최상단부의 높이가 150m를 초과하는 건축물은 (㉡)m 지점부터 최상단부분까지의 측면에 수뢰부를 설치할 것

29 건축전기설비 설계기준상의 수 · 변전설비 용량계산에 관한 내용이다. (　　) 안에 들어갈 용어를 쓰시오. 제23회

$$(\quad) = \frac{\text{각 부하의 최대 수요전력 합계}}{\text{합성 최대 수요전력}}$$

30 **도시가스사업법령상 가스사용시설의 시설 · 기술 · 검사기준에 관한 내용이다. ( ) 안에 들어갈 숫자를 쓰시오.** 제23회

> 가스계량기와 전기계량기 및 전기개폐기와의 거리는 (㉠)cm 이상, 굴뚝(단열조치를 하지 아니한 경우만을 말한다) · 전기점멸기 및 전기접속기와의 거리는 (㉡)cm 이상, 절연조치를 하지 아니한 전선과의 거리는 (㉢)cm 이상의 거리를 유지할 것

31 **다음은 도시가스사업법령상 시설기준과 기술기준 중 가스사용시설의 시설 · 기술 · 검사기준이다. ( ) 안에 들어갈 숫자를 순서대로 쓰시오.** 제20회

> 가스계량기($30m^3$/hr 미만인 경우만을 말한다)의 설치높이는 바닥으로부터 ( )m 이상 ( )m 이내에 수직 · 수평으로 설치하고 밴드 · 보호가대 등 고정장치로 고정시킬 것. 다만, 격납상자에 설치하는 경우, 기계실 및 보일러실(가정에 설치된 보일러실은 제외한다)에 설치하는 경우와 문이 달린 파이프 덕트 안에 설치하는 경우에는 설치높이의 제한을 하지 아니한다.

32 **도시가스사업법상 배관에 관한 설명이다. ( ) 안에 들어갈 용어를 순서대로 각각 쓰시오.**

> 지상배관은 부식방지도장 후 표면색상을 ( )(으)로 도색하고, 지하매설배관은 최고 사용압력이 저압인 배관은 ( )(으)로, 중압 이상인 배관은 붉은색으로 하여야 한다.

정답 및 해설

26 서지보호장치
27 50
28 ㉠ 60, ㉡ 120
29 부등률(율)
30 ㉠ 60, ㉡ 30, ㉢ 15
31 1.6, 2
32 황색, 황색

33 **도시가스사업법령상 가스사용시설의 시설 · 기술 · 검사기준에 관한 내용이다. (　　) 안에 들어갈 아라비아 숫자를 쓰시오.** 제24회

1. 배관 및 배관설비
   가. 시설기준
      1) 배치기준
         가) 가스계량기는 다음 기준에 적합하게 설치할 것
            ① 가스계량기와 화기(그 시설 안에서 사용하는 자체 화기는 제외한다) 사이에 유지하여야 하는 거리: (　　)m 이상

종합

34 **옥내소화전설비의 화재안전기술기준에 관한 설명이다. (　　) 안에 들어갈 숫자를 순서대로 각각 쓰시오.**

수원은 저수량이 옥내소화전의 설치개수가 가장 많은 층의 설치개수(2개 이상 설치된 경우에는 2개)에 (　　)m^3(호스릴 옥내소화전설비를 포함한다)를 곱한 양 이상이 되도록 하여야 한다.

35 **옥외소화전설비의 화재안전기술기준 중 소화전함 설치기준이다. (　　) 안에 들어갈 숫자를 순서대로 쓰시오.** 제20회 수정

1. 옥외소화전설비에는 옥외소화전마다 그로부터 (　　)m 이내의 장소에 소화전함을 다음의 기준에 따라 설치해야 한다.
   - 옥외소화전이 10개 이하 설치된 때에는 옥외소화전마다 (　　)m 이내의 장소에 1개 이상의 소화전함을 설치해야 한다.

36 소방시설 설치 및 관리에 관한 법률상 자체점검 결과의 조치에 관한 설명이다. (　　) 안에 들어갈 숫자를 순서대로 각각 쓰시오.

- 관리업자 또는 소방안전관리자로 선임된 소방시설관리사 및 소방기술사(이하 '관리업자 등'이라 한다)는 자체점검을 실시한 경우에는 그 점검이 끝난 날부터 (　　)일 이내에 소방시설 등 자체점검 실시결과 보고서(전자문서로 된 보고서를 포함한다)에 소방청장이 정하여 고시하는 소방시설 등 점검표를 첨부하여 관계인에게 제출해야 한다.
- 소방본부장 또는 소방서장에게 자체점검 실시결과 보고를 마친 관계인은 소방시설 등 자체점검 실시결과 보고서(소방시설 등 점검표를 포함한다)를 점검이 끝난 날부터 (　　)년간 자체 보관해야 한다.

37 소방시설 설치 및 관리에 관한 법령상의 내용이다. (　　) 안에 들어갈 용어를 쓰시오.

제15회 수정

소화활동설비는 화재를 진압하거나 인명구조활동을 위하여 사용하는 설비로서 제연설비, 연결송수관설비, 연결살수설비, 비상콘센트설비, (　　), 연소방지설비가 있다.

정답 및 해설

33 2
34 2.6
35 5, 5
36 10, 2
37 무선통신보조설비

38 **소방시설 설치 및 관리에 관한 법률 시행령상 건물의 소방시설에 관한 내용이다. (   ) 안에 들어갈 용어를 쓰시오.** 제25회

[별표 1] 소방시설
1.~4. 〈생략〉
5. (㉠): 화재를 진압하거나 인명구조활동을 위하여 사용하는 설비로서 다음 각 목의 것
가. 제연설비
나. 연결송수관설비
다. 연결살수설비
라. 비상콘센트설비
마. (㉡)
바. 연소방지설비

39 **화재의 예방 및 안전관리에 관한 법률 시행령상 소방안전관리자를 두어야 하는 특정소방대상물 중 1급 소방안전대상물에 관한 내용이다. (   ) 안에 들어갈 아라비아 숫자를 쓰시오.** 제24회 수정

시행령 [별표 4]
2. 1급 소방안전관리대상물
가. 1급 소방안전관리대상물의 범위
소방시설 설치 및 관리에 관한 법률 시행령 [별표 2]의 특정소방대상물 중 다음의 어느 하나에 해당하는 것(제1호에 따른 특급 소방안전관리대상물은 제외한다)
1) (㉠)층 이상(지하층은 제외한다)이거나 지상으로부터 높이가 (㉡)m 이상인 아파트

40 **다음에서 설명하고 있는 옥내소화전설비의 화재안전기술기준상의 용어를 쓰시오.** 제15회 수정

펌프의 성능시험을 목적으로 펌프 토출측의 개폐밸브를 닫은 상태에서 펌프를 운전하는 것

41 옥내소화전설비의 화재안전기술기준(NFPC 101)상 가압송수장치에 관한 내용이다. ( ) 안에 들어갈 아라비아 숫자를 쓰시오. 제25회 수정

> 1.~2. 〈생략〉
> 3. 특정소방대상물의 어느 층에서도 해당 층의 옥내소화전(2개 이상 설치된 경우에는 2개의 옥내소화전)을 동시에 사용할 경우 각 소화전의 노즐선단에서 (㉠)MPa 이상의 방수압력으로 분당 (㉡)ℓ 이상의 소화수를 방수할 수 있는 성능인 것으로 할 것. 다만, 노즐선단에서의 방수압력이 (㉢)MPa을 초과할 경우에는 호스접결구의 인입측에 감압장치를 설치하여야 한다.

42 옥외소화전설비의 화재안전기술기준의 일부이다. ( ) 안에 들어갈 숫자를 쓰시오. 제23회 수정

> 제6조 【배관 등】 ① 호스접결구는 지면으로부터 높이가 0.5m 이상 (㉠)m 이하의 위치에 설치하고 특정소방대상물의 각 부분으로부터 하나의 호스접결구까지의 수평거리가 (㉡)m 이하가 되도록 설치하여야 한다.

정답 및 해설

38 ㉠ 소화활동설비, ㉡ 무선통신보조설비
39 ㉠ 30, ㉡ 120
40 체절운전
41 ㉠ 0.17, ㉡ 130, ㉢ 0.7
42 ㉠ 1, ㉡ 40

43 소방시설 설치 및 관리에 관한 법률 시행규칙상 '소방시설 등의 자체점검'은 다음과 같이 구분하고 있다. ( ) 안에 들어갈 용어를 쓰시오.

제21회 수정

작동점검은 소방시설 등을 인위적으로 조작하여 소방시설이 정상적으로 작동하는지를 소방청장이 정하여 고시하는 소방시설 등 작동점검표에 따라 점검하는 것을 말한다. ( )은(는) 소방시설 등의 작동점검을 포함하여 소방시설 등의 설비별 주요 구성부품의 구조기준이 화재안전기준과 건축법 등 관련 법령에서 정하는 기준에 적합한지 여부를 소방청장이 정하여 고시하는 소방시설 등 종합점검표에 따라 점검하는 것을 말한다.

44 스프링클러설비의 화재안전기술기준에 관한 설명이다. ( ) 안에 들어갈 용어를 쓰시오.

준비작동식 스프링클러설비는 가압송수장치에서 준비작동식 유수검지장치 1차측까지 배관 내에 항상 물이 가압되어 있고 2차측에서 폐쇄형 스프링클러헤드까지 대기압 또는 저압으로 있다가 화재발생시 ( )의 작동으로 준비작동식 유수검지장치가 작동하여 폐쇄형 스프링클러헤드까지 소화용수가 송수되어 폐쇄형 스프링클러헤드가 열에 따라 개방되는 방식의 스프링클러설비를 말한다.

45 스프링클러설비의 화재안전기술기준에 관한 설명이다. ( ) 안에 들어갈 숫자를 순서대로 각각 쓰시오.

스프링클러설비의 가압송수장치의 정격토출압력은 하나의 헤드선단에 ( )MPa 이상 ( )MPa 이하의 방수압력이 될 수 있게 하는 크기이어야 한다.

46 주택건설기준 등에 관한 규정상 승용 승강기의 설치에 관한 설명이다. ( ) 안에 들어갈 숫자를 순서대로 각각 쓰시오.

제15회

( )층 이상인 공동주택에는 국토교통부령이 정하는 기준에 따라 대당 ( )인승 이상인 승용 승강기를 설치하여야 한다. 다만, 건축법 시행령 제89조의 규정에 해당하는 공동주택의 경우에는 그러하지 아니하다.

47 주택건설기준 등에 관한 규정상 화물용 승강기의 설치에 대한 설명이다. (　　) 안에 들어갈 숫자를 순서대로 각각 쓰시오.

- (　　)층 이상인 공동주택에는 이삿짐 등을 운반할 수 있는 화물용 승강기를 설치하여야 한다.
- 복도형인 공동주택의 경우에는 100세대까지 1대를 설치하되, 100세대를 넘는 경우에는 (　　)세대마다 1대를 추가로 설치하여야 한다.

제2편 기출실무

제3장

48 주택건설기준 등에 관한 규정상 승용 승강기 설치에 대한 설명이다. (　　) 안에 들어갈 숫자를 순서대로 각각 쓰시오.

한 층에 (　　)세대 이상이 조합된 계단실형 공동주택이 (　　)층 이상인 경우에는 계단실마다 승용 승강기를 2대 이상 설치하여야 한다.

49 주택건설기준 등에 관한 규정상 승용 승강기 설치에 대한 설명이다. (　　) 안에 들어갈 숫자를 순서대로 각각 쓰시오.

계단실형인 공동주택에 설치되는 승용 승강기의 탑승 인원수는 동일한 계단실을 사용하는 (　　)층 이상인 층의 세대당 0.3명[독신자용 주택의 경우에는 (　　)명]의 비율로 산정한 인원수 이상이어야 한다.

정답 및 해설

43 종합점검
44 감지기
45 0.1, 1.2
46 6, 6
47 10, 100
48 3, 22
49 4, 0.15

50 주택건설기준 등에 관한 규정상 승용 승강기 설치에 대한 설명이다. (   ) 안에 들어갈 숫자를 순서대로 각각 쓰시오.

> 승용 승강기를 복도형인 공동주택에 설치하는 경우 1대에 (   )세대를 넘는 (   )세대마다 1대를 더한 대수 이상을 설치하여야 한다.

51 승강기의 유지관리시 원활한 부품 및 장비의 수급을 위해 승강기 안전관리법령에서 다음과 같이 승강기 유지관리용 부품 등의 제공기간을 정하고 있다. 법령에서 명시하고 있는 (   ) 안에 들어갈 숫자를 쓰시오. 제22회

> 제11조【승강기 유지관리용 부품 등의 제공기간 등】① 법 제6조 제1항 전단에 따라 제조업 또는 수입업을 하기 위해 등록을 한 자(이하 '제조 · 수입업자'라 한다)는 법 제8조 제1항 제1호에 따른 장비 또는 소프트웨어(이하 '장비 등'이라 한다)의 원활한 제공을 위해 동일한 형식의 유지관리용 부품 및 장비 등을 최종 판매하거나 양도한 날부터 (   )년 이상 제공할 수 있도록 해야 한다. 다만, 비슷한 다른 유지관리용 부품 또는 장비 등의 사용이 가능한 경우로서 그 부품 또는 장비 등을 제공할 수 있는 경우에는 그렇지 않다.

52 승강기 안전관리법상 자체점검에 관한 설명이다. (   ) 안에 들어갈 용어와 숫자를 순서대로 각각 쓰시오.

> 관리주체는 승강기의 안전에 관한 자체점검을 월 1회 이상 하고, 자체점검을 담당하는 사람은 자체점검을 마치면 지체 없이 자체점검 결과를 양호, (   ) 또는 긴급수리로 구분하여 관리주체에게 통보해야 하며, 관리주체는 자체점검 결과를 자체점검 후 (   )일 이내에 승강기안전종합정보망에 입력해야 한다.

53 승강기 안전관리법령에 관한 설명이다. ( ) 안에 들어갈 용어와 숫자를 순서대로 각각 쓰시오.

승강기가 ( )를 받은 날부터 15년이 지난 경우 행정안전부장관이 실시하는 정밀안전검사를 받아야 하고, 정밀안전검사를 받은 날부터 ( )년마다 정기적으로 정밀안전검사를 받아야 한다.

54 승강기 안전관리법상 중대한 사고에 관한 설명이다. ( ) 안에 들어갈 숫자를 순서대로 각각 쓰시오.

1. 사망자가 발생한 사고
2. 사고 발생일부터 7일 이내에 실시된 의사의 최초 진단결과 ( )주 이상의 입원치료가 필요한 부상자가 발생한 사고
3. 사고 발생일부터 7일 이내에 실시된 의사의 최초 진단결과 ( )주 이상의 치료가 필요한 부상자가 발생한 사고

정답 및 해설

50 100, 80

51 10

52 주의관찰, 10

53 설치검사, 3

54 1, 3

55 승강기 안전관리법상 정기검사의 검사주기 등에 관한 설명이다. ( ) 안에 들어갈 숫자를 순서대로 각각 쓰시오.

> 1. 정기검사의 검사주기는 1년(설치검사 또는 직전 정기검사를 받은 날부터 매 1년을 말한다)으로 한다.
> 2. 1.에도 불구하고 다음의 어느 하나에 해당하는 승강기의 경우에는 정기검사의 검사주기를 직전 정기검사를 받은 날부터 다음의 구분에 따른 기간으로 한다.
>   ① 설치검사를 받은 날부터 ( )년이 지난 승강기: 6개월
>   ② 승강기의 결함으로 중대한 사고 또는 중대한 고장이 발생한 후 ( )년이 지나지 않은 승강기: 6개월

56 승강기 안전관리법상 승강기의 정밀안전검사에 관한 내용이다. ( ) 안에 들어갈 아라비아 숫자를 쓰시오.

제26회

> 승강기는 설치검사를 받은 날부터 (㉠)년이 지난 경우 정밀안전검사를 받고, 그 후 (㉡)년마다 정기적으로 정밀안전검사를 받아야 한다.

57 지역냉방 등에 적용되는 흡수식 냉동기에 관한 내용으로 ( ) 안에 들어갈 용어를 순서대로 쓰시오.

제21회

> 흡수식 냉동기는 증발기, 흡수기, 재생기, ( )의 4가지 주요 요소별 장치로 구성되며, 냉매로는 ( )이(가) 이용된다.

58 히트펌프의 성적계수(COP)에 관한 내용이다. (   ) 안에 들어갈 용어를 쓰시오.

> 난방시 히트펌프의 성적계수(COP)는 (   )의 방열량을 압축기의 압축일로 나눈 값이다.

정답 및 해설

55 25, 2

56 ㉠ 15, ㉡ 3

57 응축기(콘덴서, conder), 물(Water, H_2O)

58 응축기

제4장 환경관리

대표예제 70 **소독★**

감염병의 예방 및 관리에 관한 법률상 300세대 이상의 공동주택에 대한 소독시기로 옳은 것은?

① 4월부터 9월까지 3개월에 1회 이상, 10월부터 3월까지 6개월에 1회 이상
② 4월부터 9월까지 6개월에 1회 이상, 10월부터 3월까지 3개월에 1회 이상
③ 1월부터 6월까지 3개월에 1회 이상, 7월부터 12월까지 6개월에 1회 이상
④ 1월부터 6월까지 6개월에 1회 이상, 7월부터 12월까지 3개월에 1회 이상
⑤ 3월부터 8월까지 3개월에 1회 이상, 9월부터 2월까지 6개월에 1회 이상

해설 | 300세대 이상의 공동 주택은 4월부터 9월까지는 3개월에 1회 이상, 10월부터 3월까지는 6개월에 1회 이상 소독하여야 한다.

기본서 p.707~709 정답 ①

01 감염병의 예방 및 관리에 관한 법률상 소독의 분류에 대한 설명으로 옳지 않은 것은?

① 소각은 오염되었거나 오염되었으리라고 의심되는 소독대상 물건 중 소각하여야 할 물건을 불에 완전히 태워야 한다.
② 증기소독은 유통증기를 사용하여 소독기 안의 공기를 배제하고 30분 이상 섭씨 100℃ 이상의 증기소독을 실시하여야 한다.
③ 끓는 물 소독은 소독할 물건을 30분 이상 섭씨 100℃ 이상의 물속에 넣어 살균하여야 한다.
④ 약물소독은 크롤칼키수(크롤칼키 5% 수용액), 석탄산수(석탄산 3% 수용액) 등의 약품을 소독대상 물건에 뿌려야 한다.
⑤ 의류 · 침구 · 용구 · 도서 · 서류 그 밖의 물건으로서 다른 소독방법을 실시할 수 없는 경우에는 일광소독을 하여야 한다.

대표예제 71 실내공기질 관리법★★★

실내공기질 관리법령상 신축공동주택의 실내공기질 권고기준으로 옳은 것을 모두 고른 것은?

㉠ 폼알데하이드: 210㎍/m^3 이하	㉡ 벤젠: 300㎍/m^3 이하
㉢ 자일렌: 700㎍/m^3 이하	㉣ 스티렌: 500㎍/m^3 이하
㉤ 톨루엔: 1,200㎍/m^3 이하	

① ㉠, ㉡　② ㉠, ㉢　③ ㉡, ㉢
④ ㉡, ㉣　⑤ ㉣, ㉤

해설 | ㉡ 벤젠: 30㎍/m^3 이하
㉣ 스티렌: 300㎍/m^3 이하
㉤ 톨루엔: 1,000㎍/m^3 이하

보충 | 신축공동주택의 실내공기질 관리

1. 실내공기질 측정대상: 공동주택 100세대 이상으로 신축되는 아파트, 연립주택 및 기숙사
2. 측정 및 그 결과의 공고 등
   - 신축공동주택의 시공자는 실내공기질을 측정한 경우 주택공기질 측정결과 보고(공고)를 작성하여 주민입주 7일 전까지 특별자치시장 · 특별자치도지사 · 시장 · 군수 · 구청장(자치구의 구청장을 말한다)에게 제출하여야 한다.
   - 신축공동주택의 시공자는 작성한 주택공기질 측정결과 보고(공고)를 주민입주 7일 전부터 60일간 다음의 장소 등에 주민들이 잘 볼 수 있도록 공고하여야 한다.
     - 공동주택 관리사무소 입구 게시판
     - 각 공동주택 출입문 게시판
     - 시공자의 인터넷 홈페이지
3. 실내공기질 측정항목 및 권고기준
   - 폼알데하이드: 210㎍/m^3 이하
   - 벤젠: 30㎍/m^3 이하
   - 톨루엔: 1,000㎍/m^3 이하
   - 에틸벤젠: 360㎍/m^3 이하
   - 스티렌: 300㎍/m^3 이하
   - 자일렌: 700㎍/m^3 이하
   - 라돈: 148Bq/m^3 이하

기본서 p.715~719

정답 ②

정답 및 해설

01 ② 증기소독은 유통증기를 사용하여 소독기 안의 공기를 배제하고 1시간 이상 섭씨 100℃ 이상의 습열소독을 실시하여야 한다.

02 실내공기질 관리법상 신축공동주택의 실내공기질 권고기준으로 옳지 않은 것은?

① 폼알데하이드: 210㎍/m^3 이하
② 라돈: 148Bq/m^3 이하
③ 톨루엔: 1,000㎍/m^3 이하
④ 에틸벤젠: 360㎍/m^3 이하
⑤ 스티렌: 700㎍/m^3 이하

03 실내공기질 관리법령상 신축공동주택의 실내공기질 권고기준으로 옳은 것을 모두 고른 것은?

제22회

㉠ 폼알데하이드 210㎍/m^3 이하	㉡ 벤젠 60㎍/m^3 이하
㉢ 톨루엔 1,000㎍/m^3 이하	㉣ 에틸벤젠 400㎍/m^3 이하
㉤ 자일렌 900㎍/m^3 이하	㉥ 스티렌 500㎍/m^3 이하

① ㉠, ㉡
② ㉠, ㉢
③ ㉡, ㉣
④ ㉢, ㉥
⑤ ㉣, ㉤

04 실내공기질 관리법령상 신축공동주택의 실내공기질 측정항목이 아닌 것은? 제15회 수정

① 자일렌
② 벤젠
③ 이산화탄소
④ 에틸벤젠
⑤ 스티렌

종합

05 실내공기질 관리법상 신축공동주택의 실내공기질 측정에 관한 설명으로 옳지 않은 것은?

① 50세대 이상으로 신축되는 아파트, 연립주택 및 기숙사인 공동주택 등이 대상이다.
② 신축공동주택의 시공자는 실내공기질을 측정한 경우 주택공기질 측정결과 보고(공고)를 작성하여 주민입주 7일 전까지 특별자치시장 · 특별자치도지사 · 시장 · 군수 · 구청장(자치구의 구청장을 말한다)에게 제출하여야 한다.
③ 신축공동주택의 시공자가 실내공기질을 측정하는 경우에는 환경분야 시험 · 검사 등에 관한 법률에 따른 환경오염 공정시험기준에 따라 하여야 한다.
④ 신축되는 공동주택의 실내공기질 측정결과를 제출 · 공고하지 아니하거나 거짓으로 제출 · 공고한 자는 500만원 이하의 과태료에 처한다.
⑤ 시장 · 군수 · 구청장은 오염물질을 채취한 때에는 환경부령이 정하는 검사기관에 오염도검사를 의뢰하여야 한다.

06 실내공기질 관리법 규정에 관한 설명이다. (   ) 안에 들어가는 숫자로 바르게 짝지어진 것은?

> 1. 신축공동주택의 시공자는 실내공기질을 측정한 경우 주택공기질 측정결과 보고(공고)를 작성하여 주민입주 (   )일 전까지 특별자치시장 · 특별자치도지사 · 시장 · 군수 · 구청장(자치구의 구청장을 말한다)에게 제출하여야 한다.
> 2. 신축공동주택의 시공자는 주택공기질 측정결과 보고(공고)를 주민입주 (   )일 전부터 (   )일간 다음의 장소 등에 주민들이 잘 볼 수 있도록 공고하여야 한다.
>   ①~③ 〈생략〉

① 3, 7, 60 ② 7, 7, 60 ③ 7, 3, 30
④ 3, 3, 60 ⑤ 5, 3, 30

제2편 기출실무

제4장

07 실내공기질 관리법 시행규칙에 관한 설명으로 옳지 않은 것은? 제26회

① 주택공기질 측정결과 보고(공고)는 주민입주 7일 전부터 30일간 주민들에게 공고하여야 한다.
② 벽지와 바닥재의 폼알데하이드 방출기준은 $0.02mg/m^2 \cdot h$ 이하이다.
③ 신축공동주택의 실내공기질 측정항목에는 폼알데하이드, 벤젠, 톨루엔, 에틸벤젠, 자일렌, 스티렌, 라돈이 있다.
④ 신축공동주택의 실내공기질 권고기준에서 라돈은 $148Bq/m^3$ 이하이다.
⑤ 신축공동주택의 시공자가 실내공기질을 측정하는 경우에는 환경분야 시험 · 검사 등에 관한 법률에 따른 환경오염 공정시험기준에 따라 하여야 한다.

정답 및 해설

02 ⑤ 스티렌의 신축공동주택 실내공기질 권고기준은 $300\mu g/m^3$ 이하이다.

03 ② ㉡ 벤젠 $30\mu g/m^3$ 이하
㉣ 에틸벤젠 $360\mu g/m^3$ 이하
㉤ 자일렌 $700\mu g/m^3$ 이하
㉥ 스티렌 $300\mu g/m^3$ 이하

04 ③ 이산화탄소는 실내공기질 측정항목이 아니다.

05 ① 100세대 이상으로 신축되는 아파트, 연립주택 및 기숙사인 공동주택 등이 대상이다.

06 ② 신축공동주택의 시공자는 실내공기질을 측정한 경우 주택공기질 측정결과 보고(공고)를 작성하여 주민입주 7일 전까지 특별자치시장 · 특별자치도지사 · 시장 · 군수 · 구청장(자치구의 구청장을 말한다)에게 제출하고, 주민입주 7일 전부터 60일간 공동주택 관리사무소 입구 게시판, 각 공동주택 출입구 게시판, 시공자의 인터넷 홈페이지 등에 주민들이 잘 볼 수 있도록 공고하여야 한다.

07 ① 주택공기질 측정결과 보고(공고)는 주민입주 7일 전부터 60일간 주민들에게 공고하여야 한다.

고난도

08 실내공기질 관리법상 오염물질 방출 건축자재에 관한 설명이다. (　　) 안에 들어갈 숫자는?

오염물질은 폼알데하이드와 휘발성 유기화합물로 하되, 아래 표의 구분에 따른 방출농도 이상인 경우로 한다.

<table>
<tr><th>오염물질 종류 / 구분</th><th>폼알데하이드</th><th>총휘발성 유기화합물</th><th>톨루엔</th></tr>
<tr><td>접착제</td><td rowspan="6">(　　) 이하</td><td>2.0 이하</td><td rowspan="7">0.08 이하</td></tr>
<tr><td>페인트</td><td>2.5 이하</td></tr>
<tr><td>실란트</td><td>1.5 이하</td></tr>
<tr><td>퍼티</td><td>20.0 이하</td></tr>
<tr><td>벽지</td><td rowspan="2">4.0 이하</td></tr>
<tr><td>바닥재</td></tr>
<tr><td>표면가공 목질판상 제품</td><td>0.05 이하</td><td>0.4 이하</td></tr>
</table>

- 위 표에서 오염물질의 종류별 단위는 $mg/m^2 \cdot h$를 적용한다. 다만, 실란트에 대한 오염물질별 단위는 $mg/m \cdot h$를 적용한다.
- 총휘발성 유기화합물의 범위 및 산정방법은 환경분야 시험 · 검사 등에 관한 법률 제6조 제1항 제3호에 따른 환경오염 공정시험기준에 따른다.

① 0.1
② 0.02
③ 1.12
④ 2.15
⑤ 3.0

09 먹는물 수질 및 검사 등에 관한 규칙상 수돗물의 수질기준으로 옳지 않은 것은?

제25회

① 경도(硬度)는 300mg/L을 넘지 아니할 것
② 동은 1mg/L를 넘지 아니할 것
③ 색도는 5도를 넘지 아니할 것
④ 염소이온은 350mg/L를 넘지 아니할 것
⑤ 수소이온농도는 pH 5.8 이상 pH 8.5 이하이어야 할 것

대표예제 72 층간소음 ★★

층간소음에 관한 설명이다. (　　) 안에 들어갈 숫자로 바르게 짝지어진 것은?

층간소음의 구분		층간소음의 기준[단위: dB(A)]	
		주간(06:00~22:00)	야간(22:00~06:00)
직접충격소음	1분간 등가소음도(Leq)	(　　)	34
	최고소음도(Lmax)	57	(　　)

① 39, 40　② 39, 52
③ 43, 40　④ 43, 52
⑤ 50, 52

해설 | 직접충격소음의 주간 1분간 등가소음도(Leq)는 39dB(A)이고, 야간 최고소음도(Lmax)는 52dB(A)이다.

보충 | 층간소음

층간소음의 구분		층간소음의 기준[단위: dB(A)]	
		주간(06:00~22:00)	야간(22:00~06:00)
직접충격소음	1분간 등가소음도(Leq)	39	34
	최고소음도(Lmax)	57	52
공기전달소음	5분간 등가소음도(Leq)	45	40

1. 직접충격소음은 1분간 등가소음도(Leq) 및 최고소음도(Lmax)로 평가하고, 공기전달소음은 5분간 등가소음도(Leq)로 평가한다.
2. 위 표의 기준에도 불구하고 주택법 제2조 제3호에 따른 공동주택으로서 건축법 제11조에 따라 건축허가를 받은 공동주택과 2005년 6월 30일 이전에 주택법 제16조에 따라 사업승인을 받은 공동주택의 직접충격소음 기준에 대해서는 위 표에 따른 기준에 5dB(A)을 더한 값을 적용한다.
3. 층간소음의 측정방법은 환경분야 시험 · 검사 등에 관한 법률 제6조 제1항 제2호에 따라 환경부장관이 정하여 고시하는 소음 · 진동 관련 공정시험기준 중 동일 건물 내에서 사업장 소음을 측정하는 방법을 따르되, 1개 지점 이상에서 1시간 이상 측정하여야 한다.
4. 1분간 등가소음도(Leq) 및 5분간 등가소음도(Leq)는 3.에 따라 측정한 값 중 가장 높은 값으로 한다.
5. 최고소음도(Lmax)는 1시간에 3회 이상 초과할 경우 그 기준을 초과한 것으로 본다.

기본서 p.144~146　정답 ②

정답 및 해설

08 ② 폼알데하이드의 기준치는 0.02mg/m³ · h 이하이다.
09 ④ 염소이온은 250mg/L를 넘지 않아야 한다.

10 공동주택관리법령상 층간소음에 관한 설명으로 옳지 않은 것은? 제20회

① 공동주택 층간소음의 범위와 기준은 국토교통부와 환경부의 공동부령으로 정한다.

② 층간소음으로 피해를 입은 입주자 등은 관리주체에게 층간소음 발생사실을 알리고, 관리주체가 층간소음 피해를 끼친 해당 입주자 등에게 층간소음 발생을 중단하거나 차음조치를 권고하도록 요청할 수 있다.

③ 관리주체는 필요한 경우 입주자 등을 대상으로 층간소음의 예방, 분쟁의 조정 등을 위한 교육을 실시할 수 있다.

④ 욕실에서 급수 · 배수로 인하여 발생하는 소음의 경우 공동주택 층간소음의 범위에 포함되지 않는다.

⑤ 관리주체의 조치에도 불구하고 층간소음 발생이 계속될 경우에는 층간소음 피해를 입은 입주자 등은 공동주택관리법에 따른 공동주택관리 분쟁조정위원회가 아니라 환경분쟁조정법에 따른 환경분쟁조정위원회에 조정을 신청하여야 한다.

11 공동주택 층간소음의 범위와 기준에 관한 규칙상 층간소음의 기준으로 옳은 것은? 제24회

① 직접충격소음의 1분간 등가소음도는 주간 47dB(A), 야간 43dB(A)이다.

② 직접충격소음의 최고소음도는 주간 59dB(A), 야간 54dB(A)이다.

③ 공기전달소음의 5분간 등가소음도는 주간 45dB(A), 야간 40dB(A)이다.

④ 1분간 등가소음도 및 5분간 등가소음도는 측정한 값 중 가장 낮은 값으로 한다.

⑤ 최고소음도는 1시간에 5회 이상 초과할 경우 그 기준을 초과한 것으로 본다.

대표예제 73 소음관리 ★

소음 · 진동관리법령상 생활소음 규제기준에 관한 설명이다. ( ) 안에 들어갈 숫자로 알맞게 짝지어진 것은? 제13회 수정

> 주거지역에서 소음원이 공장일 경우의 생활소음 규제기준은 주간(07:00~18:00)에는 (㉠)dB(A) 이하이고, 야간(22:00~05:00)에는 (㉡)dB(A) 이하이다(단, 배출시설이 설치되지 아니한 공장을 의미한다).

① ㉠ 50, ㉡ 40　② ㉠ 55, ㉡ 45　③ ㉠ 60, ㉡ 50
④ ㉠ 65, ㉡ 55　⑤ ㉠ 70, ㉡ 60

해설 | 주거지역에서 소음원이 공장일 경우의 생활소음 규제기준은 낮(07:00~18:00)에는 55dB(A) 이하이고, 밤(22:00~05:00)에는 45dB(A) 이하이다(단, 배출시설이 설치되지 아니한 공장을 의미한다).

보충 | 생활소음 규제기준

대상 지역	소음원 (시간별)		아침, 저녁 (05:00~07:00, 18:00~22:00)	주간 (07:00~18:00)	야간 (22:00~05:00)
주거지역 · 녹지지역 · 관리지역 중 취락지구 및 관광 · 휴양개발진흥지구, 자연환경보전지역, 그 밖의 지역에 있는 학교 · 병원 · 공공도서관	확성기	옥외설치	60dB(A) 이하	65dB(A) 이하	60dB(A) 이하
		옥내에서 옥외로 소음이 나오는 경우	50dB(A) 이하	55dB(A) 이하	45dB(A) 이하
	공장		50dB(A) 이하	55dB(A) 이하	45dB(A) 이하
	사업장	동일 건물	45dB(A) 이하	50dB(A) 이하	40dB(A) 이하
		기타	50dB(A) 이하	55dB(A) 이하	45dB(A) 이하
	공사장		60dB(A) 이하	65dB(A) 이하	50dB(A) 이하

기본서 p.712~715

정답 ②

정답 및 해설

10 ⑤ 관리주체의 조치에도 불구하고 층간소음 발생이 계속될 경우에는 층간소음 피해를 입은 입주자 등은 공동주택관리법에 따른 공동주택관리 분쟁조정위원회 또는 환경분쟁조정법에 따른 환경분쟁조정위원회에 조정을 신청한다.

11 ③ ① 직접충격소음의 1분간 등가소음도는 주간 39dB(A), 야간 34dB(A)이다.
② 직접충격소음의 최고소음도는 주간 57dB(A), 야간 52dB(A)이다.
④ 1분간 등가소음도 및 5분간 등가소음도는 측정한 값 중 가장 높은 값으로 한다.
⑤ 최고소음도는 1시간에 3회 이상 초과할 경우 그 기준을 초과한 것으로 본다.

제4장 주관식 기입형 문제

01 실내공기질 관리법령상 100세대 이상 신축되는 공동주택의 실내공기질에 관한 설명이다. ( ) 안에 들어갈 숫자를 순서대로 각각 쓰시오.

> 신축공동주택의 시공자는 작성한 주택공기질 측정결과 보고(공고)를 주민입주 ( )일 전부터 ( )일간 다음의 장소 등에 주민들이 잘 볼 수 있도록 공고하여야 한다.
> 1.~3. 〈생략〉

02 실내공기질 관리법령상 신축공동주택의 실내공기질 측정물질들을 나열한 것이다. ( ) 안에 들어갈 물질을 쓰시오. 제19회 수정

> 폼알데하이드, 벤젠, 톨루엔, 에틸벤젠, ( ), 스티렌, 라돈

고난도

03 실내공기질 관리법령상 신축공동주택의 실내공기질 권고기준에 관한 설명이다. ( ) 안에 들어갈 숫자와 용어를 순서대로 각각 쓰시오.

> 1. 폼알데하이드: ( )$\mu g/m^3$ 이하
> 2. 벤젠: 30$\mu g/m^3$ 이하
> 3. 톨루엔: ( )$\mu g/m^3$ 이하
> 4. 에틸벤젠: 360$\mu g/m^3$ 이하
> 5. 스티렌: 300$\mu g/m^3$ 이하
> 6. ( ): 700$\mu g/m^3$ 이하
> 7. 라돈: 148Bq/m^3 이하

04 실내공기질 관리법 시행규칙상 건축자재의 오염물질 방출기준에 관한 내용이다. ( ) 안에 들어갈 아라비아 숫자를 쓰시오. 제25회

구분 \ 오염물질 종류	톨루엔	폼알데하이드
접착제, 페인트, 퍼티, 벽지, 바닥재	(㉠) 이하	(㉡) 이하

▶ 위 표에서 오염물질의 종류별 측정단위는 $mg/m^2 \cdot h$로 한다.

05 감염병의 예방 및 관리에 관한 법령상의 내용이다. (　) 안에 들어갈 숫자를 쓰시오.

제15회

300세대 이상인 공동주택은 4월부터 9월까지는 (　)개월에 1회 이상 감염병 예방에 필요한 소독을 하여야 한다.

06 감염병의 예방 및 관리에 관한 법령상 소독 관련 내용이다. (　) 안에 들어갈 용어를 쓰시오.

제16회 수정

소독에 이용되는 방법으로는 소각, (　), 끓는 물 소독, 약물소독, 일광소독이 있다.

07 감염병의 예방 및 관리에 관한 법령상 소독 관련 내용이다. (　) 안에 들어갈 숫자를 순서대로 각각 쓰시오.

증기소독은 유통증기를 사용하여 소독기 안의 공기를 빼고 (　)시간 이상 섭씨 (　)℃ 이상의 증기소독을 하여야 한다.

정답 및 해설

01 7, 60
02 자일렌
03 210, 1,000, 자일렌
04 ㉠ 0.08, ㉡ 0.02
05 3
06 증기소독
07 1, 100

08 감염병의 예방 및 관리에 관한 법령상 소독 관련 내용이다. (   ) 안에 들어갈 숫자를 순서대로 각각 쓰시오.

끓는 물 소독은 소독할 물건을 (   )분 이상 섭씨 (   )℃ 이상의 물속에 넣어 살균하여야 한다.

09 먹는물 수질 및 검사 등에 관한 규칙상 수돗물 수질기준에 관한 내용이다. (   ) 안에 들어갈 아라비아 숫자를 쓰시오. 제26회

5. 심미적(審美的) 영향물질에 관한 기준
   가. 경도(經度)는 1,000mg/L(수돗물의 경우 (㉠)mg/L, 먹는염지하수 및 먹는해양심층수의 경우 1,200mg/L)를 넘지 아니할 것. 다만, 샘물 및 염지하수의 경우에는 적용하지 아니한다.
   나.~아. 〈생략〉
   자. 염소이온은 (㉡)mg/L를 넘지 아니할 것(염지하수의 경우에는 적용하지 아니한다)

10 주택건설기준 등에 관한 규정상 실외 및 실내소음도에 관한 설명이다. (   ) 안에 들어갈 숫자를 순서대로 각각 쓰시오.

사업주체는 공동주택을 건설하는 지점의 소음도(이하 '실외소음도'라 한다)가 65dB 미만이 되도록 하되, 65dB 이상인 경우에는 방음벽 · 방음림(소음막이숲) 등의 방음시설을 설치하여 해당 공동주택의 건설지점의 소음도가 65dB 미만이 되도록 소음방지대책을 수립해야 한다. 다만, 공동주택이 국토의 계획 및 이용에 관한 법률에 따른 도시지역(주택단지 면적이 30만m^2 미만인 경우로 한정한다) 또는 소음 · 진동관리법에 따라 지정된 지역에 건축되는 경우로서 다음의 기준을 모두 충족하는 경우에는 그 공동주택의 (   )층 이상인 부분에 대하여 실외소음도의 규정을 적용하지 아니한다.

- 세대 안에 설치된 모든 창호(窓戶)를 닫은 상태에서 거실에서 측정한 소음도(실내소음도)가 (   )dB 이하일 것
- 공동주택의 세대 안에 건축법 시행령 제87조 제2항에 따라 정하는 기준에 적합한 환기설비를 갖출 것

11 공동주택관리법령상 공동주택 층간소음의 방지 등에 관한 내용이다. (㉠), (㉡)에 알맞은 용어를 쓰시오.

제19회

> 공동주택의 층간소음으로 피해를 입은 입주자 또는 사용자는 (㉠)에게 층간소음 발생사실을 알리고, (㉠)이(가) 층간소음 피해를 끼친 해당 입주자 또는 사용자에게 층간소음 발생의 중단이나 차음조치를 권고하도록 요청할 수 있다. 이에 따른 (㉠)의 조치에도 불구하고 층간소음 발생이 계속될 경우에는 층간소음 피해를 입은 입주자 또는 사용자는 공동주택관리 분쟁조정위원회나 (㉡)에 조정을 신청할 수 있다.

12 공동주택 층간소음의 범위와 기준에 관한 규칙에서 층간소음의 기준 중 일부분이다. (　) 안에 들어갈 숫자를 순서대로 각각 쓰시오.

제19회 수정

층간소음의 구분		층간소음의 기준[단위: dB(A)]	
		주간 (06:00~22:00)	야간 (22:00~06:00)
직접충격소음 (뛰거나 걷는 동작 등으로 인하여 발생하는 소음)	1분간 등가소음도(Leq)	39	34
	최고소음도(Lmax)	(　)	(　)

정답 및 해설

08 30, 100

09 ㉠ 300, ㉡ 250

10 6, 45

11 ㉠ 관리주체, ㉡ 환경분쟁조정위원회

12 57, 52

13 공동주택관리법 제20조 제5항에 따라 정한 공동주택 층간소음의 범위와 기준에 관한 규칙상 층간소음의 범위에 관한 내용이다. (   ) 안에 들어갈 용어를 쓰시오. 제24회

> 공동주택 층간소음의 범위는 입주자 또는 사용자의 활동으로 인하여 발생하는 소음으로서 다른 입주자 또는 사용자에게 피해를 주는 다음의 소음으로 한다. 다만, 욕실, 화장실 및 다용도실 등에서 급수·배수로 인하여 발생하는 소음은 제외한다.
> • (㉠)소음: 뛰거나 걷는 동작 등으로 인하여 발생하는 소음
> • (㉡)소음: 텔레비전, 음향기기 등의 사용으로 인하여 발생하는 소음

14 공동주택관리법상 층간소음의 방지 등에 관한 내용이다. (   ) 안에 들어갈 용어를 각각 쓰시오. 제22회

> 공동주택 층간소음의 범위와 기준은 (   )와(과) (   )의 공동부령으로 정한다.

정답 및 해설

13 ㉠ 직접충격, ㉡ 공기전달

14 국토교통부, 환경부

제5장 안전관리

대표예제 74 **안전관리계획** ★★

공동주택관리법령상 의무관리대상 공동주택 안전관리계획의 수립 및 조정 등에 관한 설명으로 옳지 않은 것은?

① 입주자대표회의는 비용지출을 수반하는 안전관리계획의 수립 및 조정에 관한 사항을 의결한다.

② 안전관리계획은 관리주체가 수립한다.

③ 안전관리계획은 관리사무소장이 3년마다 조정하는 것이 원칙이다.

④ 안전관리계획은 관리여건상 필요하여 관리사무소장이 입주자 등의 과반수 서면동의를 얻은 경우에는 3년이 지나기 전에 조정할 수 있다.

⑤ 안전관리계획은 사업주체가 자치관리기구 등에 업무 인계시 그 서류를 인계하여야 한다.

해설 | 입주자대표회의의 구성원 과반수의 서면동의를 얻은 경우에는 3년이 지나기 전에 조정할 수 있다.

기본서 p.735~736

정답 ④

01 **공동주택관리법령상 의무관리대상 공동주택의 안전관리계획 및 안전점점에 관한 설명으로 옳지 않은 것은?**

① 연탄가스배출기(세대별로 설치된 것은 제외한다), 전기실 · 기계실은 안전관리계획 수립대상 시설에 포함된다.

② 입주자대표회의와 관리주체는 안전관리계획을 수립하여 이를 시행하여야 한다.

③ 안전관리계획에는 시설별 안전관리자 및 안전관리책임자에 의한 책임점검사항이 포함되어야 한다.

④ 관리주체는 안전점검의 결과 건축물의 구조 · 설비의 안전도가 취약하여 위해의 우려가 있는 경우에는 대통령령이 정하는 바에 의하여 시장 · 군수 또는 구청장에게 그 사실을 보고하고, 해당 시설의 이용 제한 또는 보수 등 필요한 조치를 하여야 한다.

⑤ 경비업무에 종사하는 자와 시설물 안전관리책임자로 선정된 자는 시장 · 군수 · 구청장이 실시하는 방범교육 및 안전교육을 받아야 한다.

대표예제 75 안전관리계획 수립대상 시설물★

공동주택관리법령상 의무관리대상 공동주택의 안전관리계획 수립대상 시설물이 아닌 것은 몇 개인가?

㉠ 정화조 및 하수도	㉡ 어린이집
㉢ 발전 및 변전시설	㉣ 주민운동시설
㉤ 승강기 및 인양기	㉥ 전기실
㉦ 독서실	㉧ 석축, 옹벽
㉨ 주차장	㉩ 우물 및 비상저수시설

① 2개
② 3개
③ 4개
④ 5개
⑤ 6개

해설 | 안전관리계획 수립대상 시설물이 아닌 것은 ㉡㉣㉦ 3개이다.
보충 | 안전관리계획 수립대상 시설물의 종류

1. 고압가스 · 액화석유가스 및 도시가스시설
2. 중앙집중식 난방시설
3. 발전 및 변전시설
4. 위험물저장시설
5. 소방시설
6. 승강기 및 인양기
7. 연탄가스배출기(세대별로 설치된 것은 제외한다)
8. 석축 · 옹벽 · 담장 · 맨홀 · 정화조 · 하수도
9. 옥상 및 계단 등의 난간
10. 우물 및 비상저수시설
11. 펌프실 · 전기실 · 기계실
12. 주차장 · 경로당 및 어린이놀이터에 설치된 시설

기본서 p.735

정답 ②

02 공동주택관리법령상 의무관리대상 공동주택의 관리주체가 수립해야 할 안전관리계획에 포함되지 않는 시설물은?

① 중앙집중식 난방시설
② 위험물저장시설
③ 주택 내 전기시설
④ 소방시설
⑤ 옥상 및 계단 등의 난간

정답 및 해설

01 ② 관리주체는 해당 공동주택의 시설물로 인한 안전사고를 예방하기 위하여 안전관리계획을 수립하여 이를 시행하여야 한다.

02 ③ 주택 내 전기시설은 전유부분으로 안전관리계획 수립대상 시설물에 포함되지 않는다.

대표예제 76 안전관리진단대상 시설물 ★★★

공동주택관리법령상 공동주택의 안전관리진단대상 시설물과 점검횟수의 연결이 옳지 않은 것은?

① 변전실, 고압가스시설, 소방시설: 매 분기 1회 이상
② 중앙집중식 난방시설, 수목보온: 연 1회(9월~10월)
③ 어린이놀이터, 전기실: 매 분기 1회 이상
④ 유류저장시설, 펌프실: 연 2회 이상
⑤ 석축 · 옹벽 · 담장 · 하수도: 연 1회(6월)

해설 | 유류저장시설과 펌프실은 매 분기 1회 이상 점검하여야 한다.
보충 | 안전관리진단기준

구분	대상 시설	점검횟수
해빙기진단	석축 · 옹벽 · 법면 · 교량 · 우물 · 비상저수시설	연 1회(2월 또는 3월)
우기진단	석축 · 옹벽 · 법면 · 담장 · 하수도 · 주차장	연 1회(6월)
월동기진단	연탄가스배출기, 중앙집중식 난방시설, 노출배관의 동파방지, 수목보온	연 1회(9월 또는 10월)
안전진단	변전실 · 고압가스시설 · 도시가스시설 · 액화석유가스시설 · 소방시설 · 맨홀(정화조의 뚜껑을 포함한다) · 유류저장시설 · 펌프실 · 승강기 · 인양기 · 전기실 · 기계실 · 어린이놀이터	매 분기 1회 이상 (단, 승강기는 월 1회 이상)
위생진단	저수시설 · 우물 · 어린이놀이터	연 2회 이상

기본서 p.737

정답 ④

03 공동주택관리법령상 공동주택의 시설물 안전관리진단대상 시설이다. 연간 최소점검횟수가 많은 것부터 나열한 것은?

> ㉠ 위생진단(저수시설, 우물)
> ㉡ 안전진단(전기실, 도시가스시설, 소방시설)
> ㉢ 우기진단(석축, 옹벽, 담장)

① ㉠ > ㉡ > ㉢
② ㉡ > ㉠ > ㉢
③ ㉡ > ㉢ > ㉠
④ ㉢ > ㉡ > ㉠
⑤ ㉢ > ㉠ > ㉡

04 공동주택관리법령상 공동주택 시설물의 안전관리에 관한 기준 및 진단사항으로 옳지 않은 것은?

① 석축, 옹벽, 법면, 비상저수시설의 해빙기진단은 연 1회 실시한다.
② 석축, 옹벽, 법면, 담장, 하수도의 우기진단은 연 1회 실시한다.
③ 중앙집중식 난방시설, 노출배관의 동파방지, 수목보온의 월동기진단은 연 1회 실시한다.
④ 변전실, 고압가스시설, 소방시설, 펌프실의 안전진단은 매 분기 1회 이상 실시한다.
⑤ 저수시설, 우물, 어린이놀이터의 위생진단은 연 1회 이상 실시한다.

05 공동주택관리법령상 공동주택 시설물에 대한 안전관리진단에 관한 설명으로 옳은 것은?

① 해빙기진단대상 시설물에는 석축 · 옹벽 · 법면 · 교량 · 우물 · 비상저수시설 등이 있으며, 연 1회(2월 또는 3월) 점검하여야 한다.
② 소방시설 · 맨홀(정화조 뚜껑 포함) · 인양기 · 승강기 · 변전실 등의 안전진단대상 시설물은 매 분기 1회 이상 점검하여야 한다.
③ 안전관리진단사항의 세부내용은 시장 · 군수 · 구청장이 정하여 고시한다.
④ 연탄가스배출기, 중앙집중식 난방시설, 노출배관의 동파방지, 수목보온 등은 연 2회 이상 점검하여야 한다.
⑤ 안전진단대상 시설물에 하수도가 포함된다.

정답 및 해설

03 ② ㉠ 위생진단: 연 2회 이상
㉡ 안전진단: 매 분기 1회 이상
㉢ 우기진단: 연 1회
따라서 ㉡ > ㉠ > ㉢ 순서대로 연간 최소점검횟수가 많다.

04 ⑤ 저수시설, 우물, 어린이놀이터의 위생진단은 연 2회 이상 실시한다.

05 ① ② 안전진단대상 시설물의 점검횟수는 매 분기 1회 이상이지만, 승강기는 월 1회 이상 실시하여야 한다.
③ 안전관리진단사항의 세부내용은 시 · 도지사가 정하여 고시한다.
④ 연탄가스배출기, 중앙집중식 난방시설, 노출배관의 동파방지, 수목보온 등은 연 1회(9월 또는 10월) 점검하여야 한다.
⑤ 하수도는 우기진단에 포함된다.

06 **공동주택관리법령상 공동주택 시설의 안전관리에 관한 기준 및 진단사항으로 옳지 않은 것은?** 제22회

① 저수시설의 위생진단은 연 2회 이상 실시한다.
② 어린이놀이터의 안전진단은 연 2회 실시한다.
③ 노출배관의 동파방지 월동기진단은 연 1회 실시한다.
④ 석축, 옹벽의 우기진단은 연 1회 실시한다.
⑤ 법면의 해빙기진단은 연 1회 실시한다.

07 **공동주택관리법령상 시설의 안전관리에 관한 기준 및 진단사항에 관한 내용이다. 대상 시설별 진단사항과 점검횟수의 연결이 옳은 것을 모두 고른 것은?** 제24회

㉠ 어린이놀이터의 안전진단 – 연 2회 이상 점검
㉡ 변전실의 안전진단 – 매 분기 1회 이상 점검
㉢ 노출배관의 동파방지 월동기진단 – 연 1회 점검
㉣ 저수시설의 위생진단 – 연 1회 점검

① ㉠, ㉢
② ㉠, ㉣
③ ㉡, ㉢
④ ㉠, ㉡, ㉣
⑤ ㉡, ㉢, ㉣

08 **공동주택관리법령상 안전관리진단대상 시설 중 해빙기진단과 동시에 위생진단을 실시하여야 하는 시설은?**

① 석축, 옹벽, 법면
② 담장, 하수도
③ 우물
④ 승강기, 인양기
⑤ 변전실, 펌프실, 고압가스

대표예제 77 공동주택의 안전관리 ★★

공동주택관리법령상 공동주택의 안전관리에 관한 설명으로 옳지 않은 것은?

① 석축 및 옹벽 등에 대한 시설물 해빙기진단은 매년 2월 또는 3월에 연 1회 실시한다.

② 시설물로 인한 안전사고를 예방하기 위하여 안전관리계획을 수립하여야 하는 대상 시설로는 중앙집중식 난방시설 등이 있다.

③ 의무관리대상 공동주택의 관리주체는 연 1회 안전점검을 실시하여야 하며, 15층 이하인 공동주택의 안전점검은 해당 공동주택의 관리사무소장으로 배치된 주택관리사 또는 주택관리사보 중 안전점검교육을 이수한 자가 실시하여야 한다.

④ 시설물 안전관리책임자는 시장·군수·구청장이 실시하는 소방 및 시설물에 관한 안전교육을 받아야 한다.

⑤ 방범 및 안전 교육대상자의 교육기간은 연 2회 이내에서 시장·군수·구청장이 실시하는 횟수, 매회별 4시간으로 한다.

해설 | 주택관리사 또는 주택관리사보로서 국토교통부령으로 정하는 교육기관에서 시설물의 안전 및 유지관리에 관한 특별법 시행령의 정기안전점검교육을 이수한 자 중 관리사무소장으로 배치된 자 또는 해당 공동주택단지의 관리직원인 자가 실시하여야 한다.

보충 | 공동주택의 안전관리

관리주체는 반기마다 안전점검을 실시하여야 한다. 다만, 16층 이상인 공동주택(15층 이하의 공동주택으로서 사용검사일부터 30년이 경과되었거나 재난 및 안전관리 기본법 시행령 제34조의2 제1항에 따른 안전등급이 C등급·D등급 또는 E등급에 해당하는 공동주택을 포함한다)에 대하여는 다음에 해당하는 자에게 안전점검을 실시하도록 하여야 한다.

1. 시설물의 안전 및 유지관리에 관한 특별법 시행령의 규정에 의한 책임기술자로서 해당 공동주택단지의 관리직원인 자
2. 주택관리사 또는 주택관리사보로서 국토교통부령으로 정하는 교육기관에서 시설물의 안전 및 유지관리에 관한 특별법 시행령의 정기안전점검교육을 이수한 자 중 관리사무소장으로 배치된 자 또는 해당 공동주택단지의 관리직원인 자
3. 안전진단전문기관
4. 유지관리업자

기본서 p.735~741

정답 ③

제2편 기술실무

제5장

정답 및 해설

06 ② 어린이놀이터의 안전진단은 매 분기 1회 이상 실시한다.

07 ③ ㉠ 어린이놀이터의 안전진단 – 매 분기 1회 이상 점검
㉣ 저수시설의 위생진단 – 연 2회 이상 점검

08 ③ 우물은 해빙기진단과 동시에 위생진단을 실시하여야 하는 시설이다.

09 공동주택관리법령상 안전관리에 관한 설명으로 옳지 않은 것은?

① 시장 · 군수 · 구청장은 공동주택단지 안의 방범 및 각종 안전사고 예방을 위하여 공동주택단지 내에서 경비업무를 담당하고 있는 자에 대하여는 직접 교육을 실시하여야 한다.

② 의무관리대상 공동주택의 관리주체는 반기마다 안전점검을 실시하여야 한다.

③ 시장 · 군수 · 구청장은 안전점검 결과 구조설비의 안전도가 취약하여 위해의 우려가 있는 공동주택에 대하여는 국토교통부령이 정하는 바에 의하여 관리하여야 한다.

④ 입주자대표회의 및 관리주체는 건축물과 공중의 안전 확보를 위하여 건축물의 안전점검과 재난예방에 필요한 예산을 매년 확보하여야 한다.

⑤ 지방자치단체의 장은 의무관리대상 공동주택에 해당하지 아니하는 공동주택에 대하여 시설물에 대한 안전관리계획의 수립 및 시행에 관한 업무를 할 수 있다.

10 공동주택관리법령상 공동주택의 안전점검에 관련된 내용이다. (　　) 안에 들어갈 지문으로 옳은 것은?

관리주체는 안전점검의 결과 건축물의 구조 · 설비의 안전도가 취약하여 위해의 우려가 있는 경우에는 다음의 사항을 시장 · 군수 또는 구청장에게 보고하고, 그 보고내용에 따른 조치를 취하여야 한다.

- 점검대상 구조 · 설비
- (　　)
- 발생 가능한 위해의 내용
- 조치할 사항

① 점검기관

② 안전점검책임자

③ 비상연락체계

④ 취약의 정도

⑤ 점검기간

종합

11 공동주택관리법령상 방범교육 및 안전교육에 관한 설명으로 옳지 않은 것은?

① 연 2회 이내에서 시장 · 군수 · 구청장이 실시하는 횟수, 매회별 4시간이다.

② 소방시설 설치 및 관리에 관한 법률 시행규칙에 따른 소방안전교육 또는 소방안전관리자 실무교육을 이수한 자에 대해서는 소방에 관한 안전교육을 이수한 것으로 본다.

③ 소방에 관한 안전교육의 대상은 소방안전관리자이고, 교육내용은 소화 · 연소 및 화재예방에 관한 내용이다.

④ 시설물의 안전교육에 관한 업무를 위탁받은 기관은 교육 실시 10일 전에 교육의 일시 · 장소 · 기간 · 내용 · 대상자 그 밖에 교육에 관하여 필요한 사항을 공고하거나 대상자에게 통보하여야 한다.

⑤ 안전사고의 예방과 방범을 위하여 경비업무에 종사하는 자와 시설물 안전관리책임자로 선정된 자는 시장 · 군수 · 구청장이 실시하는 방범교육 및 안전교육을 받아야 한다.

정답 및 해설

09 ① 시장 · 군수 · 구청장은 공동주택단지 안의 방범 및 각종 안전사고 예방을 위하여 공동주택단지 내에서 경비업무를 담당하고 있는 자에 대하여 교육을 실시할 수 있다. 방범교육은 관할 경찰서장에게 위탁할 수 있다.

10 ④ 보고사항으로는 점검대상 구조 · 설비, 취약의 정도, 발생 가능한 위해의 내용, 조치할 사항이 있다.

▶ 공동주택 안전점검

보고사항	• 점검대상 구조 · 설비 • 발생 가능한 위해의 내용	• 취약의 정도 • 조치할 사항
조치사항	• 단지별 점검책임자 지정 • 단지별 점검일지 작성 • 단지별 관리카드 비치 • 단지 내 관리기구와 관계 행정기관간의 비상연락체계 구성	

11 ③ 소방에 관한 안전교육의 대상은 시설물 안전관리책임자이다.

대표예제 78 어린이놀이시설 안전관리법 ★

어린이놀이시설 안전관리법령에 관한 설명으로 옳지 않은 것은?

① 관리주체는 설치검사를 받은 어린이놀이시설이 시설기준 및 기술기준에 적합성을 유지하고 있는지를 확인하기 위하여 안전검사기관으로부터 2년에 1회 이상 정기시설검사를 받아야 한다.

② 관리주체는 설치된 어린이놀이시설의 기능 및 안전성 유지를 위하여 월 1회 이상 해당 어린이놀이시설에 대한 안전점검을 실시하여야 한다.

③ 관리주체는 안전점검 또는 안전진단을 한 결과에 대하여 안전점검실시대장 또는 안전진단실시대장을 작성하여 최종 기재일부터 3년간 보관하여야 한다.

④ 안전교육의 주기는 1년에 2회 이상으로 하고, 1회 안전교육시간은 4시간 이상으로 한다.

⑤ 안전검사기관은 안전검사기관으로 지정받은 후 설치검사·정기시설검사·안전진단 중 어느 하나의 업무를 최초로 시작한 날부터 30일 이내 보험에 가입하여야 한다.

해설 | 안전교육의 주기는 2년에 1회 이상으로 하고, 1회 안전교육시간은 4시간 이상으로 한다.

보충 | 어린이놀이시설의 안전관리교육

1. 관리주체는 어린이놀이시설의 안전관리에 관련된 업무를 담당하는 자로 하여금 어린이놀이시설 안전관리지원기관에서 실시하는 어린이놀이시설의 안전관리에 관한 교육을 받도록 하여야 한다.
2. 관리주체는 다음의 구분에 따른 기간 이내에 어린이놀이시설의 안전관리에 관련된 업무를 담당하는 자로 하여금 안전교육을 받도록 하여야 한다.
   - 어린이놀이시설을 인도받은 경우: 인도받은 날부터 3개월
   - 안전관리자가 변경된 경우: 변경된 날부터 3개월
   - 안전관리자의 안전교육 유효기간이 만료되는 경우: 유효기간 만료일 전 3개월
3. 안전교육의 내용은 다음과 같다.
   - 어린이놀이시설 안전관리에 관한 지식 및 법령
   - 어린이놀이시설 안전관리실무
   - 그 밖에 어린이놀이시설의 안전관리를 위하여 필요한 사항
4. 안전교육의 주기는 2년에 1회 이상으로 하고, 1회 안전교육시간은 4시간 이상으로 한다.

기본서 p.741~748

정답 ④

12 어린이놀이시설 안전관리법령에 관한 설명으로 옳지 않은 것은?

① 안전점검은 어린이놀이시설의 관리주체 또는 관리주체로부터 어린이놀이시설의 안전관리를 위임받은 자가 육안 또는 점검기구 등에 의하여 검사를 하여 어린이놀이시설의 위험요인을 조사하는 행위를 말한다.

② 관리주체는 어린이놀이시설을 인도받은 날부터 15일 이내에 보험에 가입하여야 한다.

③ 관리주체는 안전점검을 월 1회 이상 실시하여야 한다.

④ 설치자는 설치한 어린이놀이시설을 관리주체에게 인도하기 전에 안전검사기관으로부터 설치검사를 받아야 한다.

⑤ 설치자는 설치검사에 불합격된 어린이놀이시설을 이용하도록 하여서는 아니 된다.

13 어린이놀이시설 안전관리법상 사고보고의무 및 사고조사에 관한 설명으로 옳지 않은 것은?

① 중대한 사고란 사고 발생일부터 7일 이내에 1주일 이상의 입원치료가 필요한 부상을 입은 경우와 부상면적이 신체 표면의 3% 이상인 부상의 경우 등을 말한다.

② 관리주체는 자료의 제출명령을 받은 날부터 10일 이내에 해당 자료를 제출하여야 한다.

③ 관리주체가 정하여진 기간에 자료를 제출하는 것이 어렵다고 사유를 소명하는 경우, 중앙행정기관의 장은 20일의 범위에서 그 제출기한을 연장할 수 있다.

④ 2도 이상의 화상을 입은 경우도 중대한 사고에 포함된다.

⑤ 중대한 사고가 발생한 때 통보하지 아니한 자는 500만원 이하의 과태료에 처한다.

정답 및 해설

12 ② 관리주체는 어린이놀이시설을 인도받은 날부터 30일 이내에 보험에 가입하여야 한다.

13 ① 중대한 사고란 사고 발생일부터 7일 이내에 48시간 이상의 입원치료가 필요한 부상을 입은 경우와 부상면적이 신체 표면의 5% 이상인 부상의 경우 등을 말한다.

14 **어린이놀이시설 안전관리법령상 중대한 사고란 어린이놀이시설로 인하여 어린이놀이시설 이용자에게 다음의 어느 하나에 해당하는 경우가 발생한 사고를 말한다. 다음 중 중대한 사고에 해당하지 않는 것은?**

① 사고 발생일부터 7일 이내에 48시간 이상의 입원치료가 필요한 부상을 입은 경우
② 하나의 사고로 인한 2명 이상의 부상 입은 경우
③ 2도 이상의 화상을 입은 경우
④ 부상면적이 신체 표면의 5% 이상인 부상의 경우
⑤ 골절상을 입은 경우

15 **어린이놀이시설 안전관리법령상 안전관리에 관한 설명으로 옳지 않은 것은?**

① 관리주체는 설치검사를 받은 어린이놀이시설이 시설기준 및 기술기준에 적합성을 유지하고 있는지를 확인하기 위하여 안전검사기관으로부터 2년에 1회 이상 정기시설검사를 받아야 한다.
② 관리주체는 설치된 어린이놀이시설의 기능 및 안전성 유지를 위하여 시설의 노후 정도, 변형상태 등의 항목에 대하여 안전점검을 월 1회 이상 실시하여야 한다.
③ 관리주체는 어린이놀이시설을 인도받은 날부터 6개월 이내에 어린이놀이시설의 안전관리에 관련된 업무를 담당하는 자로 하여금 안전교육을 받도록 하여야 한다.
④ 안전교육의 주기는 2년에 1회 이상으로 하고, 1회 안전교육시간은 4시간 이상으로 한다.
⑤ 관리주체는 어린이놀이시설을 인도받은 날부터 30일 이내에 사고배상책임보험이나 사고배상책임보험과 같은 내용이 포함된 보험에 가입하여야 한다.

16 어린이놀이시설 안전관리법령상 안전교육에 관한 설명으로 옳지 않은 것은?

① 관리주체는 어린이놀이시설의 안전관리에 관련된 업무를 담당하는 자로 하여금 어린이놀이시설 안전관리지원기관에서 실시하는 어린이놀이시설의 안전관리에 관한 교육을 받도록 하여야 한다.

② 관리주체는 안전관리자의 안전교육 유효기간이 만료되는 경우에 유효기간 만료일 전 1개월 이내에 안전관리에 관련된 업무를 담당하는 자로 하여금 안전교육을 받도록 하여야 한다.

③ 안전교육의 주기는 2년에 1회 이상으로 하고, 1회 안전교육시간은 4시간 이상으로 한다.

④ 안전관리자가 변경된 경우에는 변경된 날부터 3개월 이내에 교육을 받도록 하여야 한다.

⑤ 안전교육을 실시하는 어린이놀이시설 안전관리지원기관은 안전교육을 인터넷 홈페이지를 활용한 사이버교육방식으로 제공할 수 있다. 이 경우 사이버교육의 구체적인 방법 등은 행정안전부장관이 정하여 고시한다.

정답 및 해설

14 ② 하나의 사고로 인한 3명 이상의 부상 입은 경우가 중대한 사고에 해당한다.

15 ③ 관리주체는 어린이놀이시설을 인도받은 날부터 3개월 이내에 어린이놀이시설의 안전관리에 관련된 업무를 담당하는 자로 하여금 안전교육을 받도록 하여야 한다.

16 ② 관리주체는 안전관리자의 안전교육 유효기간이 만료되는 경우에 유효기간 만료일 전 3개월 이내에 안전교육을 받도록 하여야 한다.

17 **어린이놀이시설 안전관리법령상 안전관리에 관한 설명으로 옳지 않은 것은?** 제26회

① 정기시설검사는 안전검사기관으로부터 3년에 1회 이상 받아야 한다.

② 관리주체는 안전점검을 월 1회 이상 실시하여야 한다.

③ 안전관리자가 변경된 경우, 변경된 날부터 3개월 이내에 안전교육을 받도록 하여야 한다.

④ 관리주체는 어린이놀이시설을 인도받은 날부터 30일 이내에 어린이놀이시설 사고배상책임보험에 가입하여야 한다.

⑤ 안전관리자의 안전교육의 주기는 2년에 1회 이상으로 하고, 1회 안전교육시간은 4시간 이상으로 한다.

정답 및 해설

17 ① 정기시설검사는 안전검사기관으로부터 2년에 1회 이상 받아야 한다.

제5장 주관식 기입형 문제

01 공동주택관리법령상 방범교육 및 안전교육에 관한 설명이다. (   ) 안에 들어갈 숫자를 순서대로 각각 쓰시오.

> 이수의무 교육시간은 연 (   )회 이내에서 시장 · 군수 · 구청장이 실시하는 횟수로서 매회별 (   )시간이다.

제2편 기술실무

제5장

02 공동주택관리법령상 공동주택의 안전점검에 관한 설명이다. (   ) 안에 들어갈 용어를 쓰시오.

> 관리주체는 안전점검의 결과 건축물의 구조 · 설비의 안전도가 매우 낮아 재해 및 재난 등이 발생할 우려가 있는 경우에는 지체 없이 (   )에 그 사실을 통보한 후 대통령령으로 정하는 바에 따라 시장 · 군수 · 구청장에게 그 사실을 보고하고, 해당 건축물의 이용 제한 또는 보수 등 필요한 조치를 하여야 한다.

정답 및 해설

01 2, 4

02 입주자대표회의

03 **공동주택관리법령상 안전점검의 결과에 따른 조치사항이다. ( ) 안에 들어갈 숫자와 용어를 순서대로 각각 쓰시오.**

> 시장 · 군수 또는 구청장은 안전점검의 결과 건축물의 구조 · 설비의 안전도가 취약하여 위해의 우려가 있는 공동주택에 대하여는 다음의 조치를 하고 매월 ( )회 이상 점검을 실시하여야 한다.
> • 공동주택단지별 점검책임자의 지정
> • 공동주택단지별 관리카드의 비치
> • 공동주택단지별 점검일지의 작성
> • 공동주택단지 내 관리기구와 관계 행정기관간 ( )의 구성

04 **공동주택관리법령상 안전관리교육에 관한 설명이다. ( ) 안에 들어갈 용어를 순서대로 각각 쓰시오.**

> 공동주택단지 안의 각종 안전사고의 예방과 방범을 하기 위하여 경비업무에 종사하는 자와 안전관리계획에 의하여 시설물 ( )(으)로 선정된 자는 국토교통부령이 정하는 바에 의하여 시장 · 군수 · 구청장이 실시하는 ( )교육 및 안전교육을 받아야 한다.

05 **공동주택관리법령상 안전점검에 관한 규정이다. ( ) 안에 들어갈 숫자를 순서대로 각각 쓰시오.** 제19회 수정

> 의무관리대상 공동주택의 관리주체는 그 공동주택의 기능유지와 안전성 확보로 입주자 및 사용자를 재해 및 재난 등으로부터 보호하기 위하여 시설물의 안전 및 유지관리에 관한 특별법 제21조에 따른 지침에서 정하는 안전점검의 실시방법 및 절차 등에 따라 공동주택의 안전점검을 실시하여야 한다. 다만, ( )층 이상의 공동주택 및 사용연수, 세대수, 안전등급, 층수 등을 고려하여 대통령령으로 정하는 ( )층 이하의 공동주택에 대하여는 대통령령으로 정하는 자로 하여금 안전점검을 실시하도록 하여야 한다.

06 **어린이놀이시설 안전관리법령에 관한 설명이다. (   ) 안에 들어갈 용어와 숫자를 순서대로 각각 쓰시오.**

- 관리주체는 설치된 어린이놀이시설의 기능 및 안전성 유지를 위하여 월 1회 이상 해당 어린이놀이시설에 대한 (   )을(를) 실시하여야 한다.
- 관리주체(관리주체가 다른 법령에 따라 어린이놀이시설의 관리자로 규정된 자이거나 그 밖에 계약에 따라 어린이놀이시설의 관리책임을 진 자인 경우에는 그 어린이놀이시설의 소유자를 말한다)인 경우에 어린이놀이시설을 인도받은 날부터 (   )일 이내에 어린이놀이시설 사고배상책임보험이나 사고배상책임보험과 같은 내용이 포함된 보험에 가입하여야 한다.

07 **어린이놀이시설 안전관리법상 안전교육에 관한 설명이다. (   ) 안에 들어갈 숫자를 순서대로 각각 쓰시오.**

- 관리주체는 어린이놀이시설의 안전관리자가 변경된 경우에는 변경된 날부터 (   )개월 이내에 어린이놀이시설의 안전관리에 관련된 업무를 담당하는 자로 하여금 안전교육을 받도록 하여야 한다.
- 안전교육의 주기는 (   )년에 1회 이상으로 하고, 1회 안전교육시간은 (   )시간 이상으로 한다.

정답 및 해설

03 1, 비상연락체계

04 안전관리책임자, 방범

05 16, 15

06 안전점검, 30

07 3, 2, 4

08 어린이놀이시설 안전관리법령에 관한 설명이다. (　　) 안에 들어갈 용어와 숫자를 순서대로 각각 쓰시오.

> 관리주체는 (　　) 또는 안전진단실시대장을 작성하여 최종 기재일부터 (　　)년간 보관하여야 한다.

09 다음은 어린이놀이시설 안전관리법의 용어정의에 관한 내용이다. (　　) 안에 들어갈 용어를 순서대로 쓰시오. 제20회

> - (　　)(이)라 함은 어린이놀이시설의 관리주체 또는 관리주체로부터 어린이놀이시설의 안전관리를 위임받은 자가 육안 또는 점검기구 등에 의하여 검사를 하여 어린이놀이시설의 위험요인을 조사하는 행위를 말한다.
> - (　　)(이)라 함은 제4조의 안전검사기관이 어린이놀이시설에 대하여 조사 · 측정 · 안전성 평가 등을 하여 해당 어린이놀이시설의 물리적 · 기능적 결함을 발견하고 그에 대한 신속하고 적절한 조치를 하기 위하여 수리 · 개선 등의 방법을 제시하는 행위를 말한다.

10 어린이놀이시설 안전관리법령상 중대한 사고에 관한 내용이다. (　　) 안에 들어갈 숫자를 순서대로 각각 쓰시오.

> - 하나의 사고로 인한 (　　)명 이상이 부상을 입은 경우
> - 사고 발생일부터 7일 이내에 (　　)시간 이상의 입원치료가 필요한 부상을 입은 경우

정답 및 해설

08 안전점검실시대장, 3

09 안전점검, 안전진단

10 3, 48